高考、特考、升等考及軍官轉任考試專用參考書

航空氣象學試題與解析

- 應考航空駕駛、飛航機械員、簽派員、飛航管制、
  航務管理及飛航諮詢等類科考試
- 附錄 民用航空局航空氣象學題庫範本
  適用於商用駕駛員、民航業運輸駕駛員、
  簽派員及飛航機械員等執照考試

增訂版（BOD八版）

蒲金標　編著

前言

　　航空氣象學屬於應用氣象學之範疇，其主要任務在於保障飛航安全，提高飛航效率。在實務上，著重於利用有利的天氣條件，避開不利的壞天氣，以預防惡劣天氣所造成意外事件的發生，使飛機能順利完成飛行任務。

　　航空氣象與飛航安全關係密切，因此，從事各類航空業務之空勤與地勤人員，如飛行員，簽派員，飛航管制員，乃至航空機械員，均須具備航空氣象知識，在取得職業證書時，必須通過學科考試。又如民航人員參加特種考試或升等考試均需考航空氣象學。考試範圍通常包括影響飛航安全之各項氣象因素，諸如氣壓、溫度、密度、風向、風速、雲霧、降水、能見度，以及顯著危害天氣現象如鋒面、亂流、飛機結冰、雷暴雨引發下爆氣流和低空風切、濃霧所引起的低能見度等，同時還包括機場觀測、預報以及氣象規劃等問題。

　　本書的編撰係因應航空駕駛、飛航機械員、簽派員、飛航管制、航務管理、飛航諮詢等類別考試，編著者蒐集歷年(1993-2012 年)中央暨地方機關公務人員特考、升等考及軍官轉任考試航空氣象學試題。本書分為三大部份，第一部份試題分類係針對歷年試題加以歸類；第二部份試題解析係就歷年試題給予解析；第三部份附錄為民用航空局航空氣象題庫範本。期望參閱本書，使考生能把握命題的重點，更精確掌握準備之方向，藉由詳細解析，使考生熟悉解答之技巧，

I

應考時，面對題目，必能迎刃而解。

　　本次增訂（BOD 八版）主要增加 2009～2012 年每年公務人員高考三級——航空駕駛，以及公務人員民航三等特考——飛航管制、飛航諮詢等試題解析。另外為不增加本書篇幅，將 2005 年之前各試題中有類似題目，改以參閱最近幾年來各類試題。

　　感謝民用航空局同意本書使用網頁上之航空氣象題庫範本。2008 年筆者退休前後，民用航空局飛航服務總台同仁提供部分資料，使本書更臻完整；台灣大學大氣科學系林博雄副教授協助解析 2009 年民航特考飛航管制及高考三級航空駕駛等航空氣象試題，均在此表示萬分的謝意。本書雖力求正確，但疏漏之處，在所難免，尚祈國內專家先進惠賜指教（E-MAIL: pu1947@ms14.hinet.net），以期更加完美。

蒲金標　謹識

2012 年 11 月於台北市和平東路寓所

航空氣象學試題與解析
目錄

第二部份　試題解析

航空氣象試題與解析

第一部份　試題分類

壹、氣壓

一、如果 P_0 為地面氣壓，P_1 為飛行面氣壓，則二定壓面間空氣柱的厚度($\triangle Z$)為

$$\triangle Z \;=\; R\,T^* * \ln(\;P_0\,/\,P_1\,)。$$

式中 T^* 為平均虛溫。　請問：

(一) P_0 為 QNH 或海平面氣壓時，$\triangle Z$ 為那種高度？(10 分)

(二) 當飛機由暖而氣壓高的地方飛到冷且氣壓又較低時，氣壓高度表的指示高度(IA)與真高度(TA)孰高？(10 分)　P. 68

(1993 年飛航管制、航務管理、航空駕駛薦任升等)

二、北半球背風而立高壓與低壓分別在觀測者那一邊？如果熱力風，則氣溫分布如何？(10 分)　　P. 69

(1993 年飛航管制、航務管理、航空駕駛薦任升等)

三、何謂指示高度(IA)及真高度(TA)？如飛行方向為 x，而且保持固定之指示高度飛行，則當 $\partial/\partial x\,(IA - TA) > 0$ 時，飛機會受到來自正 x 方向那一邊的側風？為什麼？(20 分)　　P. 84

(1995 年第一次軍官外職停役轉任航空駕駛檢覈)

四、(一) 何謂氣壓高度(Pressure altitude)？　(8 分)

(二) 何謂高密度高度(High density altitude)？　(8 分)

(三) 請說明高密度高度對飛行的影響。(9分) P. 81

　　(1995年第二次軍官外職停役轉任航空駕駛檢覈)

五、請說明：(每小題5，共25分) P. 93

　　(一)真高度(True Altitude)

　　(二)指示高度(Indicated Altitude)

　　(三)高度表撥定值(Altimeter Setting)

　　(四)訂正高度(Corrected Altimeter)

　　(五)氣壓高度(Pressure Altitude)

　　　(1995年飛航管制、航務管理、航空駕駛薦任升等)

六、定義氣壓(5分)，並介紹二種測量氣壓的儀器。(10分)
　　P. 94

　　(1995年飛航管制、航務管理、航空駕駛薦任升等)

七、何謂「氣壓高度」？氣壓高度和真實高度間的差異會受氣溫及地面氣壓分布的影響，試說明其原理。假設您的飛機自甲機場起飛，當地的地面氣壓是 1014 百帕，向乙機場飛去，乙機場地面氣壓是 1000 百帕。甲乙兩機場的高度都是平均海平面。如果在飛行中均不做任何高度修正，到達乙機場時會發生什麼後果？要做什麼修正？(假如氣溫的影響可以忽略。) (20分) P. 97

　　(1996年第一次軍官外職停役轉任航空駕駛檢覈)

八、解釋下列名詞：(15 分)　　P. 111
 (一)高度表撥定值(Altimeter setting)
 (二)飛行員天氣報告
 (三)白矇天(Whiteout)
 (1997 年航務管理、航空駕駛薦任升等考試補辦考試)

九、解釋名詞：(20 分)　　P. 116
 (1)飛行員天氣報告
 (2)指示高度
 (3)相對濕度
 (4)雲幕高
 (5)焚風
 　　　　　　　(1997 年航空駕駛簡任升等考試補辦考試)

十、簡答題：　　P. 133
 (1)何謂靜力平衡？試說明在靜力平衡下，地面氣壓所代表的意義。
 (2)何謂渦度和散度？對典型中緯度綜觀尺度系統而言，其渦度和散度之數量級為何(含單位)？
 (3)何謂大氣窗和大氣溫室效應？
 (4)說明東亞典型冷鋒和暖鋒通過時，地面天氣之變化特徵。
 (5)何謂地轉風和梯度風？何者較接近觀測之實際風？
 　　　　　　　(1999 年飛航諮詢特考氣象學)

十一、簡述大氣壓力、氣壓高度(pressure altimeter)及艙壓觀
　　　念。(25分)　　P. 145

　　　　　　　(1999年航空駕駛高等考試三級第二試)

十二、試說明測站氣壓與海平面氣壓的差異(7分)。試說明真
　　　高度與指示高度的意義與差異(8分)。試說明密度高度
　　　的意義(5分)，及其與航機操作的關係 (5分)。　　P. 151

　　　　　　　(1999年航務管理、航空駕駛薦任升等)

十三、(一)何謂高度表撥定值(altimeter setting)？　　P. 159
　　　(二)飛機上所用之高度表，其誤差係由何氣象因素所
　　　　　引起？
　　　(三)試舉兩種常用之高度表撥定之方法並略述之。

　　　　　　　　　　(2001年飛航管制三等特考)

十四、以北半球中高緯度為例，說明氣壓分布與風之關係，
　　　並說明其原因。(25分)　　P. 164

　　　　　　　　　(2002年飛航諮詢四等特考)

十五、請定義氣壓高度(pressure altitude)及密度高度(density
　　　altitude)。大熱天的時候，密度高度如何變化？對飛
　　　航有何影響？(25分)　　P. 169

　　　　　　　　　(2002年飛航管制三等特考)

十六、航空器必須使用高度計(altimeter)量度飛機所在高
　　　度。常用的高度計有三種：氣壓高度計(pressure

6

altimeter)、雷達高度計(radar altimeter)以及全球定位系統(Global Positioning System；GPS)。試分別說明其原理以及所量度之高度的含意。(30 分)　P. 181

（2003 年航空駕駛高考）

十七、簡答題(每題 10 分，共 40 分)　P. 195

　　(1)以北半球中緯度為例，圖示並說明風場與高空天氣圖上等高線的關係。

　　(2)簡要說明高度表指示高度(Indicated Altitude)的意義，及其與實際高度的差異。

　　(3)何謂低空風切？簡述其對飛航安全的影響。

　　(4)何謂下爆流(downburst)？簡述其成因及對飛航安全的影響。

（2003 年飛航管制、航務管理　薦任升等考）

十八、(一)請問飛機上的高度表，如何利用氣壓值換算成飛機離地面高度？(9 分)

　　　(二)何謂高度表撥定值(altimeter setting)？(8 分)

　　　(三)為何飛行員在航程中或降落前，必須隨時設法獲得降落機場當時的撥定值？(8 分)　P. 215

（2005 年飛航管制、飛航諮詢民航特考）

十九、什麼是高度表撥定值？飛機從暖區飛往冷區時，高度表撥定值會有什麼變化？為什麼？(20 分)　P. 220

（2005 年飛航管制簡任升等）

二十、氣象站經常利用水銀氣壓計（mercury barometer）量度大氣壓力，但是必須進行一些誤差訂正，才能獲得正確的測站氣壓讀數。試說明最少三種需要訂正的誤差。並說明由測站氣壓換算成海平面氣壓需要進行之高度訂正（altitude correction）的方法。　P. 232

（2005 年公務人員高考三級考試第二試試題　航空駕駛）

二十一、飛機的高度無法用皮尺來度量，我們如何決定飛機的高度呢？　P. 254

(一) 請指出需要觀測那些要素？(8 分)

(二) 敘述如何計算出飛機的高度來？(8 分)

(三) 說明計算公式是依據什麼原理得來？(8 分)

(四) 這樣的推演計算之主要誤差來源在那裡？(7 分)

(2006 年民航特考飛航管制、飛航諮詢)

二十二、溫度和氣壓的分布直接影響飛機飛行途中的氣壓高度判斷　P. 267

(一) 說明冷區和暖區的氣壓隨高度之變化特性有何差異？為什麼？(10 分)

(二) 飛機從暖區飛往冷區時，維持在同一氣壓的飛行路徑，高度會有什麼變化？利用高度表撥定值時要注意什麼？(15 分)

(2007 年民航特考飛航管制)

二十三、解釋下列各種飛行高度的涵義：真高度（true altitude），指示高度（indicated altitude），修正高度（corrected altitude），氣壓高度（pressure altitude），密度高度（density altitude）。其中，發生高密度高度（high density altitude）天氣狀態時，對於飛航操作有那些危害影響？　P. 373

(2012年公務人員高考三級考試試題　航空駕駛)

二十四、航空氣象站以水銀氣壓計所測得的氣壓必須依序經過那些訂正步驟，才能得到測站氣壓？測站氣壓又和場面氣壓有何區別？氣壓又如何換算出高度？　P. 392

(2012年公務人員民航三等特考試題　飛航管制)

貳、溫度

一、北半球背風而立高壓與低壓分別在觀測者那一邊?如果
　　熱力風,則氣溫分布如何?(10分)　　P.69
　　(1993年飛航管制、航務管理、航空駕駛薦任升等)

二、請說明溫室效應。(25分)　　P.80
　　　　　　　　　　　　　　　(1993年飛航諮詢特考)

三、請解釋　P.82
　　(一)低層風切
　　(二)輻射逆溫
　　(三)當有輻射逆溫存在時,進場落地之飛機可能遭遇何
　　　　種低層風切?並請說明
　　(四)駕駛如何可知道該逆溫之存在?
　　(五)應採何種減少低層風切影響之措施?(20分)
　　　　(1995年第一次軍官外職停役轉任航空駕駛檢覈)

四、當地面有輻射逆溫層出現時,飛機起降應注意那些問
　　題?(25分)　　P.90
　　　　(1995年第二次軍官外職停役轉任航空駕駛檢覈)

五、請說明氣象台所報的溫度:　　P.109
　　(一)氣象台所報的溫度是什麼的溫度(10分)

(二)在那些條件下測得？(10 分)

(1997 年航務管理、航空駕駛薦任升等考試補辦考試)

六、簡答題： P. 133

(1)何謂靜力平衡？試說明在靜力平衡下，地面氣壓所代表的意義。

(2)何謂渦度和散度？對典型中緯度綜觀尺度系統而言，其渦度和散度之數量級為何(含單位)？

(3)何謂大氣窗和大氣溫室效應？

(4)說明東亞典型冷鋒和暖鋒通過時，地面天氣之變化特徵。

(5)何謂地轉風和梯度風？何者較接近觀測之實際風？

(1999 年飛航諮詢特考氣象學)

七、兩個等壓面之間的氣層厚度和氣層溫度之分布有什麼關係？飛機由暖區沿等壓面向冷區飛行時，飛機高度會有什麼變化，為什麼？試討論之。(20 分) P. 210

(2004 年航空駕駛高考三級二試)

八、溫度和氣壓的分布直接影響飛機飛行途中的氣壓高度判斷 P. 267

(一) 說明冷區和暖區的氣壓隨高度之變化特性有何差異？為什麼？(10 分)

(二) 飛機從暖區飛往冷區時，維持在同一氣壓的飛行路徑，高度會有什麼變化？利用高度表撥定值時要注意什麼？(15 分)

(2007 年民航特考飛航管制)

參、 密度

一、何謂密度高度(DA)？如地面(跑道)溫度分別為 30℃及 40℃，其密度高度孰大？(10 分)　P. 69

　　(1993 年飛航管制、航務管理、航空駕駛薦任升等)

二、解釋下列諸名詞：(各 5 分，共 25 分)　　P. 85

　　(一)飛行員天氣報告。

　　(二)密度高度(DA)。

　　(三)晴空亂流(CAT)，

　　(四)鋒(面)(Front)。

　　(五)颱風。

　　　　(1995 年第一次軍官外職停役轉任航空駕駛檢覈)

三、(一) 何謂氣壓高度(Pressure altitude)？ (8 分)　　P. 89

　　(二) 何謂高密度高度(High density altitude)？ (8 分)

　　(三) 請說明高密度高度對飛行的影響。(9 分)

　　　　(1995 年第二次軍官外職停役轉任航空駕駛檢覈)

四、解釋下列各種飛行高度的涵義：真高度（true altitude），指示高度（indicated altitude），修正高度（corrected altitude），氣壓高度（pressure altitude），密度高度（density altitude）。其中，發生高密度高度（high density altitude）天氣狀態時，對於飛航操作有那些危害影響？　P. 373

　　　　(2012 年公務人員高考三級考試試題　航空駕駛)

肆、 風

一、解釋下列各名詞： P.76

(一)側風(二)颮線(三)冷鋒(四)平流霧(五)熱(氣團)雷雨
(10 分)

(1993 年飛航管制、航務管理、航空駕駛薦任升等)

二、說明海風與陸風的不同。(25 分) P.80

(1993 年飛航諮詢特考)

三、在晴空無雲的清晨，如果機場上空 2,000-4,000 呎處風速超過25knots，請問飛機起降應注意那些問題？(25 分)
P.89

(1995 年第二次軍官外職停役轉任航空駕駛檢覈)

四、何謂「西風噴(射氣)流」？(5 分)，對冬季飛航台北---東京，或台北---舊金山班機有那些影響？(15 分) P.113

(1997 年航空駕駛簡任升等考試補辦考試)

五、解釋名詞：(20 分) P.116

(1) 飛行員天氣報告
(2)指示高度
(3)相對濕度
(4)雲幕高
(5)焚風

(1997 年航空駕駛簡任升等考試補辦考試)

六、簡答題： P. 133

　　(1)何謂靜力平衡？試說明在靜力平衡下，地面氣壓所代表的意義。

　　(2)何謂渦度和散度？對典型中緯度綜觀尺度系統而言，其渦度和散度之數量級為何(含單位)？

　　(3)何謂大氣窗和大氣溫室效應？

　　(4)說明東亞典型冷鋒和暖鋒通過時，地面天氣之變化特徵。

　　(5)何謂地轉風和梯度風？何者較接近觀測之實際風？

　　　　　　　　　　　　　　(1999 年飛航諮詢特考氣象學)

七、飛機由台灣飛往美國時，若能有效利用高空西風噴流，將可早點抵達且節省燃料。試於南北垂直剖面圖上，繪出等風速線和等溫線分布，並於圖中標示此西風噴流之位置(圖中務必標示對流層頂位置)。此外，並說明此西風噴流之成因。 P. 136

　　　　　　　　　　　　　　(1999 年飛航諮詢特考氣象學)

八、在天氣圖上，如果沒有風的資料，您是否能由氣壓分布或高度分布推估各地之風速及風向？為什麼？請分別就高空天氣圖及地面天氣圖說明之。 P. 141

　　　　　　　　(1999 年第一次軍官外職停役轉任航空駕駛檢覈)

九、何謂「噴流」(jet stream)？試以高空噴流軸為中心，比較其南北兩邊的溫度、風場以及卷雲的分布情形。噴流

對飛行有什麼影響？ P. 142

(1999 年第一次軍官外職停役轉任航空駕駛檢覈)

十、試說明西風帶之噴射氣流特徵(10 分)。 P. 155

(1999 年航務管理、航空駕駛薦任升等)

十一、以北半球中高緯度為例，說明氣壓分布與風之關係，並說明其原因。(25 分) P. 164

(2002 年飛航諮詢四等特考)

十二、何謂噴流(jet stream)？為什麼存在？對於飛航有什麼影響？試討論之。(25 分) P. 179

(2003 年飛航管制、飛航諮詢民航特考)

十三、何謂噴(射氣)流？在飛航安全上有什麼影響？為什麼？試討論之。(25 分) P. 189

(2003 年飛航管制、飛航諮詢、航務管理簡任升等考)

十四、簡答題(每題 10 分，共 40 分) P. 213

(一) 以北半球中緯度為例，圖示並說明風場與高空天氣圖上等高線的關係。

(二) 簡要說明高度表指示高度(Indicated Altitude)的意義，及其與實際高度的差異。

(三) 何謂低空風切？簡述其對飛航安全的影響。

(四) 何謂下爆流(downburst)？簡述其成因及對飛航安全的影響。

(2003 年飛航管制、航務管理薦任升等考)

十五、(一) 請繪示意圖分別說明高空噴射氣流與 1. 初生氣旋低壓系統 2. 快速加深中之低壓系統 3. 囚錮後之低壓系統之相對位置。(15 分)　P. 216

(二) 在前小題示意圖中，並指定晴空亂流最容易出現之位置。(10 分)

(2005 年飛航管制、飛航諮詢民航特考)

十六、台灣位處季風氣候區，試比較說明冬夏季風的天氣特徵以及對飛航之影響。(20 分)　P. 219

(2005 年飛航管制簡任升等)

十七、台灣天氣終年受季風影響，夏季為西南季風冬季為東北季風，試說明季風形成的原因，並說明伴隨季風的主要天氣現象特徵。　P. 236

(2005 年公務人員高考三級考試第二試試題　航空駕駛)

十八、從台灣起飛到日本的飛機，經常會碰到高空噴流，甚至遭遇亂流的威脅：　P. 252

(一) 說明這高空噴流是否有季節性？詳細解釋之。(10 分)

(二) 高空噴流很顯著時，地面天氣圖有什麼特殊的天氣系統？請你解釋說明推測的理由。(10 分)

(2006 年民航特考飛航管制、飛航諮詢試題)

十九、高空噴流(jet stream)的位置、強度和飛航路徑的選擇關係密切，說明： P.265

(一) 為什麼中緯度的高空噴流一般會出現在對流層附近？(12 分)

(二) 為什麼中緯度高空噴流的空間分布在不同經度區會有很大之差異？(13 分)

(2007 年民航特考飛航管制)

二十、試說明高空噴射氣流（Jet Stream）之成因為何？ 並說明高空噴射氣流與地面低壓系統發展有何相關性？噴射氣流對於飛航有什麼影響？（20 分） P.285

（2008 年公務人員高考三級考試試題 航空駕駛）

二十一、何謂噴流（jet stream）？為什麼對流層頂附近的西風噴流在冬季較其他季節為強？

試以熱力風的概念討論之。（25 分） P.301

（2008 年公務人員民航三等特考試題
飛航管制、飛航諮詢）

二十二、台灣的飛航天氣與氣候深受季風（Monsoon）的影響，試回答下列之問題：(一)季風最主要的成因是什麼？全世界有那些主要的季風區？（5 分）(二)台灣冬季盛行東北季風，伴隨東北季風的氣團是屬性寒冷乾燥的亞洲大陸西伯利亞氣團。說明為何台灣北部地區的冬季在此種氣團籠罩下，卻常是多雲下雨的天氣？（10 分）(三)台灣的春末夏初主要為西南季風所籠罩，說明西南季風的源區在那裡？此一時期台灣的天氣特徵為何？（10 分） P. 307

(2009 年公務人員民航三等特考試題　飛航管制)

二十三、臺灣梅雨季鋒面前常有西南方向為主的低層強風區稱之為低層噴流，試說明低層噴流的結構以及成因，(15 分)並且說明低層噴流和豪雨的關係如何？ P. 311

(2009 年公務人員高考三級考試試題　航空駕駛)

二十四、為什麼中緯度地區對流層的西風會隨高度增強？為什麼中緯度的西風噴流會出現在對流層頂附近？（10 分）
說明高空噴流條（Jet Streak）入區和出區附近的垂直運動與天氣特徵。　 P. 325

(2010 年公務人員高等考試三級考試試題　航空駕駛)

二十五、季風和海、陸風是影響台灣不同季節風場變化的主要天氣系統，請回答下列問題：

說明季風和形成海、陸風的原因。（10 分）

說明在冬季和夏季季風影響下，台灣的風場變化特性以及低層噴流可能出現的區域。　P. 329

(2010 年公務人員高等考試三級考試試題　航空駕駛)

二十六、高空噴射氣流（Jet Stream）系統中，有四處不同強度的晴空亂流發生區，試說明之。　P. 373

(2012 年公務人員高考三級考試試題　航空駕駛)

伍、颱風

一、中央氣象局颱風警報與民航局航空氣象中心者有何異同？(10分)　P.70

(1993年薦任升等考試)

二、解釋下列諸名詞：(各5分，共25分)　P.85
(1)飛行員天氣報告。
(2)密度高度(DA)。
(3)晴空亂流(CAT)，
(4)鋒(面)(Front)。
(5)颱風。

(1995年第一次軍官外職停役轉任航空駕駛檢覈)

三、請說明民航氣象中心發布之颱風警報包括那些階段？(10分)，並提出改進建議。(10分)　P.114

(1997年航空駕駛簡任升等考試補辦考試)

四、試簡述：(20分)　P.121
(一)颱風生成的四項條件
(二)強烈颱風中心，風速為何？
(三)為什麼不常見到颱風危害到飛行中的飛機？

(1998年航空駕駛三等特種考)

五、颱風形成的必要條件為何？從熱帶低壓發展成颱風的機
　　制為何？(25 分)　　P. 179

　　　　　　　　(2003 年飛航管制、飛航諮詢民航特考)

六、熱帶風暴又稱熱帶氣旋，在西北太平洋又稱颱風。每年
　　颱風季節，伴隨颱風之強風豪雨對我國不僅飛航安全甚
　　至整個社會都有很大影響。試說明颱風的基本運動場和
　　降雨場結構特徵？決定颱風移動路徑的原因有那些？
　　當遇到颱風時飛機之避行路徑？(30 分)　　P. 185

　　　　　　　　　　　(2003 年航空駕駛高考)

七、 何謂熱帶風暴(tropical storm)和颱風(typhoon)？簡要說
　　明其(一)重要結構特徵，(二)過境台灣時的重要天氣變
　　化特徵，及(三)對飛航安全的影響。(20 分)　　P. 201

　　　　　　　　(2003 年飛航管制、航務管理 薦任升等考)

八、台灣地形複雜，試討論颱風侵台時，在迎風面與背風面
　　的天氣差異，以及對飛航安全之影響。(20 分)　　P. 219

　　　　　　　　　(2005 年飛航管制簡任升等)

九、簡述颱風的重要結構特徵，說明侵台颱風可能伴隨而影
　　響飛航安全的天氣現象。(25 分)　　P. 227

　　　　　　　　(2005 年飛航管制、飛航諮詢、航務管理、
　　　　　　　　　　　　　　　　航空駕駛薦任升等)

十、影響台灣的颱風主要生成區域有那些？其路徑大約可分為幾類？試說明影響颱風路徑的主要因素有那些？（20分）　P. 245

　　（2006年公務人員高考三級考試試題　航空駕駛）

十一、簡答題：（每小題5分，共20分）

　　(一) 颱風之七級風暴風半徑

　　(二) 中尺度對流系統（mesoscale convective system）

　　(三) 微爆流（microburst）

　　(四) 輻射霧（radiation fog）　P.280

　　（2007年公務人員高考三級考試試題　航空駕駛）

十二、熱帶氣旋（颱風）和溫帶氣旋發展過程所伴隨之強風豪雨等劇烈天氣，都對飛航安全產生重大影響。試討論比較兩者結構與所處環境之差異以及發展過程能量來源之不同。　P. 308

　　（2009年公務人員民航三等特考試題　飛航管制）

十三、簡答題（每小題5分，共25分）

　　(一)有利颱風發展的環境條件有那些？

　　(二)淞冰（rime ice）

　　(三)外流邊界（outflow boundary）

　　(四)相當回波因子（equivalent reflectivity factor）

　　(五)牆雲（wall cloud）　P. 313

　　（2009年公務人員高考三級考試試題　航空駕駛）

十四、颱風侵襲期間飛航安全深受颱風環流的影響。試說明成熟颱風三度空間風場分布特徵。並說明現階段觀測海洋上颱風之風場有那些方法。　P. 318

　　　（2009 年公務人員薦任升等考試試題　航空管制）

十五、颱風侵台之路徑和風雨分布有密切之關係，舉例說明對桃園機場之飛航服務可能造成重大影響的颱風侵台路徑，以及該颱風伴隨的風雨變化特徵。　P. 333

（2010 年公務人員高等考試三級考試試題　航空駕駛）

十六、臺灣每年都遭受許多颱風的影響，造成非常大的災害，對飛航安全也影響至鉅。中央氣象局在發布颱風警報時，依據颱風特性提供非常多的資訊。試說明下列資訊的涵義：（每小題 5 分，共 25 分）

(一)海上颱風警報發布時機

(二)颱風強度的界定

(三)七級風和十級風暴風半徑

(四)颱風路徑的機率預報

(五)解除颱風警報的時機（25 分）　P. 343

　　　（2011 年公務人員高等三級考試試題　航空駕駛）

十七、颱風伴隨有強風和劇烈對流，是影響飛航安全最重要的天氣系統之一種；試說明西北太平洋地區颱風的運動特徵，並簡要討論不同路徑之侵台颱風對臺灣天氣的影響程度。　P. 355

　　　（2011 年公務人員薦任升等考試試題　航空管制）

十八、試闡述影響颱風強度變化的大氣過程,並說明海洋可
　　　能扮演的角色。　　P. 361
(2011 年公務人員民航三等特考試題　飛航管制、飛航諮詢)

陸、雲

一、請列舉(一)雲，(二)雲量，(三)雲高，(四) 雲幕高的定義。
　　(20分)　　P. 110

　　　(1997年航務管理、航空駕駛薦任升等考試補辦考試)

二、解釋名詞：(20分)　　P. 116
　　(1)飛行員天氣報告
　　(2)指示高度
　　(3)相對濕度
　　(4)雲幕高
　　(5)焚風

　　　　　　　　　(1997年航空駕駛簡任升等考試補辦考試)

三、雲是怎麼形成的？怎麼會有對流雲和層狀雲的形成？
　　它們和飛航安全有什麼關係？試分析討論之。　P.123

　　　　　　(1999年航務管理薦任升等考試補辦考試)

四、濃霧與低雲幕是危害飛行安全的天氣現象，試說明濃霧
　　與低雲幕的成因以及常伴隨之天氣現象。(25分)
　　　P. 224

(2005年飛航管制、飛航諮詢、航務管理、航空駕駛薦任升等)

25

五、簡答題（每小題 5 分，共 25 分）

(一)有利颱風發展的環境條件有那些？

(二)淞冰（rime ice）

(三)外流邊界（outflow boundary）

(四)相當回波因子（equivalent reflectivity factor）

(五)牆雲（wall cloud）　P.313

(2009 年公務人員高考三級考試試題　航空駕駛)

六、台灣海峽在春季經常有海霧發生，影響離島飛航安全甚巨。試說明海霧發生的原因為何？春天的鋒面也經常帶來以層雲為主的低雲幕天氣，試說明低雲幕層雲天氣的特徵。　P.322

(2009 年公務人員薦任升等考試試題　航空管制)

七、大氣中雲的種類、雲的高度、以及雲量多寡等都會影響飛航路徑設計與安全：

(一)試闡述積雲和層雲微結構特徵差異。

(二)雷暴主要由積雨雲組成，試說明雷暴的微結構特徵。
P.364

(2011 年公務人員民航三等特考試題　飛航管制、飛航諮詢)

柒、霧

一、 解釋下列各名詞： P. 76
　　 (一)側風(二)颮線(三)冷鋒(四)平流霧(五)熱(氣團)雷雨
　　 (10 分)
　　　　　　　(1993 年飛航管制、航務管理、航空駕駛薦任升等)

二、 請說明輻射霧與平流霧的不同。(25 分) P. 79
　　　　　　　　　　　　　　　　(1993 年飛航諮詢特考)

三、 請寫出霧的定義(5 分)，並說明霧的種類與成因。(20 分)
　　 P. 109
　　　　　　　(1997 年航務管理、航空駕駛薦任升等考試補辦考試)

四、 以形成原因區分，霧有那幾種？(10 分)，春季影響中正
　　 國際機場班機起降最大的是那兩種霧？(10 分) P.116
　　　　　　　(1997 年航空駕駛簡任升等考試補辦考試)

五、 試簡述平流霧(Advection Fog)與輻射霧(Radiation Fog)
　　 之不同成因，那一種霧對機場的正常運作危害較大？
　　 (20 分) P. 119
　　　　　　　　　　　　(1998 年航空駕駛三等特種考)

六、 霧是怎麼形成的？在什麼季節最容易形成霧？霧對飛
　　 機起降有什麼影響？試分析討論之。 P. 124
　　　　　　　　　(1999 年航務管理薦任升等考試補辦考試)

七、霧對飛機的起降影響重大,台灣常見的霧包括有輻射霧
　　和平流霧,試詳細說明此兩種霧之特徵、形成原因以及
　　如何由觀測的溫度、濕度等資料判別之。　　P. 138

　　　　　　　　　　　　　　(1999 年飛航諮詢特考氣象學)

八、試簡單說明各種可能形成濃霧之天氣狀況。　　P. 143

　　　　　(1999 年第一次軍官外職停役轉任航空駕駛檢覈)

九、請分別說明輻射霧及平流霧形成的原因及預報方法。
　　(25 分)　　P. 172

　　　　　　　　　　　　　　　(2002 年飛航管制三等特考)

十、霧常影響飛機起降之安全,機場亦常因濃霧而關閉。就
　　形成原因而言,霧可分輻射霧和平流霧,試說明輻射霧
　　和平流霧的特徵和形成原因,並說明兩者對機場運作的
　　影響。(20 分)　　P. 200

　　　　　　　　(2003 年飛航管制、航務管理　薦任升等考)

十一、濃霧與低雲幕是危害飛行安全的天氣現象,試說明濃
　　　霧與低雲幕的成因以及常伴隨之天氣現象。(25 分)
　　　P. 224

(2005 年飛航管制、飛航諮詢、航務管理、航空駕駛薦任升等)

十二、試說明霧(fog)的種類以及形成的原因。為了飛航
　　　安全,有些機場採用人工消霧手段,試舉兩個消霧的
　　　方法並說明其原理。(20 分)　　　P. 241

　　　　　　(2006 年公務人員高考三級考試試題---航空駕駛)

十三、濃霧常嚴重影響飛機的起飛和降落，試比較說明輻射霧、平流霧以及蒸氣霧之特性以及形成原因之差異。（25 分）　P. 266

（2007 年民航特考飛航管制）

十四、簡答題：（每小題 5 分，共 20 分）　P. 280
(一) 颱風之七級風暴風半徑
(二) 中尺度對流系統（mesoscale convective system）
(三) 微爆流（microburst）
(四) 輻射霧（radiation fog）

（2007 年高考三級航空駕駛）

十五、台灣海峽在春季經常有海霧發生，影響離島飛航安全甚巨。試說明海霧發生的原因為何？春天的鋒面也經常帶來以層雲為主的低雲幕天氣，試說明低雲幕層雲天氣的特徵。　P. 322

（2009 年公務人員薦任升等考試試題　航空管制）

十六、飛機起飛和降落時需考慮能見度，霧的出現將使能見度明顯降低而可能延遲航機的起飛和降落，試說明霧的成因，並討論可能導致霧形成的機制或過程。
P. 348

（2011 年公務人員薦任升等考試試題　航空管制）

捌、能見度

一、能見度(visibility)及跑道視程(runway visual range；RVR)
有何異同？請詳述之。又能見度與跑道視程的觀測步驟
如何？(10 分)　　P. 57
>   (1993 年飛航管制、航務管理、航空駕駛薦任升等)

二、何謂儀器飛行？何謂目視飛行？為什麼飛機起降需有水
平能見度與垂直能見度的限制？試分析討論之。　　P. 130
>   (1999 年航空駕駛簡任升等考試補辦)

三、水平能見度與垂直能見度在飛機起降有何重要？台灣
在什麼天氣或氣象條件下，最易因而妨礙飛機起降，為
什麼？試討論之。(25 分)　　P. 212
>   (2003 年飛航管制、飛航諮詢、航務管理簡任升等考)

四、說明氣象守視觀測員的水平能見度、飛行能見度、近場
能見度以及跑道視程等四種能見度的涵義。　　P. 376
>   (2012 年公務人員高考三級考試試題　航空駕駛)

玖、雷雨

一、請說明雷雨下沖氣流對飛航安全之影響，並略述其偵測與預防之方法。(25 分)　　P. 63

　　　　　　　　　　(1993 年飛航諮詢、航務管理簡任升等)

二、解釋下列各名詞：
　　(一)側風(二)颮線(三)冷鋒(四)平流霧(五)熱(氣團)雷雨
　　(10 分)　　P. 76

　　　　　　(1993 年飛航管制、航務管理、航空駕駛薦任升等)

三、雷雨有那幾種？請列舉並分別說明之。(15 分)　　P. 81

　　　　　　(1995 年第一次軍官外職停役轉任航空駕駛檢覈)

四、(一)請說明雷雨(Thuenderstorm)生命期的三個階段。(15 分)
　　(二)請說明下爆氣流(Down burst)的成因及其對飛行的
　　　　危害。(12 分)　　P. 90

　　　　　　(1995 年第二次軍官外職停役轉任航空駕駛檢覈)

五、說明颮線特徵與對飛航安全的影響。(20 分)　　P. 95

　　　　　　(1995 年飛航管制、航務管理、航空駕駛薦任升等)

六、下圖是颮線或強雷雨胞的示意圖，試說明圖中標示區對
　　飛行可能危害因素及理由。(30 分)　　P. 104

　　　　　　(1996 年第一次軍官外職停役轉任航空駕駛檢覈)

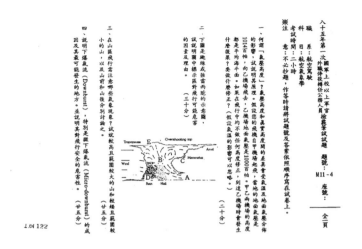

七、 說明下爆氣流(Downburst)，特別是微下爆氣流 (Micro-downburst)的成因及其最可能發生的地方。並說明其對飛行安全的危害性。(25分) P. 107

　　　(1996年第一次軍官外職停役轉任航空駕駛檢覈)

八、何謂氣團雷雨？(5分)，請說明---雷雨胞之生命期。(15分) P. 110(1997年航務管理、航空駕駛薦任升等考試補辦考試)

九、請說明空中生成冰雹之原因，及其對飛行中之飛機的可能危害。(20分)　　P. 119

　　　　　　　　　　　(1998年航空駕駛三等特種考)

十、雷雨如何形成？雷雨對飛航安全與飛機起降有何影響？試分析討論之。(20分)　　P. 125

　　　　　　　(1999年航務管理薦任升等考試補辦考試)

十一、為什麼機場上空有雷雨時，須禁止飛機起降？試說明討論之。　P. 129

　　　　　　　　　　　（1999年航空駕駛簡任升等考試補辦）

十二、雷雨(thunderstorm)是造成空難的重要原因之一，請說明其成因及飛行應注意之事項。　P. 143

　　　　　　　　（1999年第一次軍官外職停役轉任航空駕駛檢覈）

十三、簡述雷雨(thunderstorm)的形成、結構及附近危害飛行安全的天氣現象。(25分)　P. 147

　　　　　　　　　　　　（1999年航空駕駛高等考試三級第二試）

十四、試說明雷暴(thunderstorm)系統內部主要氣流結構特徵(10分)，並說明下爆氣流(downburst)的特性、形成的原因(10分)，及其與飛航安全的關係(5分)。　P. 153

　　　　　　　　　　　（1999年航務管理、航空駕駛薦任升等）

十五、(一)何謂下爆氣流(downburst)及小型下爆氣流(microburst)？試述其時間及空間尺度及伴隨之天氣特徵。　P. 157

　　　　(二)試繪簡圖說明飛機穿越下爆氣流時可能遭遇之危險。

　　　　　　　　　　　　　　　（2001年飛航管制三等特考）

十六、請說明氣象人員如何由大尺度天氣特徵及探空資料判斷某地是否有雷雨。並請說明雷雨下沖氣流對飛航安全之影響。（25 分）　　P. 165

(2002 年飛航諮詢四等特考)

十七、請問預報人員如何由
(一)天氣情況；
(二)雷達回波及紅外線衛星雲圖綜合研判可能發生下爆氣流(downburst)之地區？(25 分)　　P. 171

(2002 年飛航管制三等特考)

十八、對流形成的條件為何？台灣各地區發生對流的有利條件為何？試分析討論之。(25 分)　　P. 175

(2003 年飛航管制、飛航諮詢民航特考)

十九、何謂雷雨？何謂颮線？對於飛航安全而言，雷雨和颮線為什麼重要？試討論之。(25 分)　　P. 176

(2003 年飛航管制、飛航諮詢民航特考)

二十、1985 年 8 月在美國達拉斯－沃斯堡機場發生一件民航機降落墜機事件，造成 100 人喪生。專家們鑑定認為是所謂的微爆流(microburst)現象所導致。試說明微爆流形成的原因和特徵，並說明飛機為何因此失事。（20 分）　　P. 183　　　　(2003 年航空駕駛高考)

二十一、機場有雷雨時，為何不利飛機起降？試討論之。
(25 分)　　P. 191

　(2003 年飛航管制、飛航諮詢、航務管理簡任升等考)

二十二、雷雨雲系之發展常伴隨陣風鋒面(gust front)、下衝氣流(downdraft)以及低層風切現象，試分別說明雷雨雲發展過程，在積雨雲期、成熟期以及消散期等三個不同階級的氣流結構特徵以及所伴隨之下衝氣流、陣風鋒面以及低層風切現象之特性以及對飛行安全可能影響。(30 分)　　P. 207

　　　　　　　　　(2004 年航空駕駛高考三級二試)

二十三、雷雨是影響飛航安全之重要天氣現象，試說明雷雨生命期三個階段(積雲期、成熟期與消散期)之主要結構特徵，以及對飛航安全之影響。(20 分)　　P. 222

　　　　　　　　　　(2005 年飛航管制簡任升等)

二十四、試說明雷雨系統常伴隨之陣風鋒面(gust front)，下衝氣流(downdraft)以及低空風切等現象的特性以及對飛航安全之影響。(25 分)　　P. 223

(2005 年飛航管制、飛航諮詢、航務管理、航空駕駛薦任升等).

二十五、成熟雷暴（thunderstorm）系統三度空間結構有何特徵，試說明之。並說明對飛航安全的可能影響。　P. 231

（2005 年公務人員高考三級考試第二試試題　航空駕駛）

二十六、雷暴（thunderstorm）在其發展後期經常伴隨外流
邊界（outflow boundary）和陣風鋒面（gust front）
等中尺度天氣現象，有時甚至會形成龍捲
（tornado），對飛航安全產生極大威脅。試分別說
明外流邊界和陣風鋒面的天氣特徵以及對飛行安
全可能之影響。（20 分）　P. 275
　　（2007 年公務人員高考三級考試試題　航空駕駛）

二十七、簡答題：（每小題 5 分，共 20 分）　P. 280
（一）颱風之七級風暴風半徑
（二）中尺度對流系統（mesoscale convective system）
（三）微爆流（microburst）
（四）輻射霧（radiation fog）
　　　　　　　　（2007 年高考三級航空駕駛）

二十八、試列舉說明雷雨伴隨有那些惡劣天氣？對飛航安
全的影響為何？（20 分）　P. 290
　　（2008 年公務人員高考三級考試試題　航空駕駛）

二十九、台灣夏季午後常出現雷陣雨，試討論其發生之大氣
環境條件與其激發機制。（25 分）　P. 302
　　　　　　　　（2008 年公務人員民航三等特考試題
　　　　　　　　　　飛航管制、飛航諮詢）

三 十、雷暴系統發展後期常有中尺度天氣現象「陣風鋒面」（gust front）發生。試以地面測站觀測以及都卜勒雷達觀測，說明陣風鋒面的結構特徵。並說明此現象對飛航安全的影響。 P. 317

(2009 年公務人員薦任升等考試試題 航空管制)

三十一、對流是影響飛航安全的重要因子之一，列舉兩種穩定度指數之定義，並說明如何利用這兩種穩定度指數判斷對流的生成與發展。 P. 323

(2010 年公務人員高等考試三級考試試題 航空駕駛)

三十二、說明雷雨系統發展過程三個階段（即初生期、成熟期以及消散期）的氣流與雷雨結構特徵，以及對飛航可能之影響。 P. 326

(2010 年公務人員高等考試三級考試試題 航空駕駛)

三十三、有一類中尺度對流系統（mesoscale convective system）稱之為前導對流尾隨層狀降雨颮線（leading convection and trailing stratiform precipitation squall line），試說明：此類颮線系統的運動場特徵、降雨場特徵，以及氣壓場特徵。此類颮線系統對飛航安全的可能影響。 P. 335

（2011 年公務人員高等三級考試試題 航空駕駛）

三十四、龍捲風是地球上最劇烈的天氣系統，其最大風速常可高達 150 公尺每秒（m/sec）以上。美國洛磯山脈東側之中西部（Mid-west）是全世界龍捲風發生最頻繁的地區：龍捲風形成最重要的環境條件之一要有所謂的垂直風切（vertical wind shear），試說明洛磯山脈東側為何龍捲風非常容易發生？

龍捲風經常伴隨雷暴系統一起發生，試說明雷暴系統的結構，並指出何處最有利於龍捲風的發生？

P. 342

(2011 年公務人員高等三級考試試題　航空駕駛)

三十五、產生豪雨的天氣系統常和組織性雷暴天氣有關，有時又稱為劇烈中尺度對流系統。在臺灣春夏交接之際（梅雨季），常有豪雨天氣的發生：

(一)試說明此一時期有利於豪雨天氣發生的綜觀環境條件。（15 分）

(二)說明中尺度對流系統對飛航安全的可能影響。

P. 363

(2011 年公務人員民航三等特考試題　飛航管制、飛航諮詢)

三十六、詳述雷雨引發大氣亂流的垂直氣流、陣風、初陣風等現象。　P. 390

(2012 年公務人員民航三等特考試題　飛航管制)

拾、風切

一、 請說明低層風切(Low level wind shear)的成因及其對飛航安全之影響，並說明飛行員遇到低層風切時應採取的因應之道。(25 分)　P. 63

(1993 年飛航諮詢、航務管理簡任升等)

二、 請解釋

(一)低層風切

(二)輻射逆溫

(三)當有輻射逆溫存在時，進場落地之飛機可能遭遇何種低層風切？

(四)並請說明駕駛如何可知道該逆溫之存在？

(五)應採何種減少低層風切影響之措施？(20 分)　P. 83

(1995 年第一次軍官外職停役轉任航空駕駛檢覈)

三、 在晴空無雲的清晨，如果機場上空 2,000-4,000 呎處風速超過 25knots，請問飛機起降應注意那些問題？(25 分) P. 89 (1995 年第二次軍官外職停役轉任航空駕駛檢覈)

四、 當地面有輻射逆溫層出現時，飛機起降應注意那些問題？ (25 分)　P. 90

(1995 年第二次軍官外職停役轉任航空駕駛檢覈)

五、何謂風切？(5 分)介紹三種不同的風切出現情形。(15 分) P. 97　　　　(1995 年飛航管制、飛航諮詢簡任升等)

六、請寫出「低層風切」(LLWS)之定義(5分)。在進場落地中 如遭遇此種風切,可能造成之危險有那些?請詳述之。(15分)

P. 115　　(1997年航空駕駛簡任升等考試補辦考試)

七、低空風切(Low Level Wind Shear)與微風暴(微爆氣流)(Microburst)有何異同?請詳細說明二者之成因。(20分)

P. 120　　　　　　(1998年航空駕駛三等特種考)

八、請分別說明高空風切與低空風切對飛航安全之影響。(25分)

P. 165　　　　　　(2002年飛航諮詢四等特考)

九、(一) 請列舉產生低空風切的天氣因素。

　　(二) 請說明順風切(tail wind shear)、逆風切(head wind shear)及側風切(cross wind shear),並分別討論其對飛機起飛及進場著陸之影響。(25分)　　P. 169

(2002年飛航管制三等特考)

十、簡答題(每題10分,共40分)　　P. 195

　(一) 以北半球中緯度為例,圖示並說明風場與高空天氣圖上等高線的關係。

　(二) 簡要說明高度表指示高度(Indicated Altitude)的意義,及其與實際高度的差異。

　(三) 何謂低空風切?簡述其對飛航安全的影響。

　(四) 何謂下爆流(downburst)?簡述其成因及對飛航安全的影響。

(2003年飛航管制、航務管理 薦任升等考)

拾壹、亂流

一、晴空亂流(Clear air turbulence)是影響飛航安全與舒適之
　重要氣象因素之一，對於如何加強偵測與預報技術以及
　飛行人員之訓練，請略述你的看法。(25分)　　P.63
　　　　　　　　(1993年飛航諮詢、航務管理簡任升等)

二、何謂晴空亂流(CAT)？多發生在何空域？(10分)　　P.76
　　　(1993年飛航管制、航務管理、航空駕駛薦任升等)

三、解釋下列諸名詞：(各5分，共25分)　　P.85
　　(一)飛行員天氣報告。
　　(二)密度高度(DA)。
　　(三)晴空亂流(CAT)，
　　(四)鋒(面)(Front)。
　　(五)颱風。
　　　　　　　(1995年第一次軍官外職停役轉任航空駕駛檢覈)

四、何謂亂流？(5分) 介紹三種不同的亂流發生狀況。(15分)
　　P.97　　　　　　(1995年飛航管制、飛航諮詢簡任升等)

五、在山區飛行需注意那些氣象現象？試就較高且範圍較大的山
　和較矮且範圍較小的山，以及山前山後分別討論之。(25分)
　　P.106 (1996年第一次軍官外職停役轉任航空駕駛檢覈)

41

六、晴空亂流(Clear Air Turbulence)最近曾對飛航太平洋上空之
　　班機造成巨大危害，試說明晴空亂流之成因及特性。(20
　　分)　　P. 120

(1998 年航空駕駛三等特種考)

七、亂流在什麼情況之下容易形成？對飛航安全有什麼影
　　響？飛行員如何得知航線上將有亂流發生？遭遇亂流
　　如何處理？試分析討論之。　　P. 125

(1999 年航務管理薦任升等考試補辦考試)

八、亂流在飛航上有什麼重要性？亂流在什麼情況下容易形
　　成？飛行員有何方法得知航線上可能遭遇亂流？有何
　　因應措施？試分析討論之。　　P. 127

(1999 年航空駕駛簡任升等考試補辦)

九、試說明亂流發生的原因(5 分)。不同亂流強度的特徵差
　　異為何(5分)？對飛行器的影響為何(5分)？對機內乘客
　　的影響又為何(5 分)？　　P. 152

(1999 年航務管理、航空駕駛薦任升等)

十、(一) 何謂晴空亂流(clear air turbulence)？　　P. 161
　　(二) 試繪圖並說明有利於出現強烈晴空亂流之綜觀幅
　　　　 度天氣圖模式。圖中並請註明易出現亂流之區域。

(2001 年飛航管制三等特考)

十一、晴空亂流是飛行安全一大威脅，試解釋什麼是晴空亂流？試討論晴空亂流生成的原因以及易伴隨出現晴空亂流的天氣條件。除了晴空亂流，大氣層中還可能出現那些亂流？這些亂流經常伴隨那種天氣條件出現？(30 分)　　P. 209

(2004 年航空駕駛高考三級二試)

十二、晴空亂流是飛行安全的一大威脅，試解釋什麼是晴空亂流？討論晴空亂流形成的原因以及易伴隨出現之天氣條件？(20 分)　　P. 222

(2005 年飛航管制簡任升等)

十三、簡答題：（每小題 5 分，共 30 分）　　P. 242

　　(一) 條件性不穩定大氣（conditional unstable atmosphere）

　　(二) 過冷水滴（super cool liquid water）

　　(三) 颮線（squall line）

　　(四) 折射指數（refractive index）

　　(五) 晴空亂流（clear air turbulence）

　　(六) 囚錮鋒（occluded front）

　　（2006 年公務人員高考三級考試試題　航空駕駛）

十四、晴空亂流是飛航安全的一大殺手，試以理察遜數（Richardson Number）說明晴空亂流發生之環境條件。　　P. 310

(2009 年公務人員民航三等特考試題　飛航管制)

十五、試說明影響空氣垂直上下運動的天氣過程有那些？（15分)試說明在溫帶氣旋中最有利於上升運動之區域。　P. 312

　　　　(2009年公務人員高考三級考試試題　航空駕駛)

十六、晴空亂流（CAT）常影響飛行安全，而晴空亂流常出現於噴流區附近；試說明何以中緯度地區之高空常存在有西風噴流，說明中須包含此西風噴流及其伴隨的大氣垂直結構特徵，此外並討論此西風噴流之季節變化特性。　P. 352

　　　　(2011年公務人員薦任升等考試試題　航空管制)

十七、高空噴射氣流（Jet Stream）系統中，有四處不同強度的晴空亂流發生區，試說明之。　P. 373

　　　　(2012年公務人員高考三級考試試題　航空駕駛)

十八、根據美國聯邦航空總署(FAA)以及美國國家海洋大氣總署(NOAA)的規範，如何界定高空與低空亂流？低空亂流有哪七種？高空亂流又有哪四種？　P. 391

　　　　(2012年公務人員民航三等特考試題　飛航管制)

拾貳、積冰

一、 試說明飛機積冰最基本的天氣條件有那些？其天氣類型為何？（20 分）　P. 287

　　　（2008 年公務人員高考三級考試試題　航空駕駛）

二、試說明凍雨（freezing rain）和冰珠（ice pellets）兩者的差異，（15 分）並說明兩者和飛機積冰的關係。　P. 312

　　　(2009 年公務人員高考三級考試試題　航空駕駛)

三、大氣積冰（atmospheric icing）對於飛機而言是個非常危險的天氣過程，試說明發生積冰的大氣條件為何？並說明防止積冰或是去積冰的方法。　P. 320

　　　(2009 年公務人員薦任升等考試試題　航空管制)

拾參、鋒面

一、在冬季當有一冷鋒由馬祖到巴士海峽期間，台灣桃園國際機場的氣壓、溫度、風，以及天氣變化如何？(10 分)　P. 70

　　　(1993 年飛航管制、航務管理、航空駕駛薦任升等)

二、解釋下列各名詞：　P. 67

　　(一)側風(二)颮線(三)冷鋒(四)平流霧(五)熱(氣團)雷雨

　　(10 分)　P. 76

　　　(1993 年飛航管制、航務管理、航空駕駛薦任升等)

三、請說明冷鋒與暖鋒的不同。(25 分)　　P. 79

　　　　　　　　　　　　　　　　(1993 年飛航諮詢特考)

四、解釋下列諸名詞：(各 5 分，共 25 分)　　P. 85

　　(一)　飛行員天氣報告。

　　(二)　密度高度(DA)。

　　(三)　晴空亂流(CAT)，

　　(四)　鋒(面)(Front)。

　　(五)　颱風。

　　　　　(1995 年第一次軍官外職停役轉任航空駕駛檢覈)

五、說明冷鋒內雲系與風場的結構。(20 分)　　P. 96

　　　　　(1995 年飛航管制、航務管理、航空駕駛薦任升等)

六、簡答題： P.133

　　(1)何謂靜力平衡？試說明在靜力平衡下，地面氣壓所代表的意義。

　　(2)何謂渦度和散度？對典型中緯度綜觀尺度系統而言，其渦度和散度之數量級為何(含單位)？

　　(3)何謂大氣窗和大氣溫室效應？

　　(4)說明東亞典型冷鋒和暖鋒通過時，地面天氣之變化特徵。

　　(5)何謂地轉風和梯度風？何者較接近觀測之實際風？

　　　　　　　　　　　　　　(1999年飛航諮詢特考氣象學)

七、請扼要說明地面天氣圖及高空天氣圖各提供那些重要天氣資訊？並說明氣象人員如何在天氣圖上表示暖鋒、冷鋒及囚錮鋒。(25分)　　P.163

　　　　　　　　　　　　　　(2002年飛航諮詢四等特考)

八、鋒面系統接近經常發生低雲幕天氣，對於飛航安全影響甚劇。試說明當冬季冷鋒過境雲幕變化情形。當梅雨季時又如何？試說明其相異之處。(20分)　　P.184

　　　　　　　　　　　　　　(2003年航空駕駛高考)

九、台灣冬季冷鋒過境，對飛機起降可能造成的影響為何？為什麼？試討論之。(25分)　　P.192

　　(2003年飛航管制、飛航諮詢、航務管理簡任升等考)

十、解釋下列名詞：（每小題 5 分，共.25 分）　　P. 213
    (一) 冷鋒（cold front）
    (二) 梅雨鋒（Mei-Yu front）
    (三) 不穩定線（instability line）
    (四) 颮線（squall line）
    (五) 乾線（dry line）
              （2005 年民航特考飛航管制、飛航諮詢試題）

十一、鋒面是影響飛行安全之重要天氣現象之一，說明鋒面
      之種類與特性，以及鋒面天氣對飛行安全可能造成之
      影響。(25 分)　　P. 227
   （2005 年飛航管制、飛航諮詢、航務管理、航空駕駛薦任升等）

十二、鋒面接近時經常有低雲幕天氣發生，影響飛航安全。
      試說明鋒面的種類以及相伴隨的天氣現象，並說明鋒
      面如何影響飛行安全。　　P. 233
    （2005 年公務人員高考三級考試第二試試題　航空駕駛）

十三、鋒面來臨前後，天氣有相當的改變：　　P. 258
    (一) 請以釋意圖解釋上爬冷鋒與下滑冷鋒，並比較這
        兩種鋒面過境前後，天氣與天空雲狀的變化有何
        不同？ (10 分)
    (二) 比較梅雨鋒與寒潮冷鋒結構上的差異，並說明兩
        者造成飛航安全威脅有何不同？ (10 分)
         （2006 年民航特考飛航管制、飛航諮詢試題）

十四、簡答題：（每小題 5 分，共 30 分）　P. 242

　　　(一) 條件性不穩定大氣（conditional unstable atmosphere）

　　　(二) 過冷水滴（super cool liquid water）

　　　(三) 颮線（squall line）

　　　(四) 折射指數（refractive index）

　　　(五) 晴空亂流（clear air turbulence）

　　　(六) 囚錮鋒（occluded front）

　　　　（2006 年公務人員高考三級考試試題　航空駕駛）

十五、何謂鋒生（frontogenesis）？為什麼會有鋒生？試以氣團與氣流變形場的概念討論之。（25 分）　P. 299

　（2008 年公務人員民航三等特考試題　飛航管制、飛航諮詢）

十六、以地面測站觀測以及都卜勒雷達觀測，說明陣風鋒面的結構特徵。並說明此現象對飛航安全的影響。（25 分）　P. 341

　　　　（2011 年公務人員高等三級考試試題　航空駕駛）

拾肆、觀測與預報

一、請說明航空氣象測站實施觀測之種類及時機。飛行人員
　　執行任務時所應有之氣象報告至少有幾種觀測資料為
　　優先？(20 分)　　P. 84

(1995 年軍官外職停役轉任航空駕駛檢覈)

二、解釋下列諸名詞：(各 5 分，共 25 分)　　P. 85
　　(一)飛行員天氣報告。
　　(二)密度高度(DA)。
　　(三)晴空亂流(CAT)，
　　(四)鋒(面)(Front)。
　　(五)颱風。

(1995 年第一次軍官外職停役轉任航空駕駛檢覈)

三、說明機場起飛和落地預報的內容。(20 分)　　P. 95

(1995 年飛航管制、航務管理、航空駕駛薦任升等)

四、說明機場預報，航路預報與區域預報的內容與差別。(20 分)
　　P. 97　　　　　　(1995 年飛航管制、飛航諮詢簡任升等)

五、舉例說明研判機場預報，航路預報與區域預報，對飛航
　　安全影響的重要性。　　P. 99

(1995 年飛航管制、飛航諮詢簡任升等)

六、解釋下烈名詞：(15 分)　　P. 111

　　(一)高度表撥定值(Altimeter setting)

　　(二)飛行員天氣報告

　　(三)白矇天(Whiteout)

　　(1995 年航務管理、航空駕駛薦任升等考試補辦考試)

七、說明顯著天氣圖(SIGWX)上所呈現的主要內容以及閱讀時應注意的地方。(20 分)　　P. 206

　　(2003 年飛航管制、航務管理　薦任升等考)

八、天氣惡劣時，可能飛機無法起飛，必須關閉機場：　P. 247

　　(一) 試寫出三種可能造成機場關閉的惡劣天氣。(9 分)

　　(二) 分別說明這三種天氣發生前，要如何分析氣象的要素，來預測或警告，已提醒飛航人員注意。(21 分)

　　(2006 年民航特考飛航管制、飛航諮詢試題)

九、機場都卜勒天氣雷達（Terminal Doppler Weather Radar, TDWR）的發明，對於劇烈雷暴天氣的偵測提供了非常有用的工具。試說明：（30 分）

　　(一) 都卜勒雷達觀測原理為何？

　　(二) 都卜勒雷達所提供之資料內容為何？

　　(三) 都卜勒雷達如何偵測對飛航安全極具威脅性的微爆流（microburst）？　　P. 239

　　（2006 年公務人員高考三級考試試題　航空駕駛）

十、數值天氣預報（numerical weather prediction）產品在飛
　　航安全的判讀分析扮演愈來愈重要角色，試說明數值天
　　氣預報的原理為何？並試舉兩個例子，說明其在飛航安
　　全上之應用。（20分）　P. 273

　　　　（2007年公務人員高考三級考試試題　航空駕駛）

十一、為了有效偵測機場周遭飛航安全，在機場內設置都卜
　　　勒天氣雷達進行觀測作業已經相當普遍。試說明：（每
　　　小題10分，共20分）　P. 277

　　　(一) 都卜勒雷達所觀測之回波強度和降雨的關係為
　　　　　何？試說明其特性。

　　　(二) 都卜勒雷達所觀測之都卜勒速度和都卜勒譜有
　　　　　何特性？如何應用在飛航安全之研判分析？

　　　　（2007年公務人員高考三級考試試題　航空駕駛）

十二、民用航空局航空氣象服務網站能提供台北飛航情報區
　　　(一) 衛星雲圖
　　　(二) 雷達回波圖
　　　(三) 地面天氣分析圖
　　　(四) 顯著危害天氣預測圖
　　　　請扼要說明該四種圖中有那些重要天氣資訊與飛行
　　　　有密切關係？飛行時如何善加利用該等資訊？（20
　　　　分）　P. 331

　　　　（2008年公務人員高考三級考試試題　航空駕駛）

十三、都卜勒氣象雷達是機場天氣觀測之重要儀器　P. 269

　　(一) 說明都卜勒速度的意義。(10 分)

　　(二) 說明龍捲風在都卜勒速度場以及回波場會出現什麼特徵？ (10 分)

　　(三) 輻合區的都卜勒速度場會出現什麼特徵？(7 分)

　　　　　　　　　　　　　　(2007 年民航特考飛航管制)

十四、(一) 利用無線電探空資料，對飛航天氣分析有很大之幫助，假設一空氣塊在平原近地面處的溫度為 25°C，露點溫度為 21°C，風吹向山區將空氣塊由地面抬升至 3500 公尺高的山頂，令未飽和空氣塊的垂直降溫率為 10°C/km，飽和後空氣塊的垂直降溫率為 6°C/km，未飽和空氣塊露點溫度的垂直降溫率為 2°C/km。請問：空氣塊被抬升後，會在那一個高度處開始有雲的形成？此時空氣塊溫度與露點溫度各為多少？（10 分）

　　(二) 當空氣塊繼續被抬升至山頂處，此時空氣塊的溫度及露點溫度各為多少？（5 分）

　　(三) 為何氣塊飽和後的垂直降溫率會小於飽和前的垂直降溫率？（5 分）

　　(四) 如果此空氣塊在迎風面因飽和凝結而降雨，並從山頂直接過山，當此空氣塊過山到達平原近地面處時的溫度為多少？以此例說明焚風的現象。（10 分）　　P. 305

　　　　　　　　(2009 年公務人員民航三等特考試題　飛航管制)

十五、臺灣雖然不是聯合國世界氣象組織的成員，但是氣象
作業單位仍然依照世界氣象組織各國的共識，每天上
午八點和晚上八點（地方時）各釋放氣象高空氣球一
顆，探測大氣層的氣壓、溫度、濕度以及風場。試
說明：

　探空氣球風場探測的基本原理。（10分）

　如何利用探空資料估計大氣穩定度。（10分）

　大氣穩定度和雲（clouds）的關係。　P. 337

（2011年公務人員高等三級考試試題　航空駕駛）

十六、國內第一座都卜勒氣象雷達為交通部民用航空局所
建置，試說明都卜勒氣象雷達和傳統氣象雷達所能觀
測的氣象要素之異同，並說明都卜勒氣象雷達觀測資
料在飛行安全上的重要應用。　P. 347

（2011年公務人員薦任升等考試試題　航空管制)

十七、詳細說明下圖有關天氣「預報準確度-時間」的涵義。
又根據美國第一代網際網路飛航天氣服務網（Flight
Advisory Weather Service, FAWS）對於航空天氣預報
準確性之評價，那些天氣之預測準確性仍無法滿足現
今航空操作的需求？　P. 371

（2012年公務人員高考三級考試試題　航空駕駛)

拾伍、氣象規劃

一、假如你將負責規劃一新建國際機場的氣象觀測設備，請提出你的構想，並略加說明。(25 分)　　P. 64

（1993 年飛航諮詢、航務管理簡任升等）

二、中央氣象局颱風警報與民航局氣象中心者有何異同？(10 分)　　P. 70

（1993 年飛航管制、航務管理、航空駕駛薦任升等）

三、說明離島如綠島、蘭嶼之氣象環境對飛航安全影響的情形，並提出改善目前離島飛航安全的建議。(20 分)　　P. 100

（1995 年飛航管制、飛航諮詢簡任升等）

四、機場跑道的方向選定標準為何？松山機場與中正機場跑道方向有何不同？為什麼不同？試分析討論之。　　P. 130

（1999 年航空駕駛簡任升等考試補辦）

拾陸、電碼

一、航空氣象常見的 METAR, SPECI, TAF, SIGMET 等四種
　　氣象電碼，試說明其涵義與發布時機。　　P. 378

　　　　　(2012 年公務人員高考三級考試試題　航空駕駛)

二、航空氣象台發佈「特別天氣觀測報告(SPECI)」是指：(一)
　　地面風、(二)水平能見度、(三)跑道視程、(四)天氣現象、
　　(五)雲等五項天氣因子各發生哪些變化？具體一一說明
　　之。　　P. 387

　　　　　(2012 年公務人員民航三等特考試題　飛航管制)

拾柒、其它

一、水份是天氣變化的重要因子，請說明：　P.67

　　(一)何謂相對溼度？何謂絕對溼度？(5 分)

　　(二)與水汽有關的天氣現象有那些？(5 分)

　　　　　(1993 年飛航管制、航務管理、航空駕駛薦任升等)

二、解釋下列名詞：(15 分)　　P.111

　　(一)高度表撥定值(Altimeter setting)

　　(二)飛行員天氣報告

　　(三)白曚天(Whiteout)

　　　(1997 年航務管理、航空駕駛薦任升等考試補辦考試)

三、解釋名詞：(20 分)　　P.116

　　(1)飛行員天氣報告

　　(2)指示高度

　　(3)相對濕度

　　(4)雲幕高

　　(5)焚風

　　　　　　　(1997 年航空駕駛簡任升等考試補辦考試)

四、簡答題：　P.133

　　(1)何謂靜力平衡？試說明在靜力平衡下，地面氣壓所代表的意義。

(2)何謂渦度和散度？對典型中緯度綜觀尺度系統而言，其渦度和散度之數量級為何(含單位)？

(3)何謂大氣窗和大氣溫室效應？

(4)說明東亞典型冷鋒和暖鋒通過時，地面天氣之變化特徵。

(5)何謂地轉風和梯度風？何者較接近觀測之實際風？

(1999 年飛航諮詢特考氣象學)

五、試說明並比較典型發展中溫帶氣旋和熱帶氣旋之結構特徵。 P. 139

(1999 年飛航諮詢特考氣象學)

六、何謂儀器起降氣象條件？那些天氣現象可以影響這些條件？(25 分) P. 148

(1999 年航空駕駛高等考試三級第二試)

七、試說明台北松山機場的氣象特徵(15 分)，和飛航應注意事項(5 分)。 P. 153

(1999 年航務管理、航空駕駛薦任升等)

八、試就(一)生成機制與三度空間結構，及(二)對飛航安全之影響，說明溫帶氣旋與熱帶氣旋之異同。 P. 159

(2001 年飛航管制三等特考)

九、航空器必須使用高度計(altimeter)量度飛機所在高度。常用的高度計有三種：氣壓高度計(pressure altimeter)、雷達高度計(radar altimeter)以及全球定位系統(Global Positioning System；GPS)。試分別說明其原理以及所量度之高度的含意。(30 分)　　P. 181

(2003 年航空駕駛高考)

十、地面與高空天氣圖、衛星雲圖以及氣象雷達的回波分布圖、速度分布圖等，都可以用來幫助分析飛航的天氣特性，試比較這幾種圖所提供資訊之特性，並說明航空駕駛如何應用這些資訊？(20 分)　　P. 207

(2004 年航空駕駛高考三級二試)

十一、已知某地之探空資料，請問如何決定當地之大氣穩定度？並請說明：　　P. 211
　　　(一) 絕對穩定（absolute stability）
　　　(二) 絕對不穩定（absolute instability）
　　　(三) 條件性不穩定（conditional instability）。(25 分)

(2005 年飛航管制、飛航諮詢 民航特考)

十二、簡答題：(每小題 5 分，共 30 分)　　P. 242
　　　(一) 條件性不穩定大氣(conditional unstable atmosphere)
　　　(二) 過冷水滴（super cool liquid water）
　　　(三) 颮線（squall line）

(四) 折射指數（refractive index）

(五) 晴空亂流（clear air turbulence）

(六) 囚錮鋒（occluded front）

（2006 年公務人員高考三級考試試題　航空駕駛）

十三、台灣地形複雜，在不同的季節天氣變化顯著。試舉兩種天氣狀況為例，說明台灣地形對於局部地區天氣的影響，並說明飛行時所應該注意事項。（20 分）　P.278

（2007 年公務人員高考三級考試試題　航空駕駛）

十四、何謂溫帶氣旋？其發展生命史為何？試以挪威學派的概念模式討論之。（25 分）　P.300

（2008 年公務人員民航三等特考試題
飛航管制、飛航諮詢）

十五、複雜地形是許多局部且變化多端天氣現象形成的原因，對於山區飛航造成重大威脅。試說明：

(一)地形如何影響氣流分布。(二)地形如何影響降雨的分布。　P.367

(2011 年公務人員民航三等特考試題---飛航管制、飛航諮詢)

十六、說明北半球夏季間熱帶輻合帶(ITCZ)大氣環流特點與飛航天氣的關連。　P.389

(2012 年公務人員民航三等特考試題---飛航管制)

航空氣象試題與解析

第二部份　試題解析

1993 年中央暨地方機關公務人員

簡任升等考試試題

科別：飛航諮詢、航務管理

科目：航空氣象學研究

考試時間：二小時

一、請說明雷雨下沖氣流對飛航安全之影響，並略述其
　　偵測與預防之方法。(25 分)

解析

　　　參閱（2008 年高考三級　航空駕駛）

二、請說明低層風切(Low level wind shear)的成因及其
　　對飛航安全之影響，並說明飛行員遇到低層風切時
　　應採取的因應之道。(25 分)

解析

　　　參閱（2002 年飛航諮詢四等特考）

三、晴空亂流(Clear air turbulence)是影響飛航安全與舒
　　適之重要氣象因素之一，對於如何加強偵測與預報

技術以及飛行人員之訓練，請略述你的看法。(25 分)

解析

參閱（2012 年高考三級　航空駕駛）

四、假如你將負責規劃一新建國際機場的氣象觀測設備，請提出你的構想，並略加說明。(25 分)

解析

(一)基本氣象裝備

　　機場航空氣象觀測資料之準確性與代表性，與航機飛航操作之安全性關係極為密切。因此，如何依機場地形、跑道長度、周遭物體等環境條件，適當的規劃氣象裝備的設置地點，是一項非常重要的工作與課題。以下僅就機場跑道面氣象裝備之架設位置提出應特別注意事項：

(1)觀測資料必須具有代表性，尤其是機場起飛和降落區。

(2)符合國際民航組織(ICAO)第三號附約(ANNEX-14)機場設計之障礙物限制規定。

(3)位於機場某地帶內之氣象裝備必須採易碎（frangibility）結構。

(4)架設地點是否滿足地形需要、電源供應和通信容易等條件。

　　由於機場地理環境之複雜程度及大小範圍各有不同，故在考慮氣象裝備建置時，首先規劃人員必須明確了解要架設裝備之所處環境，後再依氣象感應器之選址標準，選擇最符合相關規定的地點架設，即可滿足機場飛行操作之航空氣象需求。

(二)特殊氣象裝備

依據國際民航公約規定，每一個會員國在新建國際機場時，應對機場環境之氣候特徵做調查，以利設置適當之氣象裝備。因此，在規劃機場氣象裝備之前，應對新建機場五至十年的氣象資料做統計分析，以瞭解當地氣象要素的氣候頻率。必要時，可決定架設一些特殊氣象裝備以維護機場飛航安全。特殊氣象裝備一般有

(1)都卜勒氣象雷達。

(2)低空風切偵測系統。

(三)自動化氣象資訊系統

根據 ICAO ANNEX-3 建議，機場氣象單位可利用一套氣象資訊系統自動化供應和顯示氣象資訊給予航空器使用人、飛行組員和其他相關航空個人，以達成自動簡報、擬定飛航計畫和供應飛航文件之目的。因此，新建國際機場時預先應將此套系統規劃進去，至於資訊提供的公眾地點，則須預先與相關機場規劃單位協商確定。

1993 年中央暨地方機關公務人員

薦任升等考試試題

科別：飛航管制、航務管理、航空駕駛

科目：航空氣象學

考試時間：一小時四十分

一、能見度(visibility)及跑道視程(runway visual range；
　　RVR)有何異同？請詳述之。又能見度與跑道視程
　　的觀測步驟如何？(10 分)

解析

　　請參閱(2012 年高考三級航空駕駛)

二、水份是天氣變化的重要因子，請說明：
　　(一)何謂相對溼度？何謂絕對溼度？(5 分)
　　(二)與水汽有關的天氣現象有那些？(5 分)

解析

(一)相對溼度(relative humidity)係空氣中實際水汽壓對當時
溫度下飽和水汽壓之比值，相對溼度通常以百分比數表示
之。實際上，相對溼度係表示空氣中水汽量飽和之程度，空

氣達到完全飽和狀態時，相對溼度為 100%。空氣未達到飽和時，相對溼度少於 100%，如空氣中所含水汽量僅及當時溫度下應含最大水汽量之一半時，則相對溼度為 50%。

　　絕對濕度(absolute humidity)係一定體積的空氣所含水汽總質量，也即水汽密度，以每立方公尺所含水汽之克數表示之。

(二)與水汽有關的天氣現象，固態狀態者如雪、雹、霜、冰晶及冰霧等。液態狀態者如雲、霧、雨、雷雨、毛毛雨、露、雲中水滴及霧中水滴。氣態狀態者如肉眼所不能見之水汽。總之，空中水汽為產生雲霧和成雲致雨以及其他可見天氣現象之重要要素。

三、如果 P_0 為地面氣壓，P_1 為飛行面氣壓，則二定壓面間空氣柱的厚度($\triangle Z$)為：$\triangle Z = R T^* \ln (P_0 / P_1)$。式中 T^* 為平均虛溫。請問：

(一)P_0 為 QNH 或海平面氣壓時，$\triangle Z$ 為那種高度？(10 分)

(二)當飛機由暖而氣壓高的地方飛到冷且氣壓又較低時，氣壓高度表的指示高度(IA)與真高度(TA)孰高？(10 分)

解析

(一)△Z 為指示高度(indicated altitude)，指示高度係氣壓高度表經撥定至當地高度撥定值所指示之平均海平面以上之高度。

(二)當飛機由暖而氣壓高的地方飛到冷且氣壓又較低時，氣壓高度表的指示高度(IA)比真高度(TA)為高。

四、北半球背風而立高壓與低壓分別在觀測者那一邊？如果熱力風，則氣溫分布如何？(10 分)

解析

在北半球背風而立高壓在觀測者的右邊，低壓在觀測者的左邊。

熱力風(thermal wind)係沿著等溫線(isotherms)，北半球冷空氣在觀測者的左邊，暖空氣在觀測者的右邊。

五、何謂密度高度(DA)？如地面(跑道)溫度分別為 30℃及 40℃，其密度高度孰大？(10 分)

解析

密度高度為一地當時空氣密度值相當於在標準大氣中等密度時之高度。當氣壓高度之氣溫高於氣壓高度之標準氣溫時，其密度高度必高；反之，當氣壓高度之氣溫低於氣壓高度之標準氣溫時，其密度高度必低。

地面(跑道)溫度為 40℃之密度高度比 30℃之密度高度為大(高)。

六、在冬季當有一冷鋒由馬祖到巴士海峽期間,台灣桃園國際機場的氣壓、溫度、風,以及天氣變化如何?(10 分)

解析

　　冷鋒從馬祖逐漸接近台灣桃園國際機場,台灣桃園國際機場位在冷鋒前和暖氣團裡,最初吹西南風,風速逐漸增強,高積雲出現於冷鋒之前方,溫度高,氣壓開始下降,隨之雲層變低,積雨雲移近後開始降雨,冷鋒愈接近,降雨強度愈強,待鋒面通過後,風向轉為北風或東北風,氣壓急劇上升,而溫度與露點迅速下降,天空逐漸轉晴,雨勢逐漸轉小或雨停。

七、中央氣象局颱風警報與民航局氣象中心者有何異同?(10 分)

解析

　　中央氣象局與民航局飛航服務總台兩者之颱風警報作業進行比較分析,說明颱風警報的首次發布標準、暴風圈定義、警戒區域、服務對象、警報階段、發報間隔等六項為兩單位作業上的主要差別。其次,在颱風警報單中,除了暴風半徑、預報時間長度、慣用風速單位略有不同外,其餘的多數項目中,如颱風命名、強度定義、中心氣壓、中心位置、最大風速、陣風、預測位置、颱風動態、路徑預報圖等項目則兩者皆具備且大致上相同。

(一)警報作業之不同點：

　　1. 颱風警報首次發布標準不同

中央氣象局	民航局飛航服務總台 台北航空氣象中心
暴風圈可能侵襲警戒海域時之前 24 小時 暴風圈可能侵襲警戒陸地時之前 18 小時	暴風圈可能侵襲當地機場時之前 36 小時

　　中央氣象局於暴風圈可能侵襲警戒海域時前 24 小時發布海上颱風警報，並於暴風圈可能侵襲警戒陸地時前 18 小時發布陸上颱風警報。民航局飛航服務總台台北航空氣象中心於暴風圈可能侵襲當地機場時之前 36 小時對該機場發布 W36 警報。有關詳細警戒區域以及暴風圈定義詳見下面說明。

　　2. 暴風圈定義不同

中央氣象局	民航局飛航服務總台 台北航空氣象中心
七級風(13.9-17.1 公尺/秒)暴風圈 十級風(24.8-28.4 公尺/秒)暴風圈	每小時 34 浬(knots;kt)暴風圈

　　中央氣象局採用兩項暴風圈做為颱風侵襲之判斷或強烈暴風圈之參考，以七級風(13.9-17.1 公尺/秒)暴風圈做為侵

襲之指標，而以十級風(24.8-28.4 公尺/秒)暴風圈做為強烈暴風強度和範圍之參考。民航局飛航服務總台台北航空氣象中心依國際民航規定定義風速達 34kt 者為暴風圈，當於機場內觀測到平均風速 34Kt 或以上時定義為「暴風正侵襲該機場」。

　　兩者採用不同風速單位，下表是蒲福風級(Beaufort wind scale)、節(kt)與公制風速單位之換算：

蒲福風級	節（浬/小時; kt）	公制（公尺/秒）
七級	28-33 kt	13.9-17.1 公尺/秒
八級	34-40 kt	17.2-20.7 公尺/秒
十級	48-55 kt	24.8-28.4 公尺/秒

　　比較兩單位發布首次颱風警報標準之實際風速大小，可以發現民航局飛航服務總台台北航空氣象中心以 34kt 做為暴風圈相當於八級風，風速較中央氣象局之七級風暴風圈風速定義略大。

　　3. 警戒區域不同

中央氣象局	民航局飛航服務總台 台北航空氣象中心
海上颱風警報： 臺灣及金門、馬祖 100 公里以內海域陸上颱風警報： 臺灣及金門、馬祖陸地	台北飛航情報區各民航機場內： 台北、台灣桃園、高雄、豐年、綠島、蘭嶼、馬祖、金門、七美、望安

　　中央氣象局依「氣象預報警報統一發布辦法（1995.4.12）」負責全國颱風警報之發布，分海上及陸上颱風警報，必要時

72

也可同時發布海上和陸上颱風警報。民航局飛航服務總台台北航空氣象中心依該法第二條得按照國際民航規定發布颱風警報，故只針對台北飛航情報區內之各民航機場，對於該區內由軍方負責發布颱風警報的其他機場，則僅提供資料參考（軍方所屬機場有水湳、嘉義、台南、屏南、花蓮及馬公）。

4. 服務對象不同

中央氣象局	民航局飛航服務總台 台北航空氣象中心
台灣全國各地	台北飛航情報區內各民航作業單位

相同警戒區域但根據不同的法源，警報發布的對象也因此不同。中央氣象局是針對全國機關民眾發布，提供全國工商運作決定之參考。民航局飛航服務總台台北航空氣象中心的服務對象是民航作業單位，包括各航空公司，提供航機起降及機場防颱措施之參考。

5. 警報階段不同

中央氣象局	民航局飛航服務總台 台北航空氣象中心
除海上或陸上警報外， 不再細分	警報階段再細分為： W36、W24、W12、W06、W00、Dxx

中央氣象局於首次警報發布後，會持續發布警報並更新最新颱風資料，直到最後一次解除警報發布為止。民航局飛航服務總台台北航空氣象中心依據國際民航規定為滿足長程/短程航機均能提早因應之需求，最長期的預報從 W36 警

報開始漸次減短預報時間，逐項說明如下：

W36 警報：在未來二十四至三十六小時之間，颱風暴風圈到達或侵襲機場。

W24 警報：在未來十二至二十四小時之間，颱風暴風圈到達或侵襲機場。

W12 警報：在未來六至十二小時之間，颱風暴風圈到達或侵襲機場。

W06 警報：在未來六小時之內，颱風暴風圈到達或侵襲機場。

W00 警報：颱風正在侵襲機場。由所在地機場氣象單位按當地平均風速達到 34 kt 或以上時，逕行發布並報給各該機場防颱中心備查。

Dxx 警報：如暴風圈已侵襲機場，但預測在若干小時內暴風圈將遠離，其標示方式如 D06 表示六小時內遠離。

6. 發報間隔不同

中央氣象局	民航局飛航服務總台 台北航空氣象中心
每三小時發布，必要時得加發，直至發布解除警報	W36 期間，每六小時發布 W24 期間，每六小時發布 W12 期間，每三小時發布 W06 期間，每三小時發布 W00 發布後，下次發布 Dxx

中央氣象局原則上是每三小時發布一次颱風警報，必要時再加發。民航局飛航服務總台台北航空氣象中心於不同警

報階段發布間隔略有不同,其警報階段可以跳階或持續發布,待 W00 發布之後,下次發布 Dxx 以預測幾小時(xx)後機場將脫離暴風圈。

(二)颱風警報單內容之異同:

颱風警報單項目	中央氣象局	民航局飛航服務總台台北航空氣象中心
颱風名稱	由日本東京隸屬世界氣象組織之區域專業氣象中心(RSMC)負責依排定之颱風名稱順序統一命名。	相同
颱風強度	由近中心平均風力分成輕度、中度及強烈颱風,詳見附表一。	相同
中心氣壓	颱風中心最低氣壓(hPa)	相同
中心位置	以經/緯度表示颱風中心位置	相同
暴風半徑	七級風暴風半徑及十級風暴風半徑(公里)	34kt 暴風半徑(浬)
移動速度及方向	(公里/小時)(度)	(kt)(度)
近中心最大風速	(公尺/秒)(公里/時)(蒲福風級)	(kt)

瞬間之最大陣風	（公尺/秒）（公里/時）（蒲福風級）	（kt）
預測位置	24 小時後的中心位置	12 及 24 小時後的中心位置
颱風動態	颱風影響區域	相同
路徑預報圖	過去路徑以及現在位置與 24 小時後的預測位置	過去路徑以及現在位置與 12 及 24 小時後的預測位置

附表一、颱風中心最大平均風速在每小時三十四浬（kt）及以上之熱帶氣旋係稱颱風，並按風速大小分為三種強度，其標準如下：

颱風種類	每小時浬（kt）	每秒公尺	相當風級
輕度颱風	34～63	17.2～32.6	八～十一
中度颱風	64～99	32.7～50.9	十二～十五
強烈颱風	100 以上	51.0 以上	十六以上

八、何謂晴空亂流(CAT)？多發生在何空域？(10 分)

解析

請參閱(2012 年高考三級航空駕駛)

九、解釋下列各名詞：(10 分)

(一)側風 (二)颱線 (三)冷鋒 (四)平流霧 (五)熱(氣團)雷雨

解析

(一)側風---側風(cross wind)係機場跑道左右方向側邊風的分力突然增加或減少，導致飛機偏左或偏右。

(二)颮線---強烈冷鋒，通常移動速度快,冷鋒坡度陡峻,冷鋒前暖空氣被猛烈而陡峻地抬升，暖空氣快速絕熱冷卻，水汽凝結成積雲與積雨雲，常在冷鋒來臨前，於冷鋒面之前緣，有一系列線狀與鋒面平行的雷雨胞，稱之為颮線(squall lines)

(三)冷鋒---冷暖兩氣團相遇，冷氣團移向暖氣團，冷空氣侵入暖氣團中並取代暖空氣，則此冷暖氣團之交界面稱為冷鋒(cold front)。

(四)平流霧---高溫潮濕的空氣平流經過較冷之陸地或海面，致使高溫潮濕的空氣冷卻至露點以下，空氣飽和，水汽凝結成霧，稱為平流霧(advection fog)。

(五)熱(氣團)雷雨---夏季白天地面受熱，地面上暖空氣抬升，暖空氣中之水汽凝結成積雨雲，繼續發展成雷雨,此種雷雨稱為熱(氣團)雷雨(air mass thunderstorm)。

1993 年特種考試交通事業民航人員

考試試題

類別：員級技術類

科別：飛航諮詢

科目：氣象學

考試時間：一小時三十分

一、請說明冷鋒與暖鋒的不同。(25 分)

解析

　　參閱（2005 年高考三級二試　航空駕駛）

二、請說明輻射霧與平流霧的不同。(25 分)

解析

　　參閱（2007 年飛航管制民航特考）

三、請說明溫室效應。(25 分)

解析

　　二氧化碳吸收太陽輻射(solar radiation)（短波輻射，short-wave radiation）的能力很弱，因而使太陽輻射能順利地到達地表，而二氧化碳吸收地面和大氣輻射（長波輻射）之能力極強，這樣由於二氧化碳的作用，使得地面和大氣中的熱量不易散失，具有保溫作用，通常稱之為「溫室效應(green-house effect)」。所以，二氧化碳在大氣中含量的增減，影響地面和大氣的溫度。

　　由於受人類活動的影響，目前大氣中溫室氣體(green-house effect gas) 的含量正在以驚人的速度增加。除了二氧化碳劇增情況之外，溫室氣體還有甲烷(methane)和一氧化二氮等。

　　溫室氣體的增加是大氣污染嚴重後果之一，人們所關心的不僅僅是單純的溫室效應增溫問題，主要還是擔心人類活動所造成的大氣污染，可能改變地球大氣的性質，破壞各種氣候因素之間的協調，從而引起全球氣候變化以及相對應的一系列環境變化，最終又危及到人類的生活。

四、說明海風與陸風的不同。(25 分)

解析

　　請參閱(2010 年高考三級航空駕駛)

1995 年國軍上校以上軍官外職停役

轉任公務人員檢覈筆試試題

職系：航空駕駛
科目：航空氣象學
考試時間：二小時

一、雷雨有那幾種？請列舉並分別說明之。(15 分)

解析

　　形成雷雨之必要條件為空氣抬升作用，空氣抬升作用係由熱對流、山岳地形、鋒面以及氣流輻合等原因所引發。根據其生成和發展原因與結構，雷雨可分為熱對流性雷雨(convective thunderstorm)、地形雷雨(orographic thunderstorm)、鋒面雷雨(frontal thunderstorm)及颮線雷雨(squall line thunderstorm)。

　　1.熱對流性雷雨---由於地面受熱或地面氣流輻合而引發對流雷雨，其中地面受熱所引發者，又稱為熱雷雨或局部雷雨，它的範圍不廣，移行距離也不遠。熱雷雨常見於盛夏午後，大氣下層因日射強烈，風速微弱，地面受熱過甚，而引發對流作用。通常在熱帶海洋氣團或赤道海洋氣團，夏季高溫潮濕，地面受熱，最容易引發對流。在沿海地區，午後風速微弱，較冷而潮濕之海上氣流行經高溫之陸上，下部受熱，產生空氣對流，雷雨於是在近海岸上形成。反之，在深夜與清晨，當陸上較冷空氣行經溫暖水面時，也足以在外海形成雷雨，此種雷雨又稱夜晚雷雨(nocturnal thunderstorm)。在無鋒面的低壓槽中，陸地受太陽照射，午後與黃昏，地面氣流輻合，形成雷雨。海上因雲頂輻射作用，常在深夜與清晨發生雷雨。

2.地形雷雨---炎夏季節，山坡日射受熱快，空氣被迫沿山坡上升，潮濕氣團加上山地垂直擾動大，容易形成積雲和積雨雲，最後產生雷雨，故雷雨在山地上較平原上出現為多。夏日午後與黃昏時刻，在向風坡之峰頂，常出現疏疏落落不連續之雷雨個體，在背風坡，雷雨即行消散。

3.鋒面雷雨---雷雨常伴隨鋒面系統，冷鋒強迫暖空氣上升而產生雷雨，午後加熱會增強雷雨之強度。暖鋒坡度緩和，暖空氣爬上冷空氣，偶有雷雨，隱而不顯，強度弱。冷鋒所伴隨的雷雨最為猛烈，雷雨群沿冷鋒排列而成，雷雨雲底較低。

4.颮線雷雨---沿颮線所產生之雷雨與沿鋒面所產生之雷雨相似，惟比較猛烈，雲底低沉，雲頂高聳，常有冰雹和強風或龍捲風伴隨。

二、請解釋

　(一)低層風切

　(二)輻射逆溫

(三)當有輻射逆溫存在時，進場落地之飛機可能遭遇何種低層風切？並請說明

(四)駕駛如何可知道該逆溫之存在？

(五)應採何種減少低層風切影響之措施？(20 分)

解析

(一) 低層風切---大氣在 1,500 呎以下低空，短距離相鄰兩氣流間，風向或風速或兩者同時發生較大的變化，稱為低層風切。通常低空風切對飛機之危害最嚴重，因為飛機飛航於低空中遭遇風切亂流，控制不易，接近地面，無迴轉餘地，常有撞地墜毀之虞。促使低空風切發生之天氣或地形因素，計有雷雨、鋒面、山岳波、地面障礙物影響、低空噴射氣流、逆溫層以及海陸風交替等

(二) 輻射逆溫---在晴朗無風或微風的夜晚，地面輻射冷卻，致使接近地面約幾百呎之空氣形成冷靜狀態，其上方為風速較強之暖空氣，稱為輻射逆溫。在下方靜風與其上方較強風之間常形成風切帶。

(三)當有輻射逆溫存在時，近場落地之飛機可能遭遇何種低層風切？並請說明。

　　輻射逆溫層存在時，由於地面上風力微弱或靜風，飛機可由任何跑道方向起降，起飛方向有可能與逆溫層上方之風向相同，當穿越逆溫層爬升時，會突然遭遇順風，此時空速減低而引起失速。如果在逆溫層上方近場，當飛機穿過逆溫層下降時，會突然失去逆風，也會降低空速而導致失速。

(四)駕駛如何可知道該逆溫之存在？

　　日出前後數小時內，天氣晴朗風力微弱或靜風情況下，飛機起飛或降落時，要注意靠近地面之逆溫層。如果知道 2,000~4,000 呎高度之風速為 25kts 或較大時，可以確定逆溫層中風切帶之存在。

(五)應採何種減少低層風切影響之措施？

為了減輕風切亂流失速或風速突變之危險，飛機須保持在正常爬升或近場速度以上之最低空速。

三、何謂指示高度(IA)及真高度(TA)？如飛行方向為 x，而且保持固定之指示高度飛行，則當 $\partial / \partial x$ (IA - TA) ＞ 0 時，飛機會受到來自正 x 方向那一邊的側風？為什麼？(20 分)

解析

　　請參閱(2012 年高考三級航空駕駛)

　　當 $\partial / \partial x$ (IA - TA) ＞ 0 時，表示飛機飛向 x 方向，指示高度愈飛愈高，真高度愈飛愈低，可知道飛機由高壓地區飛往低壓地區，低壓氣流為逆時針方向，所以飛機會受到來自正 x 方向左邊的側風。

四、請說明航空氣象測站實施觀測之種類及時機。飛行人員執行任務時所應有之氣象報告至少有幾種觀測資料為優先？(20 分)

解析

　　機場地面航空氣象台負責從事每天二十四小時每小時或每半小時之定時觀測(routine observations)，並編發飛行定時天氣報告(aviation routine weather　report；METAR)。遇到機場地面風、能見度(visibility)、跑道視程(runway visual range; RVR)、現在天氣或雲等要素有特殊變化，必須增加特別觀測(special　observations)，並編發飛行選擇特別天氣報告(aviation selected special weather　reports；SPECI)。

　　飛行人員執行任務時所應有之氣象報告至少有下列幾種觀測資料為優先：風向和風速、能見度、跑道視程、現在天氣現象、天空狀況(雲量和雲高)、溫度和露點、高度表撥定值(altimeter　setting)、補充資料以及趨勢預報(trend-type forecast)等觀測資料。

五、解釋下列諸名詞：(各 5 分，共 25 分)
　　(一)飛行員天氣報告。
　　(二)密度高度(DA)。
　　(三)晴空亂流(CAT)，
　　(四)鋒(面)(Front)。
　　(五)颱風。

解析

(一)飛行員天氣報告---飛行員天氣報告重大資料包含強烈鋒面活動、颮線、雷雨、輕度至嚴重積冰、風切、中度至強烈亂流（含晴空亂流）、火山爆發、火山灰雲及其他與飛安有關的情況。飛行員經航線報告點應紀錄時間、位置、機型、高度以及積冰型態、強度和溫度等天氣報告資料。飛行員在飛機降落後應將飛行員天氣報告送給機場諮詢台諮詢員轉給氣象人員參考，或作為諮詢員向該航線其他飛行員天氣講解之參考。有時候在航線遇到惡劣天氣時，可在空中透過無線電向飛航管制員報告，並由管制員向氣象人員報告該惡劣天氣情況。有時候飛行員天氣報告亦可直接從飛行員取得。

(二)密度高度(DA)---為一地當時空氣密度值相當於在標準大氣中等密度時之高度。當氣壓高度之氣溫高於氣壓高度之標準氣溫時，其密度高度必高；反之，當氣壓高度之氣溫低於氣壓高度之標準氣溫時，其密度高度必低。在氣壓高度、氣溫與濕度增大之情況下，空氣密度減小，密度高度增加，使一個機場之密度高度高出該機場之標高數千呎，在此情況下，如果飛機載重量已達臨界負荷，對飛航安全將構成極度危險，飛行員應特別注意。低密度高度可增進飛航操作效能，反之，高密度高度能降低飛機飛航操作效能，如果遇到高密度高度，對飛航操作是一種危害。

(三)晴空亂流---在噴射氣流附近有顯著垂直風切與水平風切之存在與發展時，晴空中容易產生亂流。由於高空噴射氣流附近少見雲層，噴射飛機在萬里無雲之天空飛行，常感機身顛簸跳動，宛如高速汽船在波浪滔滔大海中行駛，顯示有看不見之亂流存在，此種亂流稱為晴空亂流(clear air turbulence；CAT)。晴空亂流一詞在習慣上專指高空噴射氣流附近之風切亂流而言，因此，在噴射氣流附近即使在卷雲中有亂流存在時，仍廣泛指稱為晴空亂流，實際上，高空風切亂流(high level wind shear turbulence)較能反應出亂流之成因，晴空亂流不僅常出現於噴射氣流附近，有時也在加深氣旋中發展，形成強烈至極強烈亂流。在噴射氣流附近，亂流最強區大都在風切最大區，即在等風速線(isotachs)最密集區。

(四)鋒(面)(Front)---冷暖兩氣團相遇，冷氣團移向暖氣團，冷空氣侵入暖氣團中並取代暖空氣，則此冷暖氣團之交界面稱為冷鋒(cold front)。如果暖氣團移向冷氣團，暖空氣爬上冷氣團中並取代冷空氣，則此冷暖氣團之交界面稱為暖鋒(warm front)。

(五)颱風---颱風是發生在熱帶海洋上強大的熱帶氣旋，其中心最大風速可達 12 級(64~71kt)以上。這種強大的熱帶氣旋在不同地區名稱不同；在東亞稱為颱風(typhoon)，我們台灣稱為風颱或颱風，中國稱為台風；在大西洋、墨西哥灣、加勒比海和東太平洋地區，稱為颶風(hurricane)；在孟加拉灣和阿拉伯海地區，稱為熱帶風暴(tropical storm)。

　　颱風巨大威力與它的特殊結構分不開的，颱風中心氣壓很低、風速很大，一般地面中心氣壓值在 950 百帕以下，最大風速在 50 公尺/秒以上，極強的颱風中心氣壓可低至 870 百帕，中心最大風速在 80 公尺/秒以上。颱風的範圍以低壓的最外圍圓形封閉等壓線的直徑為標準，颱風半徑一般在

300－500 公里，最小有 50 公里。垂直範圍可高達對流層頂
（15－20 公里），可以看出颱風是一個中心氣壓極低、急速
旋轉的巨大渦旋，它的維持和發展，必須有相應的熱力結構
和動力結構。

1995 年第二次國軍上校以上軍官外職

停役轉任公務人員檢覈筆試試題

職系：航空駕駛

科目：航空氣象學

考試時間：二小時

一、(一) 何謂氣壓高度(Pressure altitude)？(8 分)

  (二) 何謂高密度高度(High density altitude)？(8 分)

  (三) 請說明高密度高度對飛行的影響。(9 分)

解析

  請參閱(2012 年高考三級航空駕駛)

二、在晴空無雲的清晨，如果機場上空 2,000-4,000 呎處風速超過 25knots，請問飛機起降應注意那些問題？(25 分)

解析

  在晴空無雲的清晨，地面天氣晴朗風力微弱或靜風情況下，飛機起飛或降落時，要注意靠近地面之逆溫層。如果知道 2,000~4,000 呎高度之風速為 25kts 或較大時，可以確定逆溫層中風切帶之存在。

　　輻射逆溫層存在時，由於地面上風力微弱或靜風，飛機可由任何跑道方向起降，起飛方向可能會與逆溫層上方之風向相同，當穿越逆溫層爬升時，會突然遭遇順風，此時空速減低而引起失速。如果在逆溫層上方近場，當飛機穿過逆溫層下降時，會突然失去逆風，也會降低空速而導致失速。

　　為了減輕風切亂流失速或風速突變之危險，飛機須保持在正常爬升或近場速度以上之最低空速。

三、(一)請說明雷雨(Thuenderstorm)生命期的三個階段。
　　　(15 分)
　　(二)請說明下爆氣流(Down burst)的成因及其對飛行的危害。(12 分)

解析

　　參閱（2010 年高考三級二試---航空駕駛）

四、當地面有輻射逆溫層出現時，飛機起降應注意那些問題？ (25 分)

解析

　　當輻射逆溫層存在時，地面上風力微弱或靜風，飛機可由任何跑道方向起降，地面起飛方向有可能與逆溫層上方之風向相同，當穿越逆溫層爬升時，會突然遭遇順風，同時空速減低而引起失速。如果在逆溫層上方近場,當飛機穿過逆溫層下降時,會突然失去逆風,也會降低空速而導致失速。

　　日出前後數小時內,地面上在天氣晴朗、風力微弱或靜風情況下,飛機起飛或降落時,要注意靠近地面之逆溫層。如果知道 2,000~4,000 呎高度之風速為 25kts 或較大時,可以確定逆溫層中風切帶之存在。

　　為了減輕風切亂流失速或風速突變之危險,飛機須保持在正常爬升或近場速度以上之最低空速。

1995 年中央暨地方機關公務人員

薦任升等考試試題

科別：飛航管制、航務管理、航空駕駛

科目：航空氣象學

考試時間：二小時

一、請說明：(每小題 5，共 25 分)

　　(一)真高度(True Altitude)

　　(二)指示高度(Indicated Altitude)

　　(三)高度表撥定值(Altimeter Setting)

　　(四)訂正高度(Corrected Altimeter)

　　(五)氣壓高度(Pressure Altitude)

解析

　　請參閱(2012 年高考三等航空駕駛)

　　(三)高度表撥定值---為一氣壓值，它乃按標準大氣之假設，將測站氣壓訂正至海平面而得者。高度表撥定值係使高度表之零點指示為高出海平面 3 公尺高度之氣壓值。

二、定義氣壓(5 分)，並介紹二種測量氣壓的儀器。(10 分)

解析

　　氣壓---為單位面積所承受的力，地表任何地區支撐整個空氣柱的重量，產生大氣壓力(atmospheric pressure)。地表任一點的大氣壓力，相當於在那一點的單位面積，所承受整個空氣柱的重量。氣象學上氣壓採用國際單位百帕(hPa)，以往使用毫巴(mb)。一個毫巴定義為每平方公分承受 1000 達因之力。一個百帕定義為每平方公尺承受 100 牛頓之力。平均海平面高度之平均大氣壓力約為 1013 百帕。

　　水銀氣壓計(Mercury barometer)---為測量大氣壓力之標準儀器，它係依空氣重量對抗水銀柱重量，且取得平衡之原理來設計。空氣壓力常用水銀柱長度為單位，即在海平面上標準大氣壓力為 760mm 或 29.92 吋。

　　空盒氣壓計(aneroid barometer)--- 空盒氣壓計係利用富有彈性之真空金屬盒，金屬盒受大氣壓力變動感應而發生起伏作用，藉以量測其氣壓值的大小。空盒氣壓計主要部分為利用一個或數個外表呈波紋狀而富有彈性之金屬盒，其內部為半真空，易受大氣壓力變動之感應，金屬盒一端固定，他端連接一指針，因壓力變動，金屬盒發生起伏運動，利用槓桿裝置擴大其變動幅度，並傳至指針，在氣壓刻度盤上左右轉動，以示氣壓值。唯空盒氣壓計需要做儀器誤差訂正，以避免發生誤差。

三、說明機場起飛和落地預報的內容。(20 分)

解析

　　機場起飛和落地預報採用明語，兩者內容完全相同，起飛天氣預報應在預計飛機起飛前三小時向航空氣象單位要求供應，降落天氣預報應在飛機到達目的地前一小時向航空氣象單位要求供應。其內容計有預報標識、有效時間、機場地名四字縮寫、風向風速和風之變化、能見度、雷雨、凍雨及其他特殊天氣現象之開始與終止、雲量和雲高、其他關於跑道頭上之積冰和亂流情況以及天氣演變明語簡字。

四、說明颮線特徵與對飛航安全的影響。(20 分)

解析

　　在冷鋒前方潮濕不穩定空氣中發展成一系列活躍狹窄雷雨帶，稱之為颮線(squall lines)，它也可在離開鋒面很遠之不穩定空氣中形成。颮線長度不定，可自數哩至數百哩不等；其寬度亦各異，可自 10~50 哩不等。颮線上積雨雲相當高聳，有兇猛之亂流雲層，直衝雲霄，可高達 21,000 公尺以上，對於重型飛機之儀器飛行會構成最嚴重之危害。颮線通常快速形成又快速移動，其整個生命延續時間一般不會超過 24 小時。

五、說明冷鋒內雲系與風場的結構。(20 分)

解析

　　冷重空氣楔入暖空氣下，使楔狀冷空氣前端之暖空氣上升，暖空氣快速絕熱冷卻，水汽凝結成積雲與積雨雲，常有雷雨和颮線發生。

　　冷鋒過境時，在冷鋒前和暖氣團裡，最初吹西南風，風速逐漸增強，高積雲出現於冷鋒之前方，溫度高，氣壓開始下降，隨之雲層變低，積雨雲移近後開始降雨，冷鋒愈接近，降雨強度愈增加，待鋒面通過後，風向轉為北風或東北風，氣壓急劇上升，而溫度與露點迅速下降，天空逐漸轉晴，雨勢逐漸轉小或雨停。

1995 年公務人員簡任升等考試試題

科別：飛航管制、飛航諮詢
科目：航空氣象學研究
考試時間：二小時

一、何謂亂流？(5 分)

　　介紹三種不同的亂流發生狀況。(15 分)

解析

　　請參閱(2012 年民航三等特考飛航管制)

二、何謂風切？(5 分)

　　介紹三種不同的風切出現情形。(15 分)

解析

　　參閱（2002 年飛航管制三等特考）

三、說明機場預報，航路預報與區域預報的內容與差別。
　　(20 分)

題解

　　機場(天氣)預報(Terminal Aerodrome Forecast ; TAF)係提供給國內外飛行員在起飛前和飛行中飛航操作所需的氣象服務，預測一個機場之天氣條件。機場天氣預報內容至少應包含風(wind)、能見度(visibility)、天氣現象(weather)及雲(cloud)或垂直能見度(vertical visibility)、預測溫度、積冰(icing)以及亂流。我國民用航空局飛航服務總台台北航空氣象中心根據綜觀天氣圖，每日定時發布四次，即 0000UTC, 0600UTC, 1200UTC 以及 1800UTC，其預報有效時間為 24 小時。

　　航路(天氣)預報電碼(ROute FORecasts; ROFOR)係為供應兩個指定機場間高空風和高空溫度以及顯著危害天氣等航線上航空天氣預報所訂定的電碼。航空天氣預報為不定時發布，通常應航空公司飛行計畫部門之要求而編發供應之，作為飛行計畫之重要參考資料。

　　航空區域天氣預報電碼(ARea FORecasts; ARFOR)係為供應一特定區域內航空天氣預報之需要而編訂的電碼。航空區域天氣預報係應用在目視飛航規則(Visual Flight Rules; VFR)之下，預測廣大地區雲和天氣條件，它通常與同一地區航空氣象通訊電報(Airmet Sierra Bulletin)相結合，以便取得完整的天氣圖。航空區域天氣預報和航空氣象通訊電報皆是用來決定航空天氣預報和插入那些沒有編報機場預報(TAF)機場之天氣狀態。航空區域天氣預報由航空氣象中心負責編報，每天預報 3 次，其預報地區相當大。

四、舉例說明研判機場預報，航路預報與區域預報，對
　　飛航安全影響的重要性。

解析

　　機場預報可研判地面風向或風速、能見度、雲幕高之變
動以及各種顯著危害天氣現象如降水、雷雨、冰雹、龍捲風、
沙暴---等可能對機場飛機起降或跑道關閉之影響，飛行員在
起飛前和飛行中飛航操作可從機場預報預知一個機場之天
氣條件，而做一些必要的因應。

　　根據航路(天氣)預報(ROute FORecasts; ROFOR)，飛行
員可研判兩個指定機場間高空風和高空溫度以及顯著危害
天氣等天氣預報。如預期航路上有熱帶氣旋(tropical
cyclone)、劇烈颮線(severe line squall)、冰雹(hail)、雷雨
(thunderstorm)、顯著山岳波(marked moutain waves)、大範圍
沙暴(sandstorm)或塵暴(duststorm)或凍雨(freezing rain)等任
一天氣現象發生時，飛行員應特別注意可能對飛航安全之影
響。

　　根據航空區域天氣預報(ARea FORecasts; ARFOR)，飛
行員可了解一特定區域內航空天氣預報。在目視飛航規則
(Visual Flight Rules; VFR)之下，預知廣大地區雲和天氣條
件，它與同一地區航空氣象通訊電報(Airmet Sierra Bulletin)
相結合，可取得完整的天氣圖。如預期特定區域有熱帶氣旋
(tropical cyclone)、劇烈颮線(severe line squall)、冰雹(hail)、
雷雨(thunderstorm)、顯著山岳波(marked moutain waves)、大

範圍沙暴(sandstorm)或塵暴(duststorm)或凍雨(freezing rain)等任一天氣現象發生時，飛行員應特別注意可能對飛航安全之影響。

五、說明離島如綠島、蘭嶼之氣象環境對飛航安全影響的情形，並提出改善目前離島飛航安全的建議。(20分)

解析

(一)、離島氣象環境

綠島為一矩形之火山島，四周海岸為裾狀珊瑚礁所圍繞，無沙灘，多深谷及起伏不平之丘陵，環島台地多在五十公尺以上，宛如一座突出海面之岩堡，機場位於環島台地上，跑道成南北走向（170°~350°）。

根據氣候資料顯示，綠島屬亞熱帶氣候，四季溫暖，島上全年超過 20KT 以上之強風日數為 160 天，是為多風之島。全年十分鐘平均風速約為 11KT，每年五至八月吹西南風，間有強陣風和驟雨，十月至翼年三月則盛行強勁東北季風和綿綿細雨，此時除機場跑道側風強勁外，海水亦常上飄成霧影響機場能見度和雲幕，四至六月為島上最好季節。七月至九月則常有颱風侵襲。綠島的氣象環境對飛航操作影響較大的氣象要素，主要是東北季風所產生的強側風、低雲幕和低能見度以及夏季之驟雨。

蘭嶼位於台灣東南方的太平洋海岸上，為一多山和珊瑚礁岩之島嶼，島上最高峰為紅頭山，海拔高度達 552 公尺，山的西南邊緊鄰蘭嶼機場，與機場 13/31 跑道方向呈平行狀態，對東北季風行成阻擋、下沈和繞行等擾動作用，不利航機起降。

　　根據氣候資料顯示，蘭嶼具有高溫、多雨之熱帶雨林型氣候特徵，島上風力及風向受季節影響甚大，冬季東北季風和夏季西南季風均極為強勁，年平均強風約為 259 天，平均風速達 18KT，為一般地區所不及。蘭嶼的氣象環境對飛航操作影響最大的氣象要素除了強側風及驟雨產生低雲幕和低能見度外，強勁東北季風受紅頭山阻擋所產生的風切和亂流效應最可能危害飛航安全。

（二）、飛航安全改善方向

要改善或加強兩島之飛航安全可考慮朝下列方向努力：

(1)接用空軍綠島氣象雷達回波資料，以加強兩島惡烈天氣守視。

(2)加強兩島有關強側風、低能見度和蘭嶼發生亂流風切之分析研究，以提昇機場預報水準。

(3)增設兩機場雲高儀協助氣象觀測人員對低雲幕之掌握。

(4)加強離島航路低空危害天氣預報（AIRMET），以提高預警作用。

1996 年第一次國軍上校以上軍官外職停役轉任公務人員檢覈筆試試題

職系：航空駕駛

科目：航空氣象學

考試時間：二小時

一、何謂「氣壓高度」？氣壓高度和真實高度間的差異會受氣溫及地面氣壓分布的影響，試說明其原理。假設您的飛機自甲機場起飛，當地的地面氣壓是1014百帕，向乙機場飛去，乙機場地面氣壓是1000百帕。甲乙兩機場的高度都是平均海平面。如果在飛行中均不做任何高度修正，到達乙機場時會發生什麼後果？要做什麼修正？(假如氣溫的影響可以忽略。)(20分)

解析

　　請參閱(2007年民航特考飛航管制及2012年高考三等航空駕駛)

二、下圖是颮線或強雷雨胞的示意圖，試說明圖中標示
　　區對飛行可能危害因素及理由。(30 分)

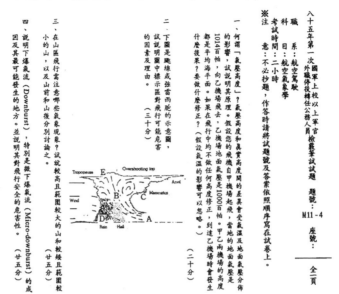

※注意：不必抄題，作答時請將試題號及答案依照順序寫在試卷上。

八十五年第一次國軍上校以上軍官外職停役轉任公務人員檢覈筆試試題　題號：M11-4　座號：＿＿　全二頁

科目：航空氣象學
職系：航空駕駛
考試時間：二小時

一、何謂「氣壓高度」？氣壓高度和真實高度間的是甚麼受氣溫及地面氣壓分佈的影響，試說您的飛機自甲機場起飛，當地的地面氣壓是1014百帕，向乙機場飛去。如果在飛行中均不做任何高度修正，到達乙機場時會發生什麼後果？要做什麼修正？(假設氣溫的影響可以忽略。) (二十分)

二、下圖是颮線或強雷雨胞的示意圖，試說明圖中標示區對飛行可能危害的因素及理由。 (三十分)

三、在山區飛行需注意哪些氣象現象？試就較高且範圍較大的山和較矮且範圍較小的山，以及山前和山後分別討論之。 (廿五分)

四、說明下爆氣流（Downburst），特別是微下爆氣流（Micro-downburst）的成因及其最可能發生的地方。並說明其對飛行安全的危害性。 (廿五分)

解析

　　A 區：初陣風(first gust)或陣風鋒面——緊接雷雨之前方，低空與地面風向風速發生驟變，由於下沉氣流接近地面時，氣流向水平方向沖瀉而形成之猛烈陣風，成為雷雨另一種更具危險性之惡劣天氣，此種雷雨緊前方之陣風稱為初陣風，又稱犁頭風(plow wind)。飛機在雷雨前方起飛降落，相當危險，因為最強烈之初陣風，風速可達 100 浬/時，風向能有 180° 之改變。但初陣風為時短促，一般初陣風平均風速約 15 浬/時，風向平均約有 40° 之改變，其速度大致為雷雨前

104

進速度與下沉氣流速度之總和，故雷雨前緣之風速較其尾部之風速猛烈多。通常兇猛初陣風發生於滾軸雲及陣雨之前部，故塵土飛揚，飛沙走石，顯示雷雨蒞臨之前奏。滾軸雲於冷鋒雷雨及颮線雷雨最為盛行，並且滾軸雲係表示最強烈亂流之地帶。

B 區：在雷雨之中上層盛行強烈上升氣流區域，雷雨中上層盛行垂直氣流，飛機被迫垂直位移，上升位移能將中型飛機抬高每分鐘有達 1800 公尺(6000 呎)之最大記錄者，普通均低於每分鐘 900 公尺(3000 呎)。飛行高度愈高，位移愈大，愈低則位移愈小。除此之外，在雷雨中上層盛行強烈之上升氣流區有冰雹、閃電、積冰和亂流，對飛機之危害甚大。

C 區：在雷雨雲之雲側 20 哩以內區域，仍有風切亂流出現。

D 區：下爆氣流(downburst)區，下爆氣流區會有強烈的小尺度下衝氣流到達地面，且在地面造成圓柱狀水平方向的輻散氣流。飛機穿越此種氣流時會遭遇危險的逆風到順風的低空風速轉變帶，該風速轉變帶稱為低空風切。

當飛機飛進下衝氣流地面輻散場時，會先遇到頂風氣流，飛機空速相對增加，機翼浮揚力增強，此時駕駛員的瞬間反應是押機頭、關小引擎及修正回原來進場角度。待飛機過了下衝氣流中心線，隨即遭遇從機尾來的強順風，於是機上空速表急遽下降，機翼浮力不足，飛機因而失速下墜；惟此時已在進場最後階段，其高度無法使駕駛員與飛機有充分的時間反映，因而無法重飛，導致失速墜毀。

　　E區：雷雨雲頂上端區仍有風切亂流出現。

三、在山區飛行需注意那些氣象現象？試就較高且範圍較大的山和較矮且範圍較小的山，以及山前山後分別討論之。(25分)

解析

　　在崇山峻嶺之山區飛行，必須事先盡可能收集各種天氣資料，如雲層、風場和大氣穩定度等資料。飛行員必須對空中雲彩隨時提高警覺。凡是在山的頂層風速有25kts時，可能有些亂流發生，如果風速超過40kts時，更應特別注意。層狀雲係屬於穩定氣流之表徵，駐留莢狀雲和滾軸狀雲係屬於山岳波徵狀，預期在山的背鋒面會出現亂流，而其迎風面則相當平穩無波。迎風面有對流性雲狀，表示空氣不穩定，山脈兩邊幾乎會發生亂流。

　　遇有強風時，飛機飛向山的背風面，應在遠離山區前，開始爬高，最好以45°仰角對著山脊前進，迅速進入較平靜之氣流，或可選擇返航或繞道而行，以避免下降氣流致使飛機撞山之危險。強風期間，飛機不宜飛過山隘或山谷，，因隘口或深谷風大，會增強亂流的強度。山頂上風力很強時，必須爬高或繞道飛行。

　　有時候高空風甚強時，但在群山環繞之谷底，風力可能反而相當微弱，此時，飛機自谷底起飛，應該爬升到山鋒上方，才可離開山谷。若飛機不幸飛入下沉氣流中，應保持遠離山區，才能恢復平穩。山區遇到氣流大擾動時，高度表會發生誤差，有時誤差會高達 1,000 呎。

　　較高且範圍較大的山，其山前山後，上述所發生的情形，比較矮且範圍較小的山更為嚴重。

四、說明下爆氣流(Downburst)，特別是微下爆氣流(Micro-downburst)的成因及其最可能發生的地方。並說明其對飛行安全的危害性。(25 分)

解析

　　參閱（2004 年高考三級二試　航空駕駛）

1997 年中央暨地方機關公務人員

升等考試補辦考試試題

等　別：薦任升等考試

類　別：航務管理、航空駕駛

科　目：航空氣象學

考試時間：二小時

一、請寫出霧的定義(5 分)，並說明霧的種類與成因。(20 分)

解析

　　請參閱(2011 年薦任升等航空管制)

二、請說明氣象台所報的溫度：
　　(一)氣象台所報的溫度是什麼的溫度(10 分)
　　(二)在那些條件下測得？(10 分)

解析

　　(一)氣象台所報的溫度是指地面氣溫，航空常用溫度單位為攝氏與華氏溫度兩種，國際民航組織採用攝氏溫度。

109

(二)地面氣溫係指在接近地表面一公尺許所量測之空氣溫度，所以溫度計要放置在離地一公尺高和通風良好的百葉箱裡，其所顯示的溫度，才是地面氣溫。

三、請列舉(一)雲，(二)雲量，(三)雲高，(四) 雲幕高的定義。(20 分)

解析

(一)雲---空氣垂直上升，經絕熱冷卻，水汽凝結成小水滴或冰晶，形成雲。即空氣中水汽遇冷達飽和狀態，如氣溫續降，即行凝結或凍結，成為微細之水滴或冰晶，懸浮空中，離地面較遠者為雲。

(二)雲量--雲量採用八分量(oktas)，雲佔整個天空編為8/8。

(三)雲高---雲底的高度

(四)雲幕高的定義---雲量在 5/8 以上構成雲幕，其雲底的高度稱為雲幕高。

四、何謂氣團雷雨？(5 分)，請說明---雷雨胞之生命期。(15 分)

解析

請參閱(2010 年高考三等航空駕駛)

五、解釋下列名詞：(15 分)

(一)高度表撥定值(Altimeter setting)

(二)飛行員天氣報告

(三)白矇天(Whiteout)

解析

(一)高度表撥定值---為一氣壓值，它乃按標準大氣之假設，將測站氣壓訂正至海平面而得者。高度表撥定值係使高度表之零點指示為高出海平面 3 公尺高度之氣壓值。

(二) 飛行員天氣報告---飛行員天氣報告重大資料包含強烈鋒面活動、颮線、雷雨、輕度至嚴重積冰、風切、中度至強烈亂流（含晴空亂流）、火山爆發、火山灰雲及其他與飛安有關的情況。飛行員經航線報告點應紀錄時間、位置、機型、高度以及積冰型態、強度和溫度等天氣報告資料。飛行員在飛機降落後應將飛行員天氣報告送給機場諮詢台諮詢員轉給氣象人員參考，或作為諮詢員向該航線其他飛行員天氣講解之參考。有時候在航線遇到惡劣天氣時，可在空中透過無線電向飛航管制員報告，並由管制員向氣象人員報告該惡劣天氣情況。有時候飛行員天氣報告亦可直接從飛行員取得。

(三)白矇天---一種大氣光學現象，特別是在極區，由於缺少天空和地面的對比，觀測者似乎被淹沒在一片均勻的白色光輝中，陰影、地平線和雲不可分辨，因而其厚度和方位的感覺都失去了。

111

1997 年中央暨地方機關公務人員升等考試補辦考試試題

等　別：簡任升等考試
類　別：航空駕駛
科　目：航空氣象學研究
考試時間：二小時

一、何謂「西風噴(射氣)流」？(5 分)，對冬季飛航台北---東京，或台北---舊金山班機有那些影響？(15 分)

解析

　　中、高緯度對流層上部盛行西風，冬季期間北半球位在 30°N 附近和高度約在 200hPa 常有有甚強的西風帶，其最大風速軸心之最大風速可達 100-200kts，此強西風帶稱為西風噴射氣流或簡稱噴流(jet stream)。噴射氣流出現東西方向達數千公里的波長和南北向之大波動，波動使波的形狀隨時間變化。噴射氣流的特徵是風速大，噴射氣流附近有很強的垂直和水平風切，容易產生亂流。噴流之溫度結構為對流層南邊溫度較高，而平流層之北邊溫度較高。在噴流附近常有卷雲出現，且呈鋒面型長條狀之分布。

　　噴射氣流接近對流層頂處和鋒面區裡，等風速線最密集，晴空亂流最為強烈。在副熱帶對流層頂和噴射氣流軸心之上方(在平流層)，有次強烈之晴空亂流。在噴射氣流軸心下方和近鋒面區之暖氣團裡，有中度至強烈之晴空亂流。

　　噴流西風甚強，對冬季飛航台北---東京，或台北---舊金山班機，飛機自西飛向東順著風向飛行時，可縮短飛行時間。反之，飛機自東飛向西逆風飛行時，會延長飛行時間，所以要避開噴射氣流飛行。噴射氣流的特徵是風速大，噴射氣流附近有很強的垂直和水平風切，容易產生亂流。所以飛機飛到日本九州附近，由於來自西邊的兩股噴射西風氣流---極區噴射氣流和副熱帶噴射氣流在九州附近上空匯流，常遭遇中度以上亂流。

二、請說明民航氣象中心發布之颱風警報包括那些階段？(10分)，並提出改進建議。(10分)

解析

　　民航局飛航服務總台台北氣象中心發布之颱風警報分為 W36、W24、W12、W06、W00 及 Dxx 等階段。民航局飛航服務總台台北航空氣象中心依據國際民航規定為滿足長程或短程航機均能提早因應之需求，最長期的預報從 W36 警報開始漸次縮短預報時間，逐項說明如下：

　　W36 警報：在未來二十四至三十六小時之間，颱風暴風圈到達或侵襲機場。

　　W24 警報：在未來十二至二十四小時之間，颱風暴風圈到達或侵襲機場。

W12 警報：在未來六至十二小時之間，颱風暴風圈到達或侵襲機場。

W06 警報：在未來六小時之內，颱風暴風圈到達或侵襲機場。

W00 警報：颱風正在侵襲機場。由所在地機場氣象單位按當地平均風速達到 34 kt 或以上時，逕行發布並報各該機場防颱中心備查。

Dxx 警報：如機場已進入暴風圈預測在若干小時內將脫離，其標示方式如 D06 表示六小時內脫離。

颱風警報階段 W36 期間，每六小時發布；W24 期間，每六小時發布；W12 期間，每三小時發布；W06 期間，每三小時發布；颱風侵襲機場則隨時發布 W00；W00 發布後，下次警報則發布 Dxx。除了上述每六小時或每三小時發布警報之外，建議以每小時颱風中心實際位置來修訂上述各警報階段的警報單，同時建議以電腦系統來處理製作颱風警報單，並建置電腦網站，將颱風警報單及時放在網站公布，讓航空業者，能透過網站來索取颱風警報資訊。

三、請寫出「低層風切」(LLWS)之定義(5 分)。在進場落地中如遭遇此種風切，可能造成之危險有那些？請詳述之。(15 分)

解析

參閱（2002 年飛航諮詢四等特考）

四、以形成原因區分，霧有那幾種？(10 分)，春季影響台灣桃園國際機場班機起降最大的是那兩種霧？(10 分)

解析

參閱（2006 年高考三級　航空駕駛）

五、解釋名詞：(20 分)
　　(1)飛行員天氣報告
　　(2)指示高度
　　(3)相對濕度
　　(4)雲幕高
　　(5)焚風

解析

　　(1)飛行員天氣報告---飛行員天氣報告重大資料包含強烈鋒面活動、颮線、雷雨、輕度至嚴重積冰、風切、中度至強烈亂流（含晴空亂流）、火山爆發、火山灰雲及其他與飛安有關的情況。飛行員經航線報告點應紀錄時間、位置、機型、高度以及積冰型態、強度和溫度等天氣報告資料。飛行

116

員在飛機降落後應將飛行員天氣報告送給機場諮詢台諮詢員轉給氣象人員參考，或作為諮詢員向該航線其他飛行員天氣講解之參考。有時候在航線遇到惡劣天氣時，可在空中透過無線電向飛航管制員報告，並由管制員向氣象人員報告該惡劣天氣情況。有時候飛行員天氣報告亦可直接從飛行員取得。

(2)指示高度---係為當高度表經撥定至當地高度表撥定值時所指示之平均海平面以上之高度。飛機上高度表所顯示之高度值常因其下方氣壓和溫度變化而生變化，氣壓有變時，可利用高度表撥定值調整為指示高度，但氣溫有變化時，卻無良法調整其高度誤差，所幸空氣柱溫度變化與標準大氣溫度間之差數通常不大，其所能構成高度誤差亦甚微小，一般略而不計，故在飛航作業上採用指示高度。

(3)相對濕度---係空氣中所含的水汽量,其水汽量佔同溫下的飽和水汽含量之百分比，定義為： 水汽壓 / 飽和水汽壓 x 100% 。空氣中水汽沒有增減時，溫度升高，相對濕度減少；相反地，溫度下降，相對濕度增加，空氣達飽和時，其相對濕度為 100 %。

(4)雲幕高---雲量在 5/8 以上構成雲幕，其雲底的高度稱為雲幕高。

(5)焚風---焚風係沿著山脈背風坡,出現高溫且乾燥的下降氣流。如果氣流被山脈阻擋，沿著向風坡(windward slope)而抬升，空氣循著乾絕熱直減率(dry adiabatic lapse rate; DALR)冷卻，直至空氣中水氣達到飽和，又繼續抬升，改為循著飽和絕熱直減率(saturated adiabatic lapse rate; SALR)冷卻,導致水汽凝結(condensation)和降水(precipitation)發生,水汽減少,最後氣流翻越山頂,順著背風坡而下,空氣只能循著乾絕熱直減率增溫,此時降至山下的空氣比原先背風坡的空氣變為高溫又乾燥。

1998 年特種考試高科技或稀少性技術

人員考試試題

等　別：三等考試
類　別：航空駕駛
科　目：航空氣象
考試時間：二小時

一、試簡述平流霧(Advection Fog)與輻射霧(Radiation Fog)之不同成因，那一種霧對機場的正常運作危害較大？(20 分)

解析

　　請參閱(2011 年薦任升等航空管制)

二、請說明空中生成冰雹之原因，及其對飛行中之飛機的可能危害。(20 分)

解析

　　冰雹(hail)係在積雨雲(cumulonimbus)中形成，積雨雲含有很多的液態水，初期透過過冷卻水滴(super cooled water drops)之相互碰撞(collision)和合併(coalesce)，最後形成冰晶

(ice crystals)。雲中的冰晶，受到很強的上升氣流(updraft；updraught)之支撐，逐漸成長，成為可辨別的大小。在這種有利的條件下，形成大小的冰雹，通常冰雹掉落的速度，正好小於雲中的上升氣流，如此能有足夠的時間使冰雹變大。同時冰雹在雲的頂層有可能掉進雲中的上升氣流，再被上升氣流往上衝，上衝至頂層再往下掉，如此，在雲中上下來回數次，使冰雹長得更大。

　　冰雹對飛行中之飛機可能造成的危害並不亞於大氣亂流，大部分雷雨在成熟階段，積雨雲中有冰雹存在，大型冰雹不但會擊損機體，而且也因冰雹為強烈對流之產物，雷雨內部如有冰雹存在時，表示對流必定非常強烈。直徑大於半吋或四分之三吋之冰雹，可能在幾秒鐘內造成嚴重飛機損害。

三、晴空亂流(Clear Air Turbulence)最近曾對飛航太平洋上空之班機造成巨大危害，試說明晴空亂流之成因及特性。(20分)

解析

　　請參閱(2012年高考三等航空駕駛)

四、低空風切(Low Level Wind Shear)與微風暴(微爆氣流)(Microburst)有何異同？請詳細說明二者之成因。(20分)

解析

參閱（2003 年飛航管制薦任升等）

五、試簡述：(20 分)

(一)颱風生成的四項條件

(二)強烈颱風中心，風速為何？

(三)為什麼不常見到颱風危害到飛行中的飛機？

解析

(一)颱風生成的四項條件：

請參閱(2003 年民航特考飛航管制飛航諮詢)

(二)強烈颱風中心風速為每小時 100 浬(51.0m/s；16 級風)以上。

(三)為什麼不常見到颱風危害到飛行中的飛機？

因為颱風威力大，破壞力甚強，飛機飛進颱風暴風圈，會遭遇危險，所以氣象單位會在飛機起飛前提供颱風資料供飛行員參考，飛行員會繞道規避以策安全，因此我們不常見到颱風危害到飛行中的飛機。

1999 年中央暨地方機關公務人員

升等考試補辦考試試題

等　別：薦任升等考試
類　別：航務管理
科　目：航空氣象學

一、雲是怎麼形成的？怎麼會有對流雲和層狀雲的形成？它們和飛航安全有什麼關係？試分析討論之。

解析

　　空氣垂直上升，經絕熱冷卻，水汽凝結成小水滴或冰晶，形成雲。通常空氣受外力作用或本身冷卻，溫度降低接近露點，導致凝結，即露點溫度與空氣溫度相等，空氣飽和，相對溼度為 100%，如繼續冷卻，就有凝結發生。空中冷卻作用有兩種原因，其一為空氣自下層受熱產生局部性垂直對流作用，潮濕空氣自動上升而冷卻。

　　另一為整層空氣受外力強迫上升而冷卻。

　　大氣穩定度可決定雲之種類，不穩定空氣經垂直對流，通常產生對流雲(積狀雲)，尤其不穩定空氣被迫沿山坡或沿鋒面上升，助長其垂直發長之趨勢，於是積狀雲發展旺盛。因其為垂直對流之產物，故在積狀雲中或其鄰近均有相當程度之亂流。所以在對流性不穩定空氣中飛行，飛機感覺輕微顛簸至兇猛跳躍程度。穩定空氣被迫沿山坡或沿鋒面上升，產生之雲，以層狀雲居多。因其屬於水平層狀雲，無垂直對流運動，故在層狀雲中無亂流現象。所以在穩定空氣中飛行，通常是平穩舒適，但有時也會因壞能見度與低雲幕而困擾。

二、霧是怎麼形成的？在什麼季節最容易形成霧？霧對飛機起降有什麼影響？試分析討論之。

解析

　　霧係由接近地面空氣中之細微水滴或冰晶所組成，大致與雲相同，不過霧為低雲，雲係高霧耳。形成霧之基本條件為空氣穩定，相對溼度高，凝結核豐富，風速微弱，以及開始凝結時之冷卻作用。除了形成霧之基本條件外，促成霧之原因有空氣冷卻至露點以及近地面空氣中水汽增加致使氣溫接近露點。

　　平均而言，出現霧之機會，冬半年較夏半年多，尤其以冬春季節最容易形成霧。

　　霧為構成視程障礙(restrictions to visibility)之重要因素，就飛航安全而言，霧為最常見而持久性危害天氣之一。因其出現於地面，所於在飛機起降時，遭遇困難最多，尤其大霧，在幾分鐘內，能使能見度降至半公里以下，造成之危害特別嚴重和可怕。濃霧降低人類眼睛所能看到的距離，飛行員在低能見度情況下，起降時常看不清跑道。1977 年 3 月 27 日在距離西北非海岸七十浬的卡納利群島洛羅狄斯機場(Los Rodes)發生濃霧，能見度只有 500 公尺，當時機場停滿飛機，其中有荷蘭航空 4805 班機和泛美航空 1736 班機，兩架波音 747 型飛機都載滿旅客正準備起飛，荷航在跑道上起飛時，撞上正在掉轉中且尚未轉入滑行道仍在跑道上滑行的泛美航空，結果不幸事件突然發生，造成航空史上最殘酷的空難事件，有 577 人罹難的大悲劇。失事調查認為十幾種巧合湊在一起，只要其中一項錯開，就可避免這次的大災難。但最重要的是如果當時濃霧沒有發生，荷航飛行員可看到跑道上的泛美飛機，也許這次大悲劇就不會發生了。

三、亂流在什麼情況之下容易形成？對飛航安全有什麼影響？飛行員如何得知航線上將有亂流發生？遭遇亂流如何處理？試分析討論之。

解析

　　請參閱(2012 年民航三等特考飛航管制)

四、雷雨如何形成？雷雨對飛航安全與飛機起降有何影響？試分析討論之。(20 分)

解析

　　(一)形成雷雨之基本條件為不穩定空氣、抬舉作用以及空氣中含有豐富水汽。

1.不穩定空氣---不穩定空氣因受地形或鋒面之抬升,當溫度高於周圍溫度之某一點時,暖空氣會繼續自由浮升,直至其溫度低於周圍溫度之高度為止。

2.抬舉作用---地面上暖空氣因受鋒面、地形、下層受熱和空氣輻合而產生垂直運動,暖空氣經外力抬舉而上升至自由對流高度時,暖空氣將繼續自由浮升。

3.水汽---暖空氣被迫抬升,水汽凝結成雲。暖空氣中含水汽愈豐富,容易上升到達自由對流高度,產生積雲和積雨雲與雷雨之機會愈大。積雲在不穩定的大氣中形成,積雲繼續發展,水滴增大,隨之下陣雨。當空氣很不穩定時,積雲發展成為積雨雲,雲頂可達 10,000 公尺(30,000ft) 或更高,最後下起雷雨(thunderstorms)。

所以雷雨形成的條件,需有很潮濕的空氣、濃厚雲層和大的水滴,才能形成深厚的不穩定空氣層,終至發展成強烈對流。初期地面受熱或地形抬升或鋒面舉升不穩定空氣,開始激起對流。雷雨常發生陣雨、下雪或下冰雹。

(二)雷雨對飛航安全與飛機起降之影響

請參閱(2008 年高考三等航空駕駛)

1999 年中央暨地方機關公務人員

升等考試補辦考試試題

等　別：簡任升等考試

類　別：航空駕駛

科　目：航空氣象學研究

一、亂流在飛航上有什麼重要性？亂流在什麼情況下容易形成？飛行員有何方法得知航線上可能遭遇亂流？有何因應措施？試分析討論之。

解析

　　亂流能影響飛行操作、飛航安全與乘客舒適等，小範圍局部氣流擾動，能使飛行中飛機突然上抬或下衝，致使乘客有不適之感；大規模強烈氣流起伏翻騰，使飛機顛簸震動，最劇者可導致飛機結構損壞。在高空遭遇強烈亂流時，可使飛機發生失速，以至於無法控制，相當危險。總之，在大氣亂流之情況下，除飛機本身有撞毀之虞外，因機身起伏不定，致令乘客暈機嘔吐不舒適，亦使飛行員產生疲勞。

　　形成大氣亂流最主要原因有四：

　　1.地面受熱，空氣產生對流垂直運動。

　　2.氣流環繞或爬過高或障礙物引起亂流，或鋒面上暖空

127

氣上升。

　　3.風切(wind shear)引起亂流。

　　4.機尾亂流(wake turbulence)

　　飛行員有何方法得知航線上可能遭遇亂流？

　　從氣象人員之天氣講解或他們所提供航路顯著危害天氣預報圖，可得知航線上將有亂流發生。或飛行時看到或從飛機上都卜勒氣象雷達回波上，當天空出現濃厚積雲或積雨雲時，通常伴隨有亂流現象。當雷暴雨發生時，在積雨雲中及其周圍常有嚴重性亂流擾動。

　　遭遇亂流有何因應措施？試分析討論如下：

1.當地面風平靜或微弱，但2,000-4,000呎高空有強風時，可能有風切亂流存在，飛機為了避免失速危險，在通過風切區域時，應保持大於正常爬升速度。

2.在鋒面帶上的對流雲，通常會有強烈或極強烈對流性亂流，而在鋒面帶上若無對流雲也會有輕度或中度風切型亂流，因此飛行員應儘可能避開鋒面上之亂流區域。

3.當側風吹過跑道而沿障礙物上升，可能產生機械性亂流，應付此種危害天氣，飛行應注意飛行操作。

4.當山峰高度上之風速為每小時30浬(30kts)或以上時，則山區可能有中度至強烈亂流。飛機應遠離山峰數哩外或山峰上方3,000-5,000呎或以上高度飛行。

5.當山脈峰頂上，風速為每小時40浬(40kts)或以上，而風向幾乎垂直於山脊時，通常可能有山岳波產生，該山岳波常含有強烈亂流與猛烈之下沉氣流。飛機飛近山岳波盛行地區時，應爬升至山峰以上 5,000 呎或更高，否則改道飛行。假如飛近山脈地帶，在高高度遭遇中度亂流時，應立即返航而避開危險地區。

6.山區出現駐留莢狀高積雲、駐留莢狀卷積雲或滾軸狀雲層，顯示有山岳波存在。

7.在高高度，晴空亂流(CAT)大致發生於噴射氣流附近及強氣旋環流中，在氣象單位所提供的顯著危害天氣預報圖，都會標示中度或強烈晴空亂流之範圍和高度，飛機為了避開晴空亂流，可改道飛行或改變高度。

二、為什麼機場上空有雷雨時，須禁止飛機起降？試說明討論之。

解析

　　機場上空有雷雨時，須禁止飛機起降，因雷雨常伴隨強烈或極強烈亂流、積冰、下爆氣流、降水與壞能見度、地面陣風以及閃電等，其程度比較強烈時，會產生冰雹，甚至於會產生龍捲風。當下爆氣流(down burst)或微爆氣流(Micro-burst)發生時，其內部會有強烈的小尺度下衝氣流衝到地面，且在地面造成圓柱狀水平方向的輻散氣流。飛機穿越此種氣流時，會遭遇逆風到順風的低空風速轉變帶，該風速轉變帶稱為低空風切。

　　當飛機飛進下爆氣流地面輻散場時，會先遇到頂風氣流，飛機空速增加，機翼浮揚力增強，此時駕駛員瞬間的反應是押機頭、關小引擎及修正原來進場角度。待飛機過了下衝氣流中心線，隨即遭遇從機尾來的強順風，於是機上空速表急遽下降，機翼浮力不足，飛機因而失速下墜；惟此時已在進場最後階段，其高度無法使駕駛員與飛機有充分的時間反映，因而無法重飛，導致失速墜毀。

三、機場跑道的方向選定標準為何？松山機場與台灣桃園機場跑道方向有何不同？為什麼不同？試分析討論之。

解析

　　機場跑道的方向選定標準係以一機場之長期盛行風向為參考標準，最好機場跑道方向與機場長期盛行風向一致。

　　松山機場冬半年盛行東風為主，夏季白天盛行西北西風為主，因此松山機場跑道方向選定為 100°-280°。台灣桃園機場冬半年盛行東北風，下半年盛行西南風，因此中正機場兩條跑道方向選定為 050°-230°和 060°-240°。

四、何謂儀器飛行？何謂目視飛行？為什麼飛機起降需有水平能見度與垂直能見度的限制？試分析討論之。

解析

　　儀器飛行係不採對地目視參考，而改採以飛行儀表實施航行之一種飛行方法，機場發生低雲幕和壞能見度時，對飛行操作和起降構成阻礙和影響，飛行員通常實施儀器飛行規則之天氣情況飛行。

目視飛行係飛機在規定高度和能見度限度下，採對地目視參考之飛行。通常在等於或高於指定最低目視天氣標準時之天氣情況，才可以採目視飛行。

飛機起降階段，跑道上水平能見度和垂直能見度十分重要，當實施目視飛行規則或儀器飛行規則飛行時，飛行員必須保持地面目視參考或最低限制標準，才能對準跑道，看清楚跑道降落區。

1999 年特種考試交通事業民航人員

考試試題

等　別：技術員
類　別：飛航諮詢
科　目：氣象學

一、簡答題：

(1)何謂靜力平衡？試說明在靜力平衡下，地面氣壓所代表的意義。

(2)何謂渦度和散度？對典型中緯度綜觀尺度系統而言，其渦度和散度之數量級為何(含單位)？

(3)何謂大氣窗和大氣溫室效應？

(4)說明東亞典型冷鋒和暖鋒通過時，地面天氣之變化特徵。

(5)何謂地轉風和梯度風？何者較接近觀測之實際風？

解析

(1)何謂靜力平衡？試說明在靜力平衡下，地面氣壓所代表的意義。

　　靜力平衡---大氣被地球引力所吸引，在近地表的大氣被壓縮，密度和氣壓都較大。在許多情況下因重力作用所產生向下的力與垂直向上的氣壓梯度力平衡，此種狀態稱為大氣靜力平衡(hydrostatic equilibrium)。

　　在靜力平衡下，地面氣壓代表地面上一單位面積上空氣柱所承受的重量(力)，此氣柱一直伸展到大氣層頂，所以空氣柱對地面所施予的壓力等於重量除以所佔的面積。

　　(2) 渦度---空氣繞某一任意取向的軸線之轉動環流。渦度與角速度性質相同，均為量度轉動(或旋轉)大小之參數(或變數)。一般以角速度描述固體旋轉量，例如地球角速度Ω。描述流體則使用渦度，在氣象上取渦度在垂直之分量(垂直於海平面)。

　　散度---向量場向外擴散，它不是物理量，僅單純代表質量流體單元之輻散和輻合而已，在氣象上一般所使用的是水平散度，

$$D = \partial u/\partial x \quad + \quad \partial v/\partial y$$

輻散$\rightarrow$ D 為正

輻合$\rightarrow$ D 為負

　　對典型中緯度綜觀尺度系統而言，渦度和散度之數量級為 $0.1*10^{-5} \sim 1*10^{-5}$ 1/sec，唯渦度大於散度，約相差一個數量級。

　　(3) 大氣窗--- 地球一方面吸收來自大氣層頂太陽入日射量的 48 ％，另一方面地球則以大於 $4 \mu m$ 之長波(紅外

線，infrared)向外輻射，很多長波輻射能量被大氣中之水汽(H_2O)、CO_2 和 O_3 所吸收，惟 8-13 μm 波長不會被水汽、CO_2 和 O_3 吸收，而直接通過大氣窗(atmospheric windows)回到太空。所以大氣無法吸收 8.5 - 13.0 μm 之波長，即所謂大氣窗(atmospheric window)。

大氣溫室效應---地球大氣對於日射而言，地球大氣幾乎是透明體，但是地球大氣卻善於吸收地球長波輻射，它對地表溫度具有決定性的重要因素。很多長波輻射能量被大氣中之水汽(H_2O)、CO_2 和 O_3 所吸收，使地表大氣溫度上升，通常稱為溫室效應(greenhouse effect)。大氣的溫室效應可防止地表溫度喪失而降溫。

(4) 說明東亞典型冷鋒和暖鋒通過時，地面天氣之變化特徵。

東亞典型冷鋒過境時，在冷鋒前和暖氣團裡，最初吹西南風，風速逐漸增強，高積雲出現於冷鋒之前方，溫度高，氣壓開始下降，隨之雲層變低，積雨雲移近後開始降雨，冷鋒愈接近，降雨強度愈強，待鋒面通過後，風向轉為北風或東北風，氣壓急劇上升，而溫度與露點迅速下降，天空逐漸轉晴，雨勢逐漸轉小或雨停。

東亞典型暖鋒到達前，最早的朕兆為在結冰線以上之高空出現卷雲類，它可能在地面鋒面位置前數百公里出現。暖鋒越接近，雲層逐漸降低，卷層雲轉變為高層雲。暖鋒抵達時，有層雲和雨層雲出現，如果有降水發生，特性上係屬於穩定而連續的降水，氣壓降低很小甚至於無變化，溫度變化也不明顯。暖鋒經過時，氣壓保持穩定或略見升高，通常溫度因受暖氣團影響而升高，風向是反氣旋形的轉變，風力為中度強度。一般而言，暖鋒經過後大多為晴朗天氣，但也要看局部地區而定。

(5) 地轉風(geostrophic wind)---兩條平行等壓線，其氣壓梯度力和柯氏力平衡時，氣流(風)平行等壓線，稱之為地轉風。

梯度風-(gradient wind)--氣流受地球偏向力、氣壓梯度力和離心力等三種力之影響，在該三力互相平衡時而得之風，稱為梯度風。

因為梯度風考慮了氣塊做曲線運動產生之離心力，故梯度風較接近觀測之實際風。

二、飛機由台灣飛往美國時，若能有效利用高空西風噴流，將可早點抵達且節省燃料。試於南北垂直剖面圖上，繪出等風速線和等溫線分布，並於圖中標示此西風噴流之位置(圖中務必標示對流層頂位置)。此外，並說明此西風噴流之成因。

解析

　　在中、高緯度對流層上部盛行西風，冬季北半球緯度約在30°N和高度約在200hPa附近常有有甚強的西風帶，其最大風速軸心之最大風速可達100-200kts，此強西風帶稱為噴射氣流或簡稱噴流(jet stream)。噴射氣流出現東西方向達數

千公里的波長和南北向大波動，波動使波的形狀隨時間變
化。噴射氣流的特徵是風速大，噴射氣流附近有很強的垂直
和水平風切，容易產生亂流。噴流之溫度結構為對流層南邊
溫度較高，而平流層之北邊溫度較高。在噴流附近常有卷雲
出現，且呈鋒面型長條狀之分布。

西風噴流與等風速線和等溫線分布之南北垂直剖面
圖，如圖 1。圖中噴射氣流接近對流層頂處和鋒面區裡(A
區)，等風速線最密集，晴空亂流最為強烈。在副熱帶對流
層頂和噴射氣流軸心之上方平流層(B 區)，有次強烈的晴
空亂流。在噴射氣流軸心下方和近鋒面區之暖氣團裡(C
區)，有中度至強烈之晴空亂流。在暖氣團裡，距離鋒面區
及噴射氣流核心較下方與較遠處(D 區)，晴空亂流為輕度
或無。

噴流西風甚強，飛機自西飛向東順著風向飛行時，可縮
短飛行時間。反之，飛機自東飛向西逆風飛行時，會延長飛
行時間，所以要避開噴射氣流飛行。

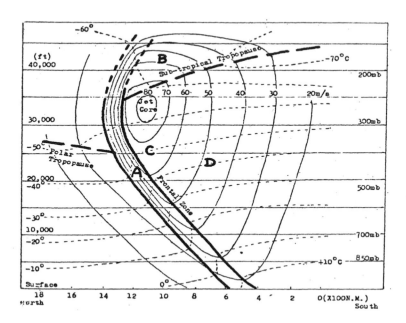

圖 2 西風噴流與等風速線和等溫線分布之南北垂直剖面圖，圖中 jet core 為西風噴射氣流核心，粗斷線為對流層頂，實線為等風速線，細斷線為等溫線。

三、霧對飛機的起降影響重大，台灣常見的霧包括有輻射霧和平流霧，試詳細說明此兩種霧之特徵、形成原因以及如何由觀測的溫度、濕度等資料判別之。

解析

請參閱(2011 年薦任升等航空管制)

如何由觀測的溫度、濕度等資料判別之？

　　輻射霧通常在嚴寒的冬天，夜間天氣晴朗，地表輻射降溫，溫度低，溫度和露點溫度相等或接近，相對濕度等於或接近 100%，終至形成輻射霧，太陽升起，地表溫度回升，溫度和露點溫度逐漸有差距，相對濕度逐漸下降，輻射霧則逐漸消散。平流霧通常在寒流過後，地表或海面溫度還低，此時西南氣流帶來高溫潮濕的空氣，低層空氣接觸到冷地表，降溫，溫度和露點溫度相等或接近，相對濕度等於或接近 100%，終至形成平流霧，平流霧可從他處移入，大霧源源不斷，太陽升起，由於濃霧常遮蔽太陽，地表溫度短時無法回升，因此平流霧在短時間無法消散。從此判斷，輻射霧之溫度比平流霧者為低些，但平流霧之絕對濕度比輻射霧者為大些。

四、試說明並比較典型發展中溫帶氣旋和熱帶氣旋之結
　　構特徵。

解析
　　請參閱(2009 年民航三等特考飛航管制)

航空氣象學試題與解析

1999 年第一次國軍上校以上軍官外職停役轉任公務人員檢覈筆試試題

職　　系：航空駕駛

科　　目：航空氣象學

考試時間：二小時

一、在天氣圖上，如果沒有風的資料，您是否能由氣壓分布或高度分布推估各地之風速及風向？為什麼？請分別就高空天氣圖及地面天氣圖說明之。

解析

　　在地面天氣圖上，如果沒有風的資料，可從高低壓分布，高壓吹順時鐘方向的風向，低壓吹逆時鐘方向的風向，其風向大抵與等壓線略有交角，唯在陸上比在海上交角略大，陸上摩擦大，海上摩擦小之故。等壓線密集區，風速大，等壓線稀疏區，風速小，至於其大小可以鄰近測站加以比較估計之。在高空天氣圖上，如果沒有風的資料，高壓或反氣旋吹順時鐘方向的風向，低壓或氣旋吹逆時鐘方向的風向，其風向大抵與等高線之交角略小，概高空氣流近似地轉風之故。等高線線密集區，風速大，等高線稀疏區，風速小，至於其大小可以鄰近測站加以比較估計之。

二、何謂「噴流」(jet stream)？試以高空噴流軸為中心，比較其南北兩邊的溫度、風場以及卷雲的分布情形。噴流對飛行有什麼影響？

解析

　　在中、高緯度對流層上部盛行西風，冬季期間北半球位在 30°N 和高度 200hPa 附近常有有甚強的西風帶，其最大風速軸心之最大風速可達 100-200kts，此強西風帶稱為噴射氣流或簡稱噴流(jet stream)。噴射氣流出現東西方向達數千公里的波長和南北向大波動，波動使波的形狀隨時間變化。噴射氣流的特徵是風速大，噴射氣流附近有很強的垂直和水平風切，容易產生亂流。噴流之溫度結構為對流層南邊溫度較高，北邊溫度較低；而平流層之北邊溫度較高，南邊溫度較低。在噴流附近常有卷雲出現，且呈鋒面型長條狀之分布。

　　西風噴射氣流與等風速線和等溫線分布之南北垂直剖面圖，如圖 2。圖中噴射氣流接近對流層頂處和鋒面區裡(A區)，等風速線最密集，晴空亂流最為強烈。在副熱帶對流層頂和噴射氣流軸心之上方平流層(B 區)，有次強烈的晴空亂流。在噴射氣流軸心下方和近鋒面區之暖氣團裡(C 區)，有中度至強烈之晴空亂流。在暖氣團裡，距離鋒面區及噴射氣流核心較下方與較遠處(D 區)，晴空亂流為輕度或無。噴流西風甚強，飛機自西飛向東順著風向飛行時，可縮短飛行時間。反之，飛機自東飛向西逆風飛行時，會延長飛行時間，所以要避開噴射氣流飛行。

三、試簡單說明各種可能形成濃霧之天氣狀況。

解析

　　請參閱(2011 年薦任升等航空管制)

四、雷雨(thunderstorm)是造成空難的重要原因之一，請
　　說明其成因及飛行應注意之事項。

解析

　　請參閱(2010 年高考三等航空駕駛)

1999 年公務人員高等考試三級考試

第二試試題

類　別：航空駕駛

科　目：航空氣象

考試時間：二小時

一、簡述大氣壓力、氣壓高度(pressure altimeter)及艙壓觀念。(25 分)

解析

　　大氣壓力係空氣柱施於單位面積上之力量，地表任何地區支撐整個空氣柱的重量，產生大氣壓力(atmospheric pressure)。地表任一點的大氣壓力，相當於在那一點的單位面積所承受整個空氣柱的重量。氣象學上氣壓採用國際單位"百帕"(hPa)，以往使用毫巴(mb)。一個毫巴定義為每平方公分承受 1000 達因之力。一個百帕定義為每平方公尺承受 100 牛頓之力。平均海平面高度之平均大氣壓力約為 1013 百帕

　　氣壓高度計(pressure altimeter)其實是以空盒氣壓計之氣壓讀數，對應高度的變化，並加上以呎為刻度，來表示高度的讀數。雖然氣壓與高度關係並非常數，但高度仍受氣壓和地面氣壓之影響，因此氣壓高度計所顯示的高度，僅就某些特定條件加以訂正即可。氣壓高度計附有這些訂正條件，

以便訂正其誤差。

　　大氣為氣體的混合物，其主要成分為氮(nitrogen)和氧(oxygen)，分別佔 75%和 23%。即任何高度，氧氣壓力佔整個大氣壓力的 1/5，而氧氣壓力對於飛行員和乘客均極重要。人肺吸氣量與氧氣壓力有關，平常人適應於吸收每平方吋三磅之氧氣壓力(假設海平面氣壓 1000hPa，1000hPa x 1/5 = 200hPa)，又氧氣壓力因高度增加而減少。飛機如繼續爬高或在相當高度上做長時間飛行，而無供氧設備時，飛行員和乘客首先感覺疲倦，繼而視力損壞，最後失去知覺。所以飛機在 3,000 公尺(10,000 呎，700hPa)以上高空長途飛行，必需有供氧設備。當高空大氣壓力小於每平方吋三磅(約 12,000 公尺或 40,000 呎或 200hPa 高度)之情況時，即使呼吸純氧仍嫌不足，因其總壓力仍小於每平方吋三磅。因此飛機艙壓中增壓設備顯見重要，目前多數飛機普遍裝設增壓系統。

二、簡述氣團、鋒面及氣旋觀念，並說明鋒面如何影響飛安。(25 分)

解析

　　(一)氣團

　　氣團係在直徑 1,600 公里以上範圍內廣大地區上之空氣，同高度各點之溫度和溼度等基本性質相近。氣團在水平和垂直方向之範圍，通常與大氣環流之範圍相同，氣團各部分必出自同一源地。氣團內之天氣現象，當視該氣團源地之性質即向暖或向冷移動時之發展情況而定。就航空氣象而言，氣團之基本性質除包括溫度和溼度外，尚包括飛行天氣狀況之一般特性，因此在一氣團裡，溫度、溼度及飛行天氣狀況均屬相仿。

(二)鋒面

請參閱(2005 年薦任升等管制、諮詢、航務管理、航空駕駛)

(三)氣旋

氣旋就是低氣壓中心，在北半球，氣旋以反時鐘方向吹入氣旋中心，氣旋出現於各個緯度，其大小與強度各有不同，熱帶出現者如颱風或颶風常十分猛烈，在少數地區出現者如龍捲風，其範圍雖小有時亦兇猛異常。氣旋在中高緯度地區，冷暖兩氣團間鋒波上產生之低氣壓，稱為溫帶氣旋(extratropical cyclones)。在北半球，溫帶氣旋大致向東移行，移速在 20-40kts 之間，自氣旋發生之初期至囚錮後消失階段，其所經之路徑有時可達地球圓周之三分之一或二分之一，其強度大小不定，強度大者，風速可達 70kts 以上，帶來豪雨或大雪。

三、簡述雷雨(thunderstorm)的形成、結構及附近危害飛行安全的天氣現象。(25 分)

解析

請參閱(2010 年高考三等航空駕駛)

四、何謂儀器起降氣象條件？那些天氣現象可以影響這些條件？(25 分)

解析

　　當雲幕和能見度等天氣情況在目視飛行(visual flight)標準以下，必須實施儀器飛行規則(Instrument Flight Rules；IFR)來飛行，所以低雲幕和壞能見度就是構成儀器起降氣象條件。

　　霧、靄、霾、煙、沙塵、降雨、雷雨、毛毛雨、下雪、低雲等天氣現象可影響儀器起降氣象條件。例如，

　　1.寒冬天氣晴朗的夜晚，靜風或微風，溫度和露點之差等於 8℃ 或以下，清晨將發生輻射霧，能見度下降。

　　2.當溫度露點差很小，且連續降雨或連綿毛毛雨，會有霧發生，能見度下降。

　　3.當空氣溫度露點差等於或小於 2.2℃ 且連續減少時，會有霧發生，能見度下降。

　　4.當風從冷陸面或水面吹向暖水面時，會產生蒸汽霧，能見度下降。

　　5.當暖濕空氣吹向寒冷地面或海面，且露點高於寒冷地面時，會有霧發生，能見度下降。

　　6.當暖濕空氣沿山坡上升，空氣飽和，會有上坡霧和低雲發生，構成低雲幕和壞能見度。

　　7.寒冬在暖鋒前和滯留鋒後方，會有霧發生，能見度下降。

8.低層暖濕空氣爬升在淺冷氣團上空，會有低雲產生。

9.高壓停滯於工業區，會產生煙霾，導致低能見度發生。

10.在乾燥區空氣不穩定，風力很強時，產生高吹塵、高吹沙或高吹雪，導致低能見度發生。

11.雪或毛毛雨能使能見度降低。

1999 年中央暨地方機關公務人員

薦任升等考試試題

科　別：航務管理、航空駕駛

科　目：航空氣象學

考試時間：二小時

一、試說明測站氣壓與海平面氣壓的差異(7 分)。試說明真高度與指示高度的意義與差異(8 分)。試說明密度高度的意義(5 分)，及其與航機操作的關係(5 分)。

解析

　　(一)在機場氣象台水銀氣壓計之水銀槽所在高度所量出的氣壓，經儀器訂正、緯度訂正和溫度訂正，其結果就是機場氣象台所在地之測站氣壓(station pressure)。

　　由於各個機場氣象台所在位置高度不相同，必要將已測得的測站氣壓換算至海平面上，方能互相比較。由測站氣壓換算至海平面上的氣壓，稱之為海平面氣壓(sea level pressure)。

　　(二)請參閱(2012 年高考三等航空駕駛)

　　(三)請參閱(2012 年高考三等航空駕駛)

(四)請參閱(2010年高考三等航空駕駛)

二、試說明亂流發生的原因(5分)。不同亂流強度的特徵差異為何(5分)？對飛行器的影響為何(5分)？對機內乘客的影響又為何(5分)？

解析

　　亂流發生的原因有四：1. 由於熱力使空氣發生對流垂直運動。 2. 由於空氣環繞或爬過高山或障礙物而起，或由於鋒面上暖空氣所引起的。 3. 由於風切。 4. 機尾亂流(wake turbulence)。在大氣亂流區域，有時上述兩種或三種起因常同時存在。

　　輕度亂流(light turbulence)---輕度亂流使飛機發生短暫輕微不定之高度或姿態改變者。乘客可能對安全帶有拉緊之感覺，未固定之物品，稍有移動，但走路很少或沒有困難。

　　中度亂流(moderate turbulence)---中度亂流使飛機會發生高度或姿態改變。在整個過程中，能使指示空速有變動，但仍可完全控制。乘客對安全帶有明顯拉緊之感覺，未固定之物品，會有移動，走路都感困難。

　　強烈亂流(severe turbulence)--- 強烈亂流使飛機之高度或姿態發生強烈而突然改變。常使指示空速發生大變動，飛機可能有短時間不能控制。乘客對安全帶猛烈摔動，未固定物品被拋出並反覆打滾。

　　極強烈亂流(extreme turbulence)--- 極強烈亂流使飛機

被猛烈拋擲，實已無法控制，可能使飛機結構損壞。機身猛烈翻覆打滾，以致無法控制，乘客未繫安全帶，頭可能撞飛機天花板之危險。

三、試說明雷暴(thunderstorm)系統內部主要氣流結構特徵(10分)，並說明下爆氣流(downburst)的特性、形成的原因(10分)，及其與飛航安全的關係(5分)。

解析

請參閱（2005 年公務人員高考三級第二試）

四、說明台北松山機場的氣象特徵(15分)，和飛航應注意事項(5分)。

解析

　　松山機場的氣象特徵和主要天氣類型大約可簡單歸類為以下七種：

1.春天濃霧型

　　春天大陸冷高壓勢力減弱，以致鋒面過境，帶來鋒面雷雨及陰雨。冷高壓南下分裂出海，天氣隨即轉好，氣溫亦隨即回升，等到分裂性冷高壓移到日本西南部地區以後，其後部迴流成為較暖氣流，暖氣流平流到台灣海峽，此時台灣海峽海水面尚冷，所以台灣北部、西北部、中南部、金馬沿海容易出現平流霧或輻射霧。

霧為構成視程障礙之重要因素，就飛航安全而言，霧為最常見且持久之危害天氣之一。霧造成飛機起降之困難，尤其霧能在幾分鐘內，使能見度自數公里突降至半公里以下，造成危害特別嚴重可怕。

2.夏天雷雨型

梅雨季結束以後，台灣隨即進入夏季，並在太平洋副熱帶高壓西伸和東退之下，松山機場多午後雷陣雨。

雷雨常伴隨惡劣天氣---強烈或極強烈亂流、積冰、下爆氣流、降水、低雲幕、壞能見度、地面陣風以及閃電等，危害飛航安全甚巨，

3.秋天高溫型

常年九月中旬或下旬，入秋以後第一道鋒面通過台灣北部以後，除了有鋒面雷雨出現外，還有為期不久的秋雨，天氣轉涼。但是等到大陸冷高壓東移以後，太平洋副熱帶高壓又會向西伸展，影響台灣，白天氣溫高，是為秋老虎天氣。

氣溫高於標準氣溫時，其密度高度必高。密度高度增加，使一個機場之密度高度高出該機場之標高數千呎，在此情況下，如果飛機載重量已達臨界負荷，對飛航安全將構成極度危險，飛行員應特別注意。低密度高度可增進飛航操作效能，反之，高密度高度能降低飛機飛航操作效能，如果遇到高密度高度，對飛航操作是一種危害。

4.春雨連綿型

春天大陸冷高壓勢力減弱，北來冷空氣和南來暖空氣旗鼓相當，所以鋒面就變成滯留鋒，在台灣或巴士海峽上下徘

徊，松山機場春雨連綿，常會有連下一星期以上的雨。

5.台灣低壓型

在冬季和春季，東北季風期間，遇有暖濕氣流從南中國海和西太平洋北上，在台灣東部或東北部近海和北來冷氣流相會時，常常形成台灣低壓，此時，松山機場風速減弱，雲幕低垂，天氣陰雨。

6.五、六月梅雨型

常年五月上旬或中旬起至六月中旬止，整整一個多月的時間裏，大陸冷高壓（冷氣團）和太平洋副熱帶高壓（暖氣團）旗鼓相當，低氣壓和梅雨鋒就停留或徘徊在日本南方海面、台灣和華南之間，台灣常有大雨或豪雨出現，造成甚大的災害。松山機場在梅雨期間偶也會有較大的雨勢出現。

7.秋颱風型

七月～九月間，松山機場常長遭受到南中國海和太平洋的颱風侵襲，帶來狂風暴雨，迫使機場關閉，影響飛機起降。

五、試說明西風帶之噴射氣流特徵(10 分)。

解析

請參閱（2008 年公務人員高考三級考試航空駕駛）

2001 年公務人員特種考試民航人員

考試試題

等　別：三等考試
類　別：飛航管制
科　目：航空氣象學
考試時間：二小時

一、(一)何謂下爆氣流(downburst)及小型下爆氣流
　　　　(microburst)？試述其時間及空間尺度及伴隨
　　　　之天氣特徵。
　　(二)試繪簡圖說明飛機穿越下爆氣流時可能遭遇
　　　　之危險。

答案

　　(一)微爆流(Microburst)是一種在氣團、多胞雷雨
(Multi-cell thunderstorm)、或超大胞雷雨(supcr-cell
thunderstorm)中都可能發生的小尺度天氣現象。由於微爆流
之下降氣流會引起很強的低空風切而且因為其尺度很小且
威力強大，因而對飛機危害至大。

　　微爆流這個名詞最早是由 Fujita 所定義，指的是水平尺
度小於 4 公里的下爆流（downburst）。所謂下爆流是指由雷

雨所產生的強烈局部性下降運動，Fujita (1985)將下爆流依照大小區分成兩類：水平尺度超過 4 公里的稱為巨爆流（macroburst），小於 4 公里的則稱為微爆流。

由於微爆流發生的時間及空間尺度一般來說都相當的小，時間尺度上通常一個個案從發生到結束只有數分鐘到數十分鐘，而空間尺度也只有數公里而已，因此，在現階段使用數值模式來預報的可能性很小。目前較可行的方式是加強觀測系統，由觀測資料的分析中研判機場附近是否會有微爆流或低空風切的發生，以便及早提出警告供相關人員採取因應措施。

（二）試繪簡圖說明飛機穿越下爆氣流時可能遭遇之危險。

雷雨或微爆氣流(Micro-burst)發生時，其內部會有強烈的小尺度下衝氣流到達地面，且在地面造成圓柱狀水平方向的輻散氣流。飛機穿越此種氣流時會遭遇危險的逆風到順風的低空風速轉變帶，該風速轉變帶則被稱為低空風切。

當飛機飛進下衝氣流地面輻散場時，會先遇到頂頭之氣流，飛機空速相對增加，機翼浮揚力增加，此時駕駛員的瞬間反應是押機頭、關小引擎及修正回原來進場角度。待飛機過了下衝氣流中心線，隨即遭遇從機尾來的強順風，於是機上空速表急遽下降，機翼浮力不足，飛機因而失速下墜；惟此時已在進場最後階段，其高度無法使駕駛員與飛機有充分的時間反映，因而無法重飛，導致失速墜毀，下爆氣流與飛機進場下降航跡圖，如圖 2。

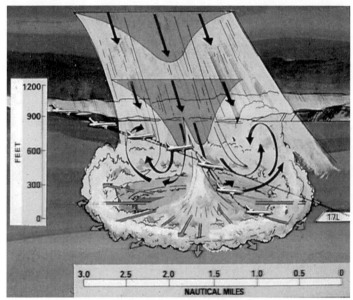

圖 2　下爆氣流與飛機進場下降航跡圖

二、試就(一)生成機制與三度空間結構,及(二)對飛航
　　安全之影響,說明溫帶氣旋與熱帶氣旋之異同。

解析
　　　請參閱(2008 年民航三等航空特考管制、諮詢,
　　　　　2009 年民航三等特考飛航管制)

三、(一)何謂高度表撥定值(altimeter setting)?
　　(二)飛機上所用之高度表,其誤差係由何氣象因素
　　　　所引起?

159

(三)試舉兩種常用之高度表撥定之方法並略述之。

解析

(一)高度表撥定值(altimeter setting)--- 高度表撥定值為一氣壓值，它乃按標準大氣之假設，將測站氣壓訂正至海平面而得者，或訂正至機場高度而得者。高度表經正確撥定後，其所示高度就是相當於標準大氣狀況下氣壓所換算出的高度，海平面 3 公尺高之氣壓(高度表撥定值)當做高度表零點高度上的氣壓值。

(二) 飛機上所用之高度表，其誤差係由何氣象因素所引起？

飛機上所用之高度表，其誤差係由地面氣壓和溫度變化所造成的。

任何一地受地面天氣系統的影響，每日每小時的氣壓和溫度隨時有變化，不同地區之間氣壓和溫度的差異更大。因此，造成高度表有很大的誤差，必須以當地當時實際的高度表撥定值加以撥定，才能知道飛機實際的飛行高度。

(三) 試舉兩種常用之高度表撥定之方法並略述之。

按高度表撥定程序之規定:

a.凡飛行在海平面高度約 11,000 呎(3330 公尺)

b.飛行在離海平面高度約 13,000 呎(3940 公尺)

大氣壓力 1013.25 hPa 為高度撥定值。

四、(一)何謂晴空亂流(clear air turbulence)？

(二)試繪圖並說明有利於出現強烈晴空亂流之綜觀幅度天氣圖模式。圖中並請註明易出現亂流之區域。

解析

(一)晴空亂流(clear air turbulence)---請參閱(2005 年管制簡任升等)

(二) 試繪圖並說明有利於出現強烈晴空亂流之綜觀幅度天氣圖模式。圖中並請註明易出現亂流之區域。

在綜觀幅度天氣圖中，以高空氣流匯流(confluent)與分流(difluent)之處，最有利於出現晴空亂流，如在配合地面天氣圖之鋒面系統，則更會更加強晴空亂流之強度，高空綜觀天氣圖氣流匯流和分流與晴空亂流發生區域圖(如圖 3)。在噴射氣流脊發生晴空亂流之機率大於噴射氣流槽，尤其在槽前有地面天氣圖之低壓系統與鋒面生成或加強時，在低壓系統東北方與晴空亂流脊之間，發生晴空亂流之機率更為增大，高空綜觀天氣圖噴射氣流脊和地面天氣圖低壓系統配置與晴空亂流發生區域圖(如圖 4)。在兩晴空亂流軸匯流且相距寬度小於 5 個緯度時，發生晴空亂流之機率也很大高空綜觀天氣圖兩噴射氣流合流之間與晴空亂流發生區域圖(如圖 5)。

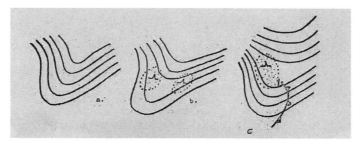

圖3高空綜觀天氣圖氣流匯流和分流與晴空亂流發生區域圖。

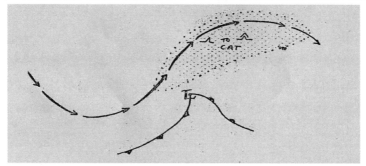

圖4高空綜觀天氣圖噴射氣流脊和地面天氣圖低壓系統配置
　　與晴空亂流發生區域圖。

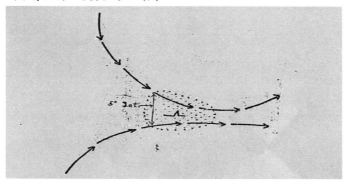

圖5高空綜觀天氣圖兩噴射氣流合流之間與晴空亂流發生
　　區域圖。

2002 年公務人員特種考試民航人員

考試試題

等　別：四等考試
類　別：飛航諮詢
科　目：航空氣象學概要
考試時間：一小時四十分

一、請扼要說明地面天氣圖及高空天氣圖各提供那些重要天氣資訊？並說明氣象人員如何在天氣圖上表示暖鋒、冷鋒及囚錮鋒。(25 分)

解析

　　地面天氣圖上可提供各測站天氣資料，包括天空遮蔽總量、風向與風速、能見度、現在天氣、過去天氣、氣壓、溫度與露點、低雲量、低雲雲類、中雲雲類、高低雲雲類、低雲雲高、氣壓趨勢與氣壓變量、降水量、最低雲類、最低雲類之量以及最低雲類之高度。地面天氣圖經氣象人員或電腦分析之後，可知道高壓、低壓、冷鋒、暖鋒、滯留鋒、囚錮鋒、等壓線和溫度線之分布、地面氣團之標示、各種顯著危害天氣之標示，例如，降水區、霧區、塵暴或沙暴及吹沙區、陣雨或陣雪及吹雪、雷雨或閃電或冰雹或凍雨或漏斗狀雲。

以及出現熱帶低壓或颱風或熱帶風暴等等資。

　　高空天氣圖可提供各高空等壓面上重要天氣資訊，包括各測站等壓面高度、等高線、等溫線、等風速線、高空風向與風速、溫度與結冰高度；高壓與低壓、氣旋與反氣旋、低壓槽與高壓脊之分布、噴射氣流。

　　氣象人員在地面天氣圖上以以紅色線標示暖鋒，如用粗黑線，則須附加若干黑色小半圓形於暖鋒線上，小半圓形之彎曲部分所指方向，即為暖鋒進行之方向。藍色線標示冷鋒，如用粗黑線，則須附加若干黑色小三角形於冷鋒線上，黑色三角形尖端所指方向，即為冷鋒之進行方向。以紫色線段標示囚錮鋒，如用粗黑線，則須附加若干相間之黑色小三角形及小半圓形於粗線上，惟此時小三角形及小半圓形均係同在粗線之一側，即表示囚錮鋒移動之方向。

二、以北半球中高緯度為例，說明氣壓分布與風之關係，並說明其原因。(25 分)

解析

　　北半球 30° 附近副熱帶高氣壓區，空氣下沉，地面氣壓升高，於是乃分向赤道及北極方向移動，由於地球偏向力作用(科氏力 Coriolis force)，吹向赤道者向右偏，成為東北信風(NE trade winds)。其吹向北極方向者亦向右偏，成為盛行西風(prevailing westerlies)，氣壓系統及天氣變化均自西向東移動。

在北極地區，沉重而濃密之空氣，自半永久的極地高壓帶(polar high)向緯度較低之南方流動，偏向而成極地東風(polar easterlies)。此來自極地之東北風與來自中緯度之西南風溫度差別很大，因此產生出半永九性之極鋒(polar front)，亦即移動性風暴帶。其產生地帶大概在北緯 60° 附近，幾乎終年存在，冬季位置略向南移。沿極鋒地區，氣流上升，天氣多變，常有陰雨。

上述乃理論上之北半球中高緯度之大氣環流概況以及氣壓分布與風之關係，但受地球上海陸分布和地形影響，實際上略有變化。然在海洋上及高空氣流與理想情況相近，又極鋒之存在及其移動狀態亦距事實相去不遠。

三、請分別說明高空風切與低空風切對飛航安全之影響。(25 分)

解析

請參閱(2012 年民航三等特考飛航管制)

四、請說明氣象人員如何由大尺度天氣特徵及探空資料判斷某地是否有雷雨。並請說明雷雨下沖氣流對飛航安全之影響。 (25 分)

解析

雷雨之基本條件為空氣不穩定，所以氣象人員可根據某地探空資料為不穩定空氣和空氣中含有豐富的水汽,以及大尺度天氣特徵有鋒面或地形之抬舉作用,或地面受熱,氣團上升,就可判斷某地會有雷雨發生。

1.不穩定空氣

雷雨之形成,空氣至少要是條件不穩定,空氣受地形或鋒面之抬升,使該空氣變成絕對不穩定時,至其溫度高於周圍空氣溫度之某一高度,該高度稱為自由對流高度(level of free convection),自該高度起暖空氣繼續自由浮升,直至其溫度低於周圍溫度之高度為止。

2.抬舉作用

地面上暖空氣因外力抬舉至自由對流高度,過此高度後,立即繼續自由浮升,構成抬舉作用之原因有四:鋒面抬舉、地形抬舉以及下層受熱抬舉和空氣自兩方面輻合而產生垂直運動之抬舉。

3.空氣中含有豐富的水汽

暖空氣被迫抬升,含有之水汽凝結成雲,暖空氣中含水汽愈豐富,愈易升達自由對流高度,產生積雨雲與雷雨之機會愈大。

雷雨有下沖氣流(Downburst)發生時,其內部會有強烈的小尺度下衝氣流到達地面,且在地面造成圓柱狀水平方向的輻散氣流。航空器穿越此種氣流時會遭遇危險的逆風到順風的低空風速轉變帶,該風速轉變帶則被稱為低空風切。

當飛機飛進下衝氣流地面輻散場時,會先遇到頂風氣流,飛機空速相對增加,機翼浮揚力增強,此時駕駛員的瞬間反應是押機頭、關小引擎及修正回原來進場角度。待飛機過了下衝氣流中心線，隨即遭遇從機尾來的強順風，於是機上空速表急遽下降，機翼浮力不足，飛機因而失速下墜；惟此時已在進場最後階段，其高度無法使駕駛員與飛機有充分的時間反映，因而無法重飛，導致失速墜毀。

2002 年公務人員特種考試民航人員

考試試題

等　級：三等考試
類　別：飛航管制
科　目：航空氣象學
考試時間：二小時

一、請定義氣壓高度(pressure altitude)及密度高度(density altitude)。大熱天的時候，密度高度如何變化？對飛航有何影響？(25 分)

解析

　　請參閱(2012 年高考三等航空駕駛)

二、(一)請列舉產生低空風切的天氣因素。
　　(二)請說明順風切(tail wind shear)、逆風切(head wind shear)及側風切(cross wind shear)，並分別討論其對飛機起飛及進場著陸之影響。(25 分)

解析

　　(一)請列舉產生低空風切的天氣因素。

依產生低空風切原因而言,風切主要分動力風切(dynamic wind shear)與熱力風切(thermal wind shear)兩種。動力風切又分為水平風切(horizontal wind shear)與垂直風切(vertical wind shear),其中水平風切再分為異向氣流之水平風切與同向氣流但速度不同之水平風切。同理,垂直風切可再分為異向氣流之垂直風切與同向氣流但速度不同之垂直風切。至於熱力風切則係顯著不同溫度(逆溫層)之兩層中間混合帶所產生之渦動,在無風或微風知晴朗夜晚,靠近地面之處容易形成逆溫層。夜間地面輻射冷卻,致使接近地面約幾百呎厚之空氣形成冷靜狀態,其上方為風速較強之暖空氣,風切帶就會在下方靜風與其上方較強風之間發展,航機起降穿過逆溫層之風切帶時,就會遭遇到相當嚴重之亂流。

促使低空風切發生之天氣或地形因素,計有雷雨低空風切、鋒面低空風切、山岳波低空滾轉風切、地面障礙物影響之風切、低空噴射氣流之風切、逆溫層低空風切以及海陸風交替風切等七種。

(二) 請說明順風切(tail wind shear)、逆風切(head wind shear)及側風切(cross wind shear),並分別討論其對飛機起飛及進場著陸之影響。

順風風切(tailwind shear)---係順風分速突然增加或逆風分速突然減少,使飛機之指示空速減少而致其下沉。飛機起飛時,遇到順風風切,飛機之指示空速減少而致其下沉,使飛機爬升慢,無法順利起飛或爬升高度不夠,有撞山的可能。飛機進場著陸時,遇到順風風切,飛機之指示空速減少而致其下沉，使飛機浮力突減，無法順利在跑道降落區降落而撞毀。

逆風風切(head wind shear)---係逆風分速突然增加或順風分速突然減少，使飛機之指示空速增加而提升其高度。飛機起飛時，遇到逆風風切，飛機之指示空速增加而提升其高度，使飛機爬升太快，有撞山的可能。飛機進場著陸時，遇到逆風風切，飛機之指示空速增加而提升其高度，使飛機浮力突增，飛機超過跑道降落區降落而可能造成衝出跑道之危險。

側風風切(crosswind shear)---係左右方向側風分力突然增加或減少，導致飛機起飛及進場著陸時偏左或偏右。

三、(一)請問預報人員如何由天氣情況；
　　(二)雷達回波及紅外線衛星雲圖綜合研判可能發生下爆氣流(downburst)之地區？(25 分)

解析

(一)天氣情況---雷雨之基本條件為空氣不穩定，所以氣象人員可根據某地探空資料為不穩定空氣和空氣中含有豐富的水汽，以及大尺度天氣特徵有鋒面或地形之抬舉作用，或地面受熱，氣團上升，就可判斷某地會有雷雨發生。

1.不穩定空氣---雷雨之形成，空氣至少要是條件不穩定，空氣受地形或鋒面之抬升，使該空氣變成絕對不穩定時，至其溫度高於周圍空氣溫度之某一高度，該高度稱為自由對流高度(level of free convection)，自該高度起暖空氣繼續自由浮升，直至其溫度低於周圍溫度之高度為止。

2. 抬舉作用---

地面上暖空氣因外力抬舉至自由對流高度，過此高度後，立即繼續自由浮升，構成抬舉作用之原因有四：鋒面抬舉、地形抬舉以及下層受熱抬舉和空氣自兩方面符合而產生垂直運動之抬舉。

3.空氣中含有豐富的水汽---

暖空氣被迫抬升，含有之水汽凝結成雲，暖空氣中含水汽愈豐富，愈易升達自由對流高度，產生積雨雲與雷雨之機會愈大。

(二)雷達回波及紅外線衛星雲圖綜合研判可能發生下爆氣流(downburst)之地區---氣象雷達可觀測降雨水滴及冰晶之大小與數量，雷達回波強度與雨滴數量有關，雨滴愈大及數量愈多，則回波愈強，最強烈回波出現地區必有雷雨發生，冰雹外表包有一層水份，宛如一個大雨滴，雷達回波出現最明顯與最強烈。紅外線衛星雲圖可就雲層的不同溫度來判斷雲發展的情形，對流愈強，雷雨愈強，其雲頂溫度愈低。所以在雷達回波出現最明顯與最強烈之地區以及紅外線衛星雲圖雲頂溫度愈低，綜合研判雷雨非常強烈，該地區的雷雨可能發生下爆氣流(downburst)。

四、請分別說明輻射霧及平流霧形成的原因及預報方法。(25 分)

解析

　　輻射霧(radiation fog)---寒冬晴朗的夜晚，潮濕的空氣經地面輻射冷卻，形成霧，稱之為輻射霧(radiation fog)。潮濕的空氣，碰到夜晚無雲或只有一點雲，經地面輻散冷卻降溫，加上輕微擾動混合，將整層空氣擴展冷卻降溫，最後形成所謂的輻射霧。靜風不會產生擾動，但風速只要達到 1 浬/時，就足以使空氣產生擾動。如果風速大於 5 浬/時，擾動層增厚，地面散失的熱量，分布到廣大的空氣，使整層的空氣不足以冷卻至凝結的程度。不過，輻射霧一旦形成，霧的上層，再輻射冷卻，使得霧繼續往上發展，所以嚴冬的長夜清晨，霧可以發展至數百呎之厚度。

　　平流霧(advection fog)---潮濕空氣移行於較冷之陸面或海洋，使空氣熱量散失於冷陸面或冷海面上，空氣達於飽和，水汽凝結而成霧。在沿海地區常出現，且亦能發展至內陸地區，其出現於海上者，稱為海霧(sea fog)。我們台灣在冬春兩季，寒流通過之後，高壓出海，東北氣流轉變為西南氣流，西南氣流從南海帶來高溫潮濕的水汽，高溫潮濕的水汽經過台灣西部或北部寒冷的陸地或海面，最容易形成平流霧。

2003 年公務人員特種考試民航人員

考試試題

等　別：三等考試
類　別：飛航管制、飛航諮詢
科　目：航空氣象學
考試時間：二小時

一、對流形成的條件為何？台灣各地區發生對流的有利
　　條件為何？試分析討論之。(25 分)

解析

　　夏季白天地面受熱，地面上暖空氣抬升，暖空氣中之水
汽凝結成積雨雲，繼續發展成雷雨，此種雷雨稱為熱(氣團)
雷雨(air mass thunderstorm)。

　　由於地面受熱或地面氣流輻合而引發對流雷雨，其中地
面受熱所引發者，又稱為熱雷雨或局部雷雨，它的範圍不
廣，移行距離也不遠。熱雷雨常見於盛夏午後，如台北盆地，
大氣下層因日射強烈，風速微弱，地面受熱過甚，而引發對
流作用。通常在熱帶海洋氣團或赤道海洋氣團，夏季高溫潮
濕，地面受熱，最容易引發對流。在沿海地區，如台灣中部
靠山地區，午後風速微弱，較冷而潮濕之海上氣流行經高溫

之陸上，下部受熱，產生空氣對流，雷雨於是在近海岸上形成。反之，在深夜與清晨，如台灣高屏近海，當陸上較冷空氣行經溫暖水面時，也足以在外海形成雷雨，此種雷雨又稱夜晚雷雨(nocturnal thunderstorm)。在無鋒面的低壓槽中，陸地受太陽照射，午後與黃昏，地面氣流輻合，形成雷雨。海上因雲頂輻射作用，常在深夜與清晨發生雷雨。

二、何謂雷雨？何謂颮線？對於飛航安全而言，雷雨和颮線為什麼重要？試討論之。(25 分)

解析

(一)雷雨

雷雨生命期的三個階段---初生階段、成熟階段和消散階段。

1. 初生階段---雷雨初期常有積雲存在，積雲雲中、雲上及雲周圍均為上升氣流，但亦因時因地而異。積雲繼續發展，上升垂直氣流速度加強。積雲雲層中氣溫高於雲外氣溫，內外溫差以在高層較明顯。積雲初期雲滴微小，經不斷向上伸展，雲滴逐漸增大為雨滴。雲滴雖被上升氣流抬高至結冰高度層(12,000 公尺)以上高空，仍保持液體狀態。在雷雨初生階段，積雲雲頂高度通常在 9,000 公尺左右。

2. 成熟階段---空氣對流加強，積雲繼續向上伸展，發展成積雨雲，雲中雨滴雪花不斷相互碰撞，體積和重量增大，一直到上升氣流無法支撐時，雨雪下降，地面開始下雨，繼續下大雨，表示雷雨已到達成熟階段。此時積雨雲雲頂高達 7,500~10,600 公尺，有時可衝過對流層頂達 15,000~19,500 公尺。雨水下降時將冷空氣拖帶而下，形成下降氣流，氣流下降至距地面 1,500 公尺高度時，受地面阻擋作用，下降氣流速度減低，使空氣向水平方向擴散，在地面形成猛烈陣風，氣溫突降，氣壓徒升。積雨雲中之氣流有升有降，速度驚人，常出現冰雹和強烈亂流，雷雨強度達最高鋒。

3. 消散階段---雷雨在成熟階段，下降氣流繼續發展，並向垂直和水平兩方向伸展，上升氣流逐漸減弱，最後下降氣流控制整個積雨雲，雲內溫度反比雲外為低。雨滴自高層下降經過加熱與乾燥之過程後，水份蒸發，地面降水停止，下降氣流減少，雷雨衰弱，積雨雲鬆散，下部出現層狀雲，上部頂平如削，為砧狀雲結構。

(二)颮線

在冷鋒前方潮濕不穩定空氣中發展成一系列活躍狹窄雷雨帶，稱之為颮線(squall lines)，它也可在離開鋒面很遠之不穩定空氣中形成。颮線長度不定，可自數哩至數百哩不等；其寬度亦各異，可自 10~50 哩不等。颮線上積雨雲相當高聳，有兇猛之亂流雲層，直衝雲霄，可高達 21,000 公尺以上，對於重型飛機之儀器飛行會構成最嚴重之危害。颮線通

常快速形成又快速移動，其整個生命延續時間一般不會超過
24 小時。

(三)重要性

颮線或強雷雨胞之前方，低空與地面風向風速發生驟
變，由於下沉氣流接近地面時，氣流向水平方向沖瀉而形成
之猛烈陣風，成為雷雨另一種更具危險性之惡劣天氣，此種
雷雨緊前方之陣風稱為初陣風，又稱犁頭風(plow wind)。飛
機在雷雨前方起飛降落，相當危險，因為最強烈之初陣風，
風速可達 100 浬/時，風向能有 180°之改變。但初陣風為時
短促，一般初陣風平均風速約 15 浬/時，風向平均約有 40
° 之改變，其速度大致為雷雨前進速度與下沉氣流速度之總
和，故雷雨前緣之風速較其尾部之風速猛烈多。通常兇猛初
陣風發生於滾軸雲及陣雨之前部，故塵土飛揚，飛沙走石，
顯示雷雨蒞臨之前奏。滾軸雲於冷鋒雷雨及颮線雷雨最為盛
行，並且滾軸雲係表示最強烈亂流之地帶。

在颮線或強雷雨之中上層盛行強烈上升氣流區域，雷雨
中上層盛行垂直氣流，飛機被迫垂直位移，上升位移能將中
型飛機抬高每分鐘有達 1800 公尺(6000 呎)之最大記錄者，
普通均低於每分鐘 900 公尺(3000 呎)。飛行高度愈高，位移
愈大，愈低則位移愈小。除此之外，在雷雨中上層盛行強烈
之上升氣流區有冰雹、閃電、積冰和亂流，對飛機之危害甚
大。

在颮線或強雷雨雷雨雲之雲側 20 哩以內區域，仍有風
切亂流出現。

在颮線或強雷雨下爆氣流(downburst)區,下爆氣流區會有強烈的小尺度下衝氣流到達地面,且在地面造成圓柱狀水平方向的輻散氣流。飛機穿越此種氣流時會遭遇危險的逆風到順風的低空風速轉變帶,該風速轉變帶稱為低空風切。

當飛機飛進下衝氣流地面輻散場時,會先遇到頂風氣流,飛機空速相對增加,機翼浮揚力增強,此時駕駛員的瞬間反應是押機頭、關小引擎及修正回原來進場角度。待飛機過了下衝氣流中心線,隨即遭遇從機尾來的強順風,於是機上空速表急遽下降,機翼浮力不足,飛機因而失速下墜;惟此時已在進場最後階段,其高度無法使駕駛員與飛機有充分的時間反映,因而無法重飛,導致失速墜毀。

在颮線或強雷雨雲頂上端區仍有風切亂流出現。

三、何謂噴流(jet stream)?為什麼存在?對於飛航有什麼影響?試討論之。(25 分)

解析

請參閱(2008 年高考三等航空駕駛)

四、颱風形成的必要條件為何?從熱帶低壓發展成颱風的機制為何?(25 分)

解析

請參閱(2009 年民航三等特考飛航管制)

2003 年公務人員高等考試三級考試

第二試試題

職　系：航空駕駛

科　別：航空駕駛

科　目：航空氣象學

考試時間：二小時

一、航空器必須使用高度計(altimeter)量度飛機所在高度。常用的高度計有三種：氣壓高度計(pressure altimeter)、雷達高度計(radar altimeter)以及全球定位系統(Global Positioning System；GPS)。試分別說明其原理以及所量度之高度的含意。(30 分)

解析

　　(一) 氣壓高度計---氣壓高度計係以一地當時之氣壓值相當於在標準大氣中相等氣壓時之高度來量度飛機所在高度。其原理為在標準大氣中，凡是相等氣壓處之高度，換言之，在任何氣壓高度上，其氣壓值都相等。故在一個等壓面上，有相同的等氣壓高度。飛機飛行於一個等氣壓高度面上，就是飛行於一個等壓面上。

　　(二) 雷達高度計(radar altimeter)--- 利用「多重雷達資料處理系統」具有三度空間處理功能而設計出的，雷達高度計

181

可同時測高、測距及測速，運用在航空管制上，可管制空中飛行目標，當飛行器誤闖限航區、可能撞擊高山、建築物或是航機距離過近可能發生碰撞時，可立即由管制中心通知飛行器注意而防止災難發生。

「雷達高度計」，利用具有三度空間測量效能，裝置在飛機上使用最高可到達一萬公尺高空，偵測速度則是十萬分之一秒，每四秒鐘即可更新資料一次，是一項快速且具有遠距離偵測的雷達感應裝置。

(三) 全球定位系統(Global Positioning System；GPS)---全球定位系統（GPS ）是一種以衛星為基地的無線導航系統，可提供準確、遍及全球、三度空間位置、速度與即時的資料。美國導航衛星—全球定位系統衛星是在傾斜（軌道圓形，55 度傾斜）、同半步、12 小時的軌道上運行。利用測量獲得地表與數顆衛星的距離，求得地表位置的座標。 與傳統地面測量相比，具有測點間不必相互通視的優點，並可同時獲得三維點座標及基線向量。

對 GPS 接受器而言，衛星定位時是利用是利用 GPS 接受器收到一個衛星的信號，再由同步時鐘算出信號的遲緩時差乘上光速而得到與衛星的距離。當 GPS 接受器可以同時收到四個衛星的信號時，就可計算出在地球上的位置及速度。通常計算位置的方法有代數解法、重覆差值解法及卡爾曼濾波器(Kalman Filtering)解法三種，其中又以重覆差值解法最常見。飛機上裝有 GPS 接收儀，可提供衛星導航數據（即載具的位置及速度）。

二、1985 年 8 月在美國達拉斯－沃斯堡機場發生一件民航機降落墜機事件，造成 100 人喪生。專家們鑑定認為是所謂的微爆流(microburst)現象所導致。試說明微爆流形成的原因和特徵，並說明飛機為何因此失事。(20 分)

解析

　　微爆流(Microburst)是一種在氣團、多胞雷雨(Multi-cell thunderstorm)、或超大胞雷雨(Supercell thunderstorm)中都可能發生的小尺度天氣現象。源自平流層中快速移動之乾空氣，從雷雨積雨雲中沖瀉而下，至低空再挾帶大雨滴和冰晶，向下猛衝，形成猛烈之下爆氣流(Downburst)。下爆氣流之突然出現，會引起很強的低空風切而且因為其尺度很小且威力強大，因而對飛機危害至大。

　　下爆氣流發生時，其內部會有強烈的小尺度下衝氣流到達地面，且在地面造成圓柱狀水平方向的輻散氣流。飛機穿越此種氣流時，會遭遇逆風轉變為順風的低空風速轉變帶，該風速轉變帶稱為低空風切。

　　當飛機飛進下衝氣流地面輻散場時，會先遇到頂風氣流，飛機空速相對增加，機翼浮揚力增強，此時駕駛員的瞬間反應是押機頭、關小引擎及修正回原來進場角度。待飛機過了下衝氣流中心線，隨即遭遇從機尾來的強順風，於是機上空速表急遽下降，機翼浮力不足，飛機因而失速下墜；惟此時已在進場最後階段，其高度無法使駕駛員與飛機有充分

的時間反映，因而無法重飛，導致失速墜毀

三、鋒面系統接近經常發生低雲幕天氣，對於飛航安全影響甚劇。試說明當冬季冷鋒過境雲幕變化情形。當梅雨季時又如何？試說明其相異之處。(20 分)

解析

　　標準冷鋒過境時所發生之天氣過程，在暖氣團裡，冷鋒之前，最初吹南風或西南風，風速逐漸增強，高積雲出現於冷鋒之前方，氣壓開始下降，隨之雲層變低，積雨雲移近後開始降雨，冷鋒愈接近，降雨強度愈增加，待鋒面通過後，風向轉變為西風、西北風或北風，氣壓急劇上升，而溫度與露點速降，天空立轉晴朗，至於其雲層狀況，則視暖氣團之穩定度及水汽含量而定。急移冷鋒遭遇不穩定濕暖空氣，鋒面移動快，在高空接近鋒面下方，空氣概屬下沉，在地面上冷鋒位置之前方，空氣概屬上升，大部份濃重積雨雲及降水均發生於緊接鋒面之前端，此種快移冷鋒常有極惡劣之飛行天氣伴生，惟其寬度頗窄，飛機穿越需時較短。地面摩擦力大，靠近地面之冷鋒部份，前行緩慢，以致鋒面坡度陡峻，同時整個冷鋒移速快，冷鋒活動力增強，如果暖空氣水份含量充足而且為條件不穩定者，則在鋒前有猛烈雷雨與陣雨，有時一系列雷雨連成一線，形成鋒前颮線，颮線上積雨雲益加高聳，兇猛之亂流雲層，直衝霄漢。但隨急移冷鋒之過境，低溫與陣風亂流同時發生，瞬時雨過天晴，天色往往頃刻轉佳。緩移冷鋒遭遇穩定暖空氣與潮濕而條件性不穩之暖空氣所產生之不同天氣情形，冷鋒移速較慢，其坡度不大，暖空氣被徐徐抬升，積雲與積雨雲在暖空氣中自地面鋒之位置向後伸展頗廣，故惡劣天氣輻度較寬。暖空氣為穩定者，在鋒面上產生之雲形為層狀雲。暖空氣為條件性不穩定者，在鋒面上產生之雲形為積狀雲，並常有輕微雷雨伴生。

在梅雨季節期間，低壓所伴隨的冷鋒移動速度緩慢甚至停滯不前，在冷鋒前暖空氣常為潮濕不穩定，冷鋒移速較慢，其坡度不大，暖空氣被徐徐抬升，積雲與積雨雲在暖空氣中自地面鋒之位置向後伸展頗廣，故惡劣天氣輻度較寬，如此，在梅雨季節雨勢強，下雨時間久，往往造成豪雨成災。

四、熱帶風暴又稱熱帶氣旋，在西北太平洋又稱颱風。每年颱風季節，伴隨颱風之強風豪雨對我國不僅飛航安全甚至整個社會都有很大影響。試說明颱風的基本運動場和降雨場結構特徵？決定颱風移動路徑的原因有那些？當遇到颱風時飛機之避行路徑？(30 分)

解析

(一)颱風的基本運動場和降雨場結構特徵

颱風的動力結構從垂直向上氣流的特點來看，大致可分為三層，從地面到 3 公里左右是為氣流的流入層，氣流以氣旋式旋轉向中心強烈輻合。因地面的摩擦效應，最強的流入是 1 公里以下的近地面層；從 3 公里到 8 公里的高度是以垂直運動為主的中層，氣流圍繞中心做氣旋式向上旋轉，由低層輻合流入的大量暖濕氣流，通過此層不斷地向高層輸送能量。由於強烈的垂直運動，所以該層是雲雨生成的高度；從八公里到颱風頂部的高層，氣流從中心向外流出，是為氣流的流出層。最大的流出高度約在 12 公里附近。低、中、高這三層氣流的暢通，是颱風維持的重要條件，如果高層的流出大於低層的流入，則中心氣壓降低，颱風發展；若高層的流出低於低層的流入，則中心氣壓升高，颱風減弱，最後消失。唯在處於不同發展階段的颱風，其氣流狀況略有不同。

　　沿颱風暴風半徑的水平方向來看，氣流的狀況亦可分成大風區、渦旋區和颱風眼等三個區域。大風區是颱風的最外圍部分，半徑約 200－300 公里，氣流以水平運動為主，風速由邊緣向內逐漸增大，多在 6－12 級之間。當大風區接近時，天氣狀況也發生變化，風力加大並伴有螺旋雲帶出現，產生降雨。

　　渦旋區是颱風雲牆(wall cloud)區，也是破壞力最大的部分，是圍繞著颱風眼的最大風速區，半徑範圍約 100 公里，風力經常在 12 級以上。此區域低層輻合氣流也最強盛，烏雲築成高大雲牆，形成颱風眼壁。颱風因四周空氣向內部旋轉吹入，至中心附近，氣流旋轉而有旺盛上升氣流，形成濃厚之雨層雲及積雨雲，雨勢強，降雨雲幕常低至 200 呎，愈近中心，雨勢亦愈猛。氣流在強烈對流形成雲雨的過程中，釋放出大量的凝結潛熱，它對颱風暖心結構形成以及颱風的進一步發展提供了大量的能量。渦旋區的降臨狂風暴雨，翻山倒海，造成人民的生命財產嚴重的損失。

　　颱風眼是颱風的中心部分，半徑約幾公里，最大的可達數十公里。颱風眼被四周高大雲牆的眼壁所包圍。由於外圍氣流高速旋轉運動，產生強大的離心力，使得外圍氣流不能流入颱風眼。所以颱風眼內風力微弱並有氣流下沉，雲散雨停，天氣乾暖，與渦旋區氣流和天氣迥然不同。颱風眼到來僅是颱風暴虐的暫時歇息，一旦颱風眼移出之後，狂風暴雨立即捲土重來。

　(二) 決定颱風移動路徑的原因

　　西太平洋颱風常受大規模氣流之影響而移動，低緯度的颱風，初期位在太平洋副熱帶高壓的南緣，自東向西移動，其後，位在太平洋副熱帶高壓的西緣漸漸偏向西北西以至西北，至 20° N~25° N 附近，颱風在低層受低空東南風或西南風系統和在高層受高空西風系統等兩種風場系統互為控制之影響下，移向不穩定，甚至反向或回轉移動，最後在高空西風優勢控制之下，逐漸轉北移動，最後進入西風帶而轉向東北，直至中緯度地帶，漸趨減弱消失，或變為溫帶氣旋。全部路徑，大略如拋物線形。以上所述路徑，係就一般而論，實則每個颱風，其行蹤，各有不同，若干進入熱帶或副熱帶大陸後即趨消失，也有少數在熱帶海洋上即行消滅，甚至倒退打轉等怪異路徑，亦非罕見。

　(三) 當遇到颱風時飛機之避行路徑

　　因為熱帶風暴威力大，破壞力強，故飛機如飛近其周圍，依當時情況判斷，務須設法繞避。根據熱帶風暴環流原則，飛機如直向熱帶風暴中心飛行，則強風係來自左方；如飛機轉向，使熱帶風暴中心尾隨其後，則強風來自右方，因此在航程中之飛機若遭遇熱帶風暴時，通常採用三條繞避路線：

a. 如強風吹向飛機之左前方，則盡速改變飛航路線，盡量繞向左方飛避，使強風吹向飛機之右前方，並續向左方飛行，直至情況轉佳後，再返回原航線前進。

b. 如強風吹向飛機之左後方，則盡速改變飛航路線，盡量向右方飛避，使強風吹向飛機之右後方，並續向右方方行，直至情況轉佳後，再返回原航線前進。

c. 如強風與飛機飛行方向正相垂直，亦盡速向右方飛避，使強風吹向飛機之右後方，並續向右方飛，直至情況良好時，再回歸原航線上前進。

南半球航機繞避熱帶風暴之路徑與北半球者完全相反。

2003 年公務人員升官等考試試題

等　別：簡任升官等考試
類　別：飛航管制、飛航諮詢、航務管理
科　目：航空氣象學研究
考試時間：二小時

一、何謂噴(射氣)流？在飛航安全上有什麼影響？為
　　什麼？試討論之。(25 分)

解析：

　　中、高緯度對流層上部盛行西風，冬季期間北半球位在
30°N 附近和高度約在 200hPa 常有有甚強的西風帶，其軸心
之最大風速可達每小時 100~200 海浬，約有 1~2 倍強烈颱風
的強風，此強西風帶稱為西風噴射氣流或簡稱噴流(jet
stream)。噴射氣流出現東西方向達數千公里的波長和南北向
之大波動，波動使波的形狀隨時間變化。噴射氣流的特徵是
風速大，噴射氣流附近有顯著的上下垂直風切與南北水平風
切。噴流之溫度結構為對流層南邊溫度較高，而平流層之北
邊溫度較高。在噴流附近常有卷雲出現，且呈鋒面型長條狀
之分布。

　　西風噴流與等風速線和等溫線分布之南北垂直剖面
圖，如圖 1。圖中噴射氣流接近對流層頂處和鋒面區裡(A

區)，等風速線最密集，晴空亂流最為強烈。在副熱帶對流
層頂和噴射氣流軸心之上方平流層(B 區)，有次強烈的晴空
亂流。在噴射氣流軸心下方和近鋒面區之暖氣團裡(C 區)，
有中度至強烈之晴空亂流。在暖氣團裡，距離鋒面區及噴射
氣流核心較下方與較遠處(D 區)，晴空亂流為輕度或無。

　　噴流西風甚強，飛機自西飛向東順著風向飛行時，可縮
短飛行時間。反之，飛機自東飛向西逆風飛行時，會延長飛
行時間，所以要避開噴射氣流飛行。

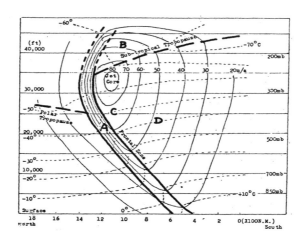

圖 1　　西風噴流與等風速線和等溫線分布之南北垂直剖面
　　　　圖，圖中 jet core 為西風噴射氣流核心，粗斷線為對
　　　　流層頂，實線為等風速線，細斷線為等溫線。

二、機場有雷雨時，為何不利飛機起降？試討論之。(25 分)

解析：

　　颮線或強雷雨胞之前方，低空與地面風向風速發生驟變，由於下沉氣流接近地面時，氣流向水平方向沖瀉而形成之猛烈陣風，成為雷雨另一種更具危險性之惡劣天氣，此種雷雨緊前方之陣風稱為初陣風，又稱犁頭風(plow wind)。飛機在雷雨前方起飛降落，相當危險，因為最強烈之初陣風，風速可達 100 浬/時，風向可能有 180° 之改變。但初陣風為時短促，一般初陣風平均風速約 15 浬/時，風向平均約有 40° 之改變。初陣風速度大致為雷雨前進速度與下沉氣流速度之總和，故雷雨前緣之風速較其尾部之風速猛烈多。通常兇猛初陣風發生於滾軸雲及陣雨之前部，故塵土飛揚，飛沙走石，顯示雷雨蒞臨之前奏。滾軸雲於冷鋒雷雨及颮線雷雨最為盛行，並且滾軸雲係表示最強烈亂流之地帶。

　　在颮線或強雷雨之中上層盛行強烈上升氣流區域，雷雨中上層盛行垂直氣流，飛機被迫垂直位移，上升位移能將中型飛機抬高每分鐘有達1800 公尺(6000 呎)之最大記錄者，普通均低於每分鐘 900 公尺(3000 呎)。飛行高度愈高，位移愈大，愈低則位移愈小。除此之外，在雷雨中上層盛行強烈之上升氣流區有冰雹、閃電、積冰和亂流，對飛機之危害甚大。

　　在颮線或強雷雨雷雨雲之雲側 20 哩以內區域，仍有風切亂流出現。

在颮線或強雷雨下爆氣流(downburst)區，下爆氣流區會有強烈的小尺度下衝氣流到達地面，且在地面造成圓柱狀水平方向的輻散氣流。飛機穿越此種氣流時會遭遇危險的逆風到順風的低空風速轉變帶，該風速轉變帶稱為低空風切。

當飛機飛進下衝氣流地面輻散場時，會先遇到頂風氣流，飛機空速相對增加，機翼浮揚力增強，此時駕駛員的瞬間反應是押機頭、關小引擎及修正回原來進場角度。待飛機過了下衝氣流中心線，隨即遭遇從機尾來的強順風，於是機上空速表急遽下降，機翼浮力不足，飛機因而失速下墜；惟此時已在進場最後階段，其高度無法使駕駛員與飛機有充分的時間反映，因而無法重飛，導致失速墜毀。

在颮線或強雷雨雲頂上端區仍有風切亂流出現。

三、台灣冬季冷鋒過境，對飛機起降可能造成的影響為何？為什麼？試討論之。(25 分)

解析：

標準冷鋒過境時所發生之天氣過程，在暖氣團裡，冷鋒之前，最初吹南風或西南風，風速逐漸增強，高積雲出現於冷鋒之前方，氣壓開始下降，隨之雲層變低，積雨雲移近後開始降雨，冷鋒愈接近，降雨強度愈增加，待鋒面通過後，風向轉變為西風、西北風或北風，氣壓急劇上升，而溫度與露點速降，天空立轉晴朗，至於其雲層狀況，則視暖氣團之穩定度及水汽含量而定。急移冷鋒遭遇不穩定濕暖空氣,鋒面移動快,在高空接近鋒面下方,空氣概屬下沉,在地面上冷鋒位置之前方,空氣概屬上升,大部份濃重積雨雲及降水均發生於緊接鋒面之前端,此種快移冷鋒常有極惡劣之飛行天氣伴生,惟其寬度頗窄,飛機穿越需時較短。地面摩擦力大,靠近地面之冷鋒部份,前行緩慢,以致鋒面坡度陡峻,同時整個冷鋒移速快,冷鋒活動力增強,如果暖空氣水份含量充足而且為條件不穩定者,則在鋒前有猛烈雷雨與陣雨,有時一系列雷雨連成一線,形成鋒前颮線,颮線上積雨雲益加高聳,兇猛之亂流雲層,直衝霄漢。但隨急移冷鋒之過境,低溫與陣風亂流同時發生,瞬時雨過天晴,天色往往頃刻轉佳。緩移冷鋒遭遇穩定暖空氣與潮濕而條件性不穩之暖空氣所產生之不同天氣情形,冷鋒移速較慢,其坡度不大,暖空氣被徐徐抬升,積雲與積雨雲在暖空氣中自地面鋒之位置向後伸展頗廣,故惡劣天氣輻度較寬。暖空氣為穩定者,在鋒面上產生之雲形為層狀雲。暖空氣為條件性不穩定者,在鋒面上產生之雲形為積狀雲,並常有輕微雷雨伴生。

在梅雨季節期間,低壓所伴隨的冷鋒移動速度緩慢甚至停滯不前,在冷鋒前暖空氣常為潮濕不穩定,冷鋒移速較慢,其坡度不大,暖空氣被徐徐抬升,積雲與積雨雲在暖空氣中自地面鋒之位置向後伸展頗廣,故惡劣天氣輻度較寬,如此,在梅雨季節雨勢強,下雨時間久,往往造成豪雨成災。

四、水平能見度與垂直能見度在飛機起降有何重要？台灣在什麼天氣或氣象條件下，最易因而妨礙飛機起降，為什麼？試討論之。(25 分)

解析：

　　能見度為一定方向之顯著目標，被正常肉眼所能辨識之最大距離。普通氣象台所指能見度，係地面水平方向盛行的能見度。當整個天空為視程障礙所遮蔽，則視障幕高度就是地面之垂直能見度(vertical visibility)。

　　如果水平能見度與垂直能見度的不良時，飛行員無法看清楚機場跑道，會影響飛機起降，如果勉強起降將會使飛機無法對準跑道而發生衝出跑道或墜毀之危險。所以水平能見度與垂直能見度為機場起降標準的天氣條件之一。

2003 年公務人員升官等考試試題

等　別：薦任升官等考試

類　別：飛航管制、航務管理

科　目：航空氣象學

考試時間：二小時

一、簡答題(每題 10 分，共 40 分)

(一) 以北半球中緯度為例，圖示並說明風場與高空天氣圖上等高線的關係。

(二) 簡要說明高度表指示高度(Indicated Altitude)的意義，及其與實際高度的差異。

(三) 何謂低空風切？簡述其對飛航安全的影響。

(四) 何謂下爆流(downburst)？簡述其成因及對飛航安全的影響。

解析：

(一) 以北半球中緯度為例，圖示並說明風場與高空天氣圖上等高線的關係。

在高層大氣中存在著水平氣壓梯度力和地轉偏向力平衡狀態下形成的地轉風(geostrophic wind)，水平氣壓梯度力與水平地轉偏向力大小相等，方向相反，其合力為零，即達到平衡狀態，大氣運動不在偏轉而作慣性運動，形成了

195

平行於等壓線(高空天氣圖等高線)吹穩定的風。在地轉平橫狀態時，空氣流動，無地面摩擦力影響，約在地面上 600公尺至 900 公尺(2000 呎至 3000 呎)以上之高空，風向通常與等壓線(地面天氣圖)或等高線(高空天氣圖)平行，如圖6a。在此高度以下，地面摩擦力增大，風向與等壓線或等高線不克平行，而構成一夾角。換言之，地轉風通常出現於高空，又在廣大洋面上摩擦力很小，氣流走向常能符合地轉風。

假設等壓線為直線之基本條件下，通常地轉風與等壓線平行，但事實上等壓線大都為彎曲線，除了地球偏向力與氣壓梯度力以外，尚有離心力(centrifugal force)也會影響氣流，此離心力係自彎曲中心向外方之拉力。結果氣流受偏向力(D)、梯度力(P_H)與離心力(C)等三種力量之影響。該三力互相平衡時而得之風，稱為梯度風(gradient wind)(V)，如圖 6b。離心力之大小，與空氣流動速度之平方及路線之彎曲度，皆成正比例。在高氣壓區，離心力與梯度力同向而與偏向力異向；在低氣壓區，離心力與梯度力異向而與偏向力同向。

高空天氣圖上高氣壓(反氣旋區)空氣自高壓流向低壓，高壓區空氣必自中心向外圍流動，因地球偏向力之緣故，使北半球外流空氣偏右，結果形成順時鐘向外流之區域性環流。低氣壓區(氣旋區)空氣自四圍向中心流動，因偏向力使北半球內流空氣亦偏右，結果形成反時鐘向內流之區域性環流，如圖6c。

(a) 地轉風

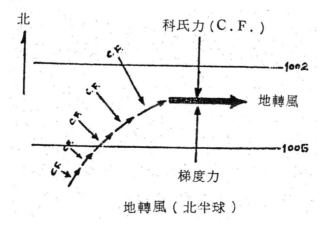

地轉風（北半球）

(b) 北半球梯度風

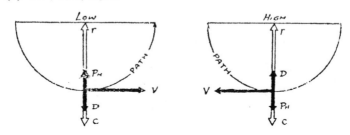

北半球梯度風與有關力量之平衡

(c) 北半球高低氣壓區之風向

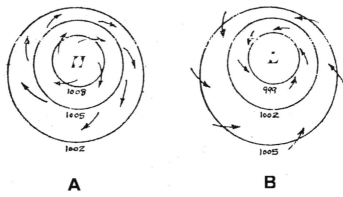

北半球高低氣壓區之風向

圖6 風場與高空天氣圖上等高線的關係 (a) 地轉風
(b) 北半球梯度風 (c) 北半球高低氣壓區之風向

（二）簡要說明高度表指示高度(Indicated Altitude)的意義，及其與實際高度的差異。

指示高度係高度計經撥定至當地高度撥定值時所指示之平均海平面以上之高度。航機上高度計所顯示之高度值常因其下方氣壓變化與溫度變化而發生變化，氣壓有變時，可利用高度撥定值調整為指示高度，然而氣溫有變時，卻無良法調整其高度誤差，所幸空氣柱溫度變化與標準大氣溫度間之差數通常不大，則其所能構成之高度誤差亦甚微，一般可略而不計，故在飛航作業上採用指示高度。

(三)何謂低空風切?簡述其對飛航安全的影響。

風切乃指大氣中單位距離內,風速或風向或兩者同時發生之變化,如以數學式表示,則

$$風切 = \triangle \vec{v} / \triangle \vec{v}$$

上式中,$\triangle \vec{v}$ 及 $\triangle \vec{v}$ 分別代表風向量之變化及產生該變化之距離。風切可發生在大氣中任何高度,分為水平方向或垂直方向,亦可同時發生在水平與垂直兩個方向上。用浬/時/1000 呎表示垂直風切單位與浬/時/150 哩(浬/時/2.5緯度)表示水平風切單位。

根據美國聯邦航空總署(FAA)及美國國家海洋大氣總署(NOAA)共同規定,凡在 1500 呎以下低空所發生之風切亂流稱為低空風切(low level wind shear)。

航機起降穿過低空風切帶時,就會遭遇到相當嚴重之亂流,使航機空速出現不規則變動,如果遭遇逆風風切(headwind shear),逆風分速之增加或順風分速之減少,使航機之指示空速增加而提升其高度。遭遇順風風切(tailwind shear),順風分速之增加或逆風分速之減少,使航機之接示空速減少而致其下沉。遭遇側風風切(crosswind shear),左右方向側風分力之增加或減少,導致航機偏左或偏右。遭遇下爆風切(downburst shear),上下方向風分力之增加或減少,由於垂直風切關係,而使航機急速下沉。

(四)何謂下爆流(downburst)?簡述其成因及對飛航安全的影響。

　　微爆流(Microburst)是一種在氣團、多胞雷雨(Multi-cell thunderstorm)、或超大胞雷雨(Supercell thunderstorm)中都可能發生的小尺度天氣現象。源自平流層中快速移動之乾空氣，從雷雨積雨雲中沖瀉而下，至低空再挾帶大雨滴和冰晶，向下猛衝，形成猛烈之下爆氣流(Downburst)。下爆氣流之突然出現，會引起很強的低空風切而且因為其尺度很小且威力強大，因而對飛機危害至大。下爆氣流發生時，其內部會有強烈的小尺度下衝氣流到達地面，且在地面造成圓柱狀水平方向的輻散氣流。飛機穿越此種氣流時，會遭遇逆風轉變為順風的低空風速轉變帶，該風速轉變帶稱為低空風切。當飛機飛進下衝氣流地面輻散場時，會先遇到頂風氣流，飛機空速相對增加，機翼浮揚力增強，此時駕駛員的瞬間反應是押機頭、關小引擎及修正回原來進場角度。待飛機過了下衝氣流中心線，隨即遭遇從機尾來的強順風，於是機上空速表急遽下降，機翼浮力不足，飛機因而失速下墜；惟此時已在進場最後階段，其高度無法使駕駛員與飛機有充分的時間反映，因而無法重飛，導致失速墜毀

二、霧常影響飛機起降之安全，機場亦常因濃霧而關閉。就形成原因而言，霧可分輻射霧和平流霧，試說明輻射霧和平流霧的特徵和形成原因，並說明兩者對機場運作的影響。(20 分)

解析：

　　請參閱(2006 年高考三等航空駕駛)

　　兩者對機場運作的影響

　　航機飛行於平流霧上空與輻射霧上空幾乎毫無差別。然而，前者常較後者範圍廣闊與持續長久，且無論日夜，前者移動較為快速。唯輻射霧和平流霧都會降低機場能見度，使能見度低於機場飛機起降標準，造成機場跑道關閉，飛機無法起降，影響機場的運作甚鉅。

三、何謂熱帶風暴(tropical storm)和颱風(typhoon)？簡要說明其(一)重要結構特徵，(二)過境台灣時的重要天氣變化特徵，及(三)對飛航安全的影響。(20分)

解析：

　　何謂熱帶風暴(tropical storm)和颱風(typhoon)？

　　熱帶風暴又稱熱帶氣旋(tropical cyclones)，為發生於熱帶海洋上極強烈氣旋之總稱。又地球上各區，重要熱帶風暴名稱不一：在西印度群島出生，向西、西北西或西北移而而達美國東南沿海之強烈熱帶氣旋稱為"颶風(hurricanes)"。在菲列濱群島以東之洋面上產生，向西、西北西或西北移行而達中國東南沿海，復轉向東北直指日本之強烈熱帶氣旋稱為"颱風(typhoons)"，我們台灣又稱"風颱"，日本和中國又稱"台風"。在印度洋上產生，向西北移行而達印度半島之熱帶低壓則稱為"氣旋(cyclones)"。又在澳洲東北洋面產生，向西南進行而達澳洲大陸北部沿海之熱帶低壓則稱為"澳洲大旋風或威利威利(Willy Willy)"。出現地區及名稱雖各異，但本性則相似也。

(一)重要結構特徵(颱風的基本運動場和降雨場結構特徵)

颱風的動力結構從垂直向上氣流的特點來看，大致可分為三層，從地面到 3 公里左右是為氣流的流入層，氣流以氣旋式旋轉向中心強烈輻合。因地面的摩擦效應，最強的流入是 1 公里以下的近地面層；從 3 公里到 8 公里的高度是以垂直運動為主的中層，氣流圍繞中心做氣旋式向上旋轉，由低層輻合流入的大量暖濕氣流，通過此層不斷地向高層輸送能量。由於強烈的垂直運動，所以該層是雲雨生成的高度；從八公里到颱風頂部的高層，氣流從中心向外流出，是為氣流的流出層。最大的流出高度約在 12 公里附近。低、中、高這三層氣流的暢通，是颱風維持的重要條件，如果高層的流出大於低層的流入，則中心氣壓降低，颱風發展；若高層的流出低於低層的流入，則中心氣壓升高，颱風減弱，最後消失。唯在處於不同發展階段的颱風，其氣流狀況略有不同。

沿颱風暴風半徑的水平方向來看，氣流的狀況亦可分成大風區、渦旋區和颱風眼等三個區域。大風區是颱風的最外圍部分，半徑約 200－300 公里，氣流以水平運動為主，風速由邊緣向內逐漸增大，多在 6－12 級之間。當大風區接近時，天氣狀況也發生變化，風力加大並伴有螺旋雲帶出現，產生降雨。

渦旋區是颱風雲牆(wall cloud)區，也是破壞力最大的部分，是圍繞著颱風眼的最大風速區，半徑範圍約 100 公里，風力經常在 12 級以上。此區域低層輻合氣流也最強盛，烏雲築成高大雲牆，形成颱風眼壁。颱風因四周空氣向內部旋轉吹入，至中心附近，氣流旋轉而有旺盛上升氣流，形成濃厚之雨層雲及積雨雲，雨勢強，降雨雲幕常低至 200 呎，愈近中心，雨勢亦愈猛。氣流在強烈對流形成雲雨的過程中，釋放出大量的凝結潛熱，它對颱風暖心結構形成以及颱風的進一步發展提供了大量的能量。渦旋區的降臨狂風暴雨，翻山倒海，造成人民的生命財產嚴重的損失。

颱風眼是颱風的中心部分，半徑約幾公里，最大的可達數十公里。颱風眼被四周高大雲牆的眼壁所包圍。由於外圍氣流高速旋轉運動，產生強大的離心力，使得外圍氣流不能流入颱風眼。所以颱風眼內風力微弱並有氣流下沉，雲散雨停，天氣乾暖，與渦旋區氣流和天氣迥然不同。颱風眼到來僅是颱風暴虐的暫時歇息，一旦颱風眼移出之後，狂風暴雨立即捲土重來。

當遇到颱風時飛機之避行路徑

因為熱帶風暴威力大，破壞力強，故飛機如飛近其周圍，依當時情況判斷，務須設法繞避。根據熱帶風暴環流原則，飛機如直向熱帶風暴中心飛行，則強風係來自左方；如飛機轉向，使熱帶風暴中心尾隨其後，則強風來自右方，因此在航程中之飛機若遭遇熱帶風暴時，通常採用三條繞避路線：

a.如強風吹向飛機之左前方，則盡速改變飛航路線，盡量繞向左方飛避，使強風吹向飛機之右前方，並續向左方飛行，直至情況轉佳後，再返回原航線前進。

b.如強風吹向飛機之左後方，則盡速改變飛航路線，盡量向右方飛避，使強風吹向飛機之右後方，並續向右方方行，直至情況轉佳後，再返回原航線前進。

c.如強風與飛機飛行方向正相垂直，亦盡速向右方飛避，使強風吹向飛機之右後方，並續向右方飛，直至情況良好時，再回歸原航線上前進。

南半球航機繞避熱帶風暴之路徑與北半球者完全相反。

(二) 過境台灣時的重要天氣變化特徵

颱風過境台灣，各地海平面氣壓劇降，強烈颱風來襲，甚至可降至 980hPa 以下。颱風經常帶來強風與豪雨，當颱風逐漸接近臺灣，風力開始增強與間歇性之陣雨下降，颱風中心更接近臺灣，雲層加厚，出現濃密之雨層雲與積雨雲，風雨亦逐漸加強，愈近颱風中心，風力愈形猛烈，迨進入颱風眼中，則雨息風停，天空豁然開朗，眼區經過某一地點約需一小時，眼過後狂風暴雨又行大作，惟風向已與未進入眼之前相反，此後距中心漸遠，風雨亦減弱。颱風暴風圈接近機場或籠罩機場，常使機場被迫關閉，飛機無法起降。

(三) 對飛航安全的影響。

颱風威力甚大，在陸上、海上與空中常造成災害。在颱風之前半部，因逐漸接近颱風中心，風雨特強，故較為危險；其後半部，則因逐漸遠離中心，故較為安全。颱風所經之地，原來之一般氣流如信風或盛行西風等，與颱風本身之環流每有相加或相減之作用。颱風進行方向之右側，原有之氣流與颱風本身之氣流，方向大略相同，故風速每較強大。反之，在進行方向之左側，兩者氣流近於相反，互相抵消，故風速乃稍弱。因此其前進之右側當較危險，左側則較安全。綜合言之，北半球之颱風，右前部最危險，左後部則較安全，

飛行員必須避開極具危險之颱風，颱風各層高度均具危險性。颱風積雨雲頂高度在 50000 呎以上，其低層風速最強，向上遞減。在低空，由於快速吹動之空氣受地面摩擦力影響，飛機即暴露於持續而跳動之亂流中，在螺旋形雲帶(spiral bands)中，亂流強度增加，進入環繞颱風眼之雲牆中，亂流最為猛烈。

此外，遭遇颱風，飛機上高度計高度讀數常因於颱風外圍氣壓與颱風中心氣壓變動大而有誤差。

總之，颱風確屬十分危險，所以要避開它，要以最短時間繞過它。最好飛在它的右方，以獲得順風之利益，否則如飛入它的左方，則會遭遇強烈逆風，使航機到達降落區前，油料可能已消耗殆盡。

四、說明顯著天氣圖(SIGWX)上所呈現的主要內容以及閱讀時應注意的地方。(20 分)

解析：

　　顯著天氣預報圖(SIGWX CHART)分成低層(SFC~10,000FT)、中層(10,000~25,000FT)和高層(25,000FT 以上)等三種顯著天氣預報圖。顯著天氣預報圖所呈現的主要內容地面鋒面系統、積雨雲區範圍和高度、高空噴射氣流分布和風向風速、亂流和積冰範圍高度和強度、以及對流層高度。閱讀時應注意顯著天氣預報圖預報有效日期和時間，多留意積雨雲區範圍和高度以及亂流和積冰範圍高度和強度，飛行員應儘量避開該等地區範圍和高度，以確保飛航安全。

2004 年公務人員（航空駕駛）高等考試

三級考試第二試試題

職系：航空駕駛

科別：航空駕駛

科目：航空氣象學

一、雷雨雲系之發展常伴隨陣風鋒面(gust front)、下衝氣流(downdraft)以及低層風切現象，試分別說明雷雨雲發展過程，在積雨雲期、成熟期以及消散期等三個不同階級的氣流結構特徵以及所伴隨之下衝氣流、陣風鋒面以及低層風切現象之特性以及對飛行安全可能影響。(30 分)

解析

　　請參閱(2010 年高考三等航空駕駛)

二、地面與高空天氣圖、衛星雲圖以及氣象雷達的回波分布圖、速度分布圖等，都可以用來幫助分析飛航的天氣特性，試比較這幾種圖所提供資訊之特性，並說明航空駕駛如何應用這些資訊？（20 分）

解析

　　地面天氣圖上可提供各測站天氣資料，包括天空遮蔽總量、風向與風速、能見度、現在天氣、過去天氣、氣壓、溫度與露點、低雲量、低雲雲類、中雲雲類、高低雲雲類、低雲雲高、氣壓趨勢與氣壓變量、降水量、最低雲類、最低雲類之量以及最低雲類之高度。地面天氣圖經氣象人員或電腦分析之後，可知高壓、低壓、冷鋒、暖鋒、滯留鋒、囚錮鋒、等壓線和溫度線之分布、氣團、各種顯著危害天氣，例如，降水區、霧區、塵暴或沙暴及吹沙區、陣雨或陣雪及吹雪、雷雨或閃電或冰雹或凍雨或漏斗狀雲。另外，還有熱帶低壓或颱風或熱帶風暴等等資料。

　　高空天氣圖可提供各高空等壓面上重要天氣資訊，包括各測站等壓面高度、等高線、等溫線、等風速線、高空風向與風速、溫度與結冰高度；高壓與低壓、氣旋與反氣旋、低壓槽與高壓脊、噴射氣流等分布。

　　衛星雲圖可分為可見光(visible light)和紅外線(infrared；IR)兩種雲圖，可見光雲圖從不同的太陽光反射量，可顯示地面和各種雲的種類，尤其是大區域的積雨雲，反射量最大。較薄和較小範圍的雲，太陽光反射量較少，呈現較暗。按照反射量的大小順序排列，依次為大雷雨、新鮮白雪、厚的卷層雲、厚的層積雲、3~7天的積雪、薄的層雲、薄的卷層雲、吹沙、森林和水面。紅外線雲圖最初係以黑、灰和白來描繪不同雲頂的溫度，其中最暖的溫度是黑色，最冷的是白色。代表黑色的溫度約為33℃，白色約為−65℃。事實上，從黑色至白色共區分為 256 個色階，最暖的代表色為黑色，較涼的代表色為灰色，最冷的為白色。強化衛星紅外線雲圖(enhancement of IR images)係以 256 個色階，依特定顏色來標示特定溫度，其強化曲線可以詳細分析雪、冰、霧、雷雨、霾、吹塵或火山灰等天氣現象。同一時間，可見光和紅外線衛星雲圖相互比較，可以分辨出不同的天氣現象。衛星雲圖連續動畫(satellite loop)，可以看出一系列天氣現象的移動、發展和消失，同時可以區分無雲地區的地表現象。

在氣象雷達的回波分布圖裡，降水回波強度分布，可偵測天氣系統垂直發展高度與回波強度以及水平與垂直降水強度，同時可以顯示天氣系統移動方向與速度。飛行員根據航路上雷達回波分布，可區分層狀雲或對流雲之降雨回波之消長、亮帶(bright band)高度和各種顯著危害天氣系統，諸如雷雨胞、冰雹、颮線、鋒面系統、颱風...等天氣現象。在氣象雷達的徑向風場速度分布圖裡，都卜勒氣象雷達可以偵測到以風速為單一徑向分量，得知水平、垂直不連續風變帶、鋒面帶、冷空氣厚度、風場旋轉與輻合等天氣特性，同時可看出颱風氣旋式旋轉中心位置以及大氣風場運動特性，例如，水平風向與風速、輻散場、變形場和垂直項等參數，此外，由風場速度回波特徵，可判讀風切、微爆氣流、陣風鋒面等顯著危害天氣現象。

三、晴空亂流是飛行安全一大威脅，試解釋什麼是晴空亂流？試討論晴空亂流生成的原因以及易伴隨出

現晴空亂流的天氣條件。除了晴空亂流，大氣層中還可能出現那些亂流？這些亂流經常伴隨那種天氣條件出現？(30 分)

解析

請參閱(2012 年高考三等航空駕駛)

四、兩個等壓面之間的氣層厚度和氣層溫度之分布有什麼關係？飛機由暖區沿等壓面向冷區飛行時，飛機高度會有什麼變化，為什麼？試討論之。(20 分)

解析

　　氣壓係表示在單位面積上所承受空氣柱之全部重量，地面氣溫之高低，會影響空氣柱之冷暖和空氣密度，同時會影響空氣柱之重量和大氣壓力，所以氣壓與高度之正常關係(標準大氣條件下)受到影響，導致高度計所顯示之高度發生誤差。如果地面溫度很低，空氣柱平均溫度遠低於標準大氣之溫度時，空氣柱則壓縮，此時，實際高度低於高度計上之顯示高度；如果地面溫度很高，空氣柱平均溫度遠高於標準氣溫時，空氣則膨脹，此時，實際高度高於高度計上之顯示高度。

　　飛機由暖區沿等壓面向冷區飛行時，飛機飛行之實際高度，會因冷區空氣柱壓縮，因而越飛越低。

2005 年公務人員特種考試民航人員考試試題

等別：三等考試
科別：飛航管制、飛航諮詢
科目：航空氣象學

一、已知某地之探空資料，請問如何決定當地之大氣穩定度？並請說明：

(一) 絕對穩定（absolute stability）
(二) 絕對不穩定（absolute instability）
(三) 條件性不穩定（conditional instability）。(25 分)

解析：

根據某地所觀測到的探空資料，可得知該地大氣各層實際的溫度遞減率(空氣每上升 1 公里，溫度實際下降多少度)，再就該地大氣各層實際的溫度遞減率與乾空氣絕熱溫度遞減率(乾空氣每上升 1 公里，溫度下降 10℃)及濕空氣絕熱溫度遞減率(濕空氣每上升 1 公里，溫度下降 6.5℃)相比較，可以決定該地大氣穩定度。

我們讓某地空氣塊(air parcel)以絕熱上升至某一高度，如果該空氣塊尚未飽和時，則以乾絕熱溫度遞減率(乾空氣每上升 1 公里,溫度下降 10℃)上升;如果該空氣塊已飽和時,則以濕空氣絕熱溫度遞減率(濕空氣每上升 1 公里,溫度下降 10℃)上升。我們可以以該地探空資料所測得實際溫度遞減率與乾空氣或濕空氣絕熱溫度上升遞減率之關係,來判定該地大氣穩定度,絕對穩定(absolute stability)或絕對不穩定 (absolute instability) 或條件性不穩定 (conditional instability)。

　　(一)絕對穩定(absolute stability):如果某地探空資料所測得實際溫度遞減率小於濕空氣絕熱遞減率時,不論空氣中所含水汽多少,乾空氣或濕空氣,如果該地空氣塊被迫以乾空氣或濕空氣絕熱溫度遞減率上升,上升到某一高度時,該氣塊溫度比周圍實際測得空氣為冷和重,當外力消失,該空氣塊立刻下沉,回復到原來的高度,因此除非有外力強迫該地氣塊上升,否則,該地空氣不會發生垂直運動,此種情形該地的大氣為絕熱穩定。

　　(二)絕對不穩定(absolute instability):如果某地探空資料所測得實際溫度遞減率大於乾空氣絕熱遞減率時,不論空氣中所含水汽多少,乾空氣或濕空氣,如果該地空氣塊被迫以乾空氣絕熱溫度遞減率上升,上升到某一高度時,該氣塊溫度比周圍實際測得空氣為暖,密度小,重量輕,浮力增大,能自動繼續上升,就像熱氣球一樣,會不斷膨脹上升,此種情形該地的大氣為絕熱不穩定。

　　(三)條件性不穩定(conditional instability):如果某地探空資料所測得實際溫度遞減率介於乾空氣絕熱溫度遞減率與

濕空氣絕熱溫度遞減率之間，當時空氣中所含水汽未達飽和，氣塊被迫以乾空氣絕熱溫度遞減率上升，上升到某一高度時，該氣塊溫度比周圍實際測得空氣為冷和重，當外力消失，該空氣塊立刻下沉，回復到原來的高度，故知該層空氣屬於穩定大氣。如果當時空氣中所含水汽達飽和，氣塊被迫以濕空氣絕熱溫度遞減率上升，上升到某一高度時，該氣塊溫度比周圍實際測得空氣為暖而輕，氣塊將繼續上浮，所以知道該層空氣屬於不穩定大氣。因此，該層空氣屬性為穩定或不穩定，端視當時空氣中所含水汽達飽和或未飽和而定，此種情形該地的大氣為條件性不穩定。通常標準空氣遞減率介於乾絕熱與濕絕熱之間，其屬性為條件不穩定。

二、解釋下列名詞：(每小題 5 分，共.25 分)

(一)冷鋒（cold front）

(二)梅雨鋒（Mei-Yu front）

(三)不穩定線（instability line）

(四)颮線（squall line）

(五)乾線（dry line）

解析：

(一) 冷鋒（cold front）：當冷暖兩氣團相遇，冷氣團移向暖氣團，冷空氣逐漸取代暖空氣，此時，冷暖兩氣團交界面，稱之為冷鋒。

(二) 梅雨鋒（Mei-Yu front）：每年五、六月春夏交替之際，蒙古共和國高壓冷氣團影響台灣的勢力漸漸減弱；而太平洋副熱帶高壓暖氣團則慢慢增強，太平洋副熱帶高壓向太平洋北部移動，範圍並向太平洋西部伸展，其勢力逐漸影響到台灣，在台灣，此兩股冷暖氣團的勢力旗鼓相當，經常有低壓冷鋒或滯留鋒形成，此低壓冷鋒或滯留鋒移動速度緩慢或幾乎滯留數天之久，造成台灣豪雨成災，此種低壓冷鋒或滯留鋒稱之為梅雨鋒（Mei-Yu front）。

（三）不穩定線（instability line）：係一條狹窄非鋒面線，或一條對流活動帶，稱之為不穩定線。不穩定線常形成於不穩定空氣，並在冷鋒前鋒發展。如果該狹窄對流活動帶發展成一系列的雷雨天氣，就成為颮線。

（四）颮線（squall line）：移動快速的強冷鋒，冷鋒後的冷空氣強勁，移動急速，因地面摩擦力影響，緊貼地面的冷空氣受阻移動速度較慢，而高層冷空氣移動較快，繼續向前衝，鋒面楔出，形成鼻狀，經常超過地面冷鋒前數哩，在前衝楔形冷空氣與地面之夾層間，留存一團暖空氣，同時冷鋒仍舊繼續推進，於是夾層中之暖空氣愈積愈多，無法溢出，在極端情況下，該團暖空氣，衝破上方之楔形冷鋒，暖空氣猛烈向上爆發，於是緊靠冷鋒之前端產生一系列之雷雨群，即所謂颮線，可能有壞飛行天氣出現，所幸與冷鋒平行之颮線長度雖可伸展數百哩，但其寬度很少超過 40 公里(25 哩)以上者。

（五）乾線（dry line）：在近地面處，空氣中的水汽含量有一明顯梯度之狹窄地帶，稱之為乾線（dry line）。

三、(一) 請問飛機上的高度表，如何利用氣壓值換算成飛機離地面高度？(9 分)

(二) 何謂高度表撥定值（altimeter setting）？(8 分)

(三) 為何飛行員在航程中或降落前，必須隨時設法獲得降落機場當時的撥定值？(8 分)

解析：

(一) 飛機起飛前，獲取氣象台高度撥定值之報告後，在飛機座艙高度計上轉動其右邊方形窗孔(Kollsman window，考爾門小窗)中之基準氣壓(reference pressure)與高度撥定值相等，則以後飛機起飛爬升所表之高度值，即為實際飛行高度。高度撥定值以海平面為基點者，通訊 Q 電碼之 "QNH" 代表之；以機場為基點者，通訊時之 Q 電碼用 "QFE" 代表之，通常採用 QNH 者較為普遍。

(二) 高度撥定值為一氣壓值，此一氣壓值乃按標準大氣之假設情況，將測站氣壓訂正至海平面而得者，或訂正至機場高度而得者。高度計經正確撥定後，其所示高度符合於在標準大氣狀況下相當氣壓之高度。

(三) 因全球各地區的地面天氣系統隨時隨地都會有移動，各地海平面氣壓、氣溫和濕度也跟著不停地變動。飛機上的高度計在不同時間和不同地點都因各地機場海平面氣壓時空變動而會有不同。為了要換算成飛機實際離地面真正高度，所以飛行員在航程中或降落前，必須隨時設法獲得降落機場當時的氣壓高度撥定值。

四、(一)請繪示意圖分別說明高空噴射氣流與 1. 初生氣旋
　　　低壓系統 2. 快速加深中之低壓系統 3. 囚錮後之
　　　低壓系統之相對位置。(15 分)

　　(二)在前小題示意圖中，並指定晴空亂流最容易出現之
　　　位置。(10 分)

解析：

　　(一) 在高空，噴射氣流常隨高壓脊與低壓槽而遷移，不
過噴射氣流移動較氣壓系統移動為快速。噴射氣流最大風速
之強弱，視其通過氣壓系統之進行情況而定。

　　強勁而長弧形之噴射氣流常與加深高空槽或低壓下方
發展良好之地面低壓及鋒面系統相伴而生。氣旋常常產生於
噴射氣流之南方，並且氣旋中心氣壓愈形加深，則氣旋愈靠
近噴射氣流。囚錮鋒低壓中心移向噴射氣流之北方，而噴射
氣流軸卻穿越鋒面系統之囚錮點(point of occlusion)。圖 7 表
示噴射氣流與地面氣壓系統位置之相關情況。

　　(二) 寒潮爆發，衝擊南方之暖空氣時，沿冷暖空氣交界
處噴射氣流附近一帶之天氣系統加強，晴空亂流乃在此兩相
反性質氣團間以擾動能量交換之方式發展，冷暖平流伴著強
烈風切在靠近噴射氣流附近發展，尤其在加深之高空槽中，
噴射氣流彎曲度顯著增加之地方，特別加強發展，當冷暖空
氣溫度梯度最大之冬天，晴空亂流則最為顯著。

　　晴空亂流最容易出現的位置，是在噴射氣流冷的一邊
(極地)之高空槽中，另外較常出現的位置，是在沿著高空噴
射氣流而在快速加深中之地面低壓槽之北與東北方，如圖 8。

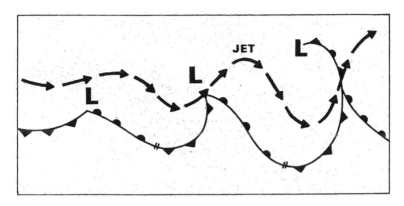

圖 7　噴射氣流與地面天氣系統相關位置圖，地面系統之初
　　　生氣旋低氣壓常在噴射氣流之南方，如圖左部份。氣
　　　旋加深，噴射氣流接近氣旋低壓中心，如圖中部份。
　　　氣旋囚錮後，噴射氣流穿越囚錮點，而氣旋低壓中心
　　　在噴射氣流之北方，如圖右部。

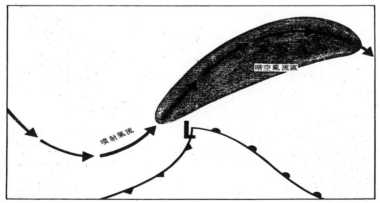

圖 8　晴空亂流常常出現之位置，係沿噴射氣流，且在快速
　　　加深中之地面低壓之北方與東北方。

2005 年公務人員簡任升官等考試試題

等　別：簡任升官等考試
類　別：飛航管制
科　目：航空氣象學研究
考試時間：二小時

一、台灣地形複雜，試討論颱風侵台時，在迎風面與背風面的天氣差異，以及對飛航安全之影響。(20 分)

解析：

　　颱風過境台灣，各地海平面氣壓劇降，強烈颱風來襲，甚至可降至 980hPa 以下。颱風經常帶來強風與豪雨，當颱風接近我們的台灣時，中央山脈高聳、地形複雜，對颱風伴隨的對流和環流結構有相當顯著的影響。颱風環流常帶來豐富的水汽，遇山抬升加強對流凝結降水，所以降水主要集中在中央山脈東側迎風面和西南方的山坡上。在迎風面(如花東地區)的天氣為風力開始增強與間歇性之陣雨下降，颱風中心更接近時，雲層加厚，出現濃密之雨層雲與積雨雲，風雨亦逐漸加強，愈近颱風暴風圈，風力愈形猛烈，會有風切亂流現象，嚴重影響飛安。當進入颱風眼中心時，風止雨停，天空豁然開朗，眼區經過某一地點約需一小時，眼過後狂風暴雨又行大作，惟風向已與未進入眼之前相反，此後距暴風圈漸遠，風雨亦減弱。颱風暴風圈接近機場或籠罩機場，常使機場被迫關閉，飛機無法起降。

颱風環流在地形背風面會產生局部渦旋，但天氣較緩和，雲層較薄，風力和雨勢較弱。在颱風暴風圈籠罩下，地形背風面仍然會有強風和豪雨，風力愈形猛烈，依然會有風切亂流現象，嚴重影響飛安。颱風中心在台灣東北海面，在台東背風地區可能出現焚風現象，高溫且乾燥。

二、什麼是高度表撥定值？飛機從暖區飛往冷區時，高度表撥定值會有什麼變化？為什麼？(20 分)

解析：

高度表撥定值為一氣壓值，此一氣壓值乃按標準大氣之假設情況，將測站氣壓訂正至海平面而得者，或訂正至機場高度而得者。高度計經正確撥定後，其所示高度符合於在標準大氣狀況下相當氣壓之高度。

氣溫如低於標準大氣溫度(海平面氣溫為 15℃ 或 59°F，其遞減率為 6.5℃/Km 或 2℃ 或 3.6°F/1000 呎)時，飛行實際高度將低於高度計所顯示的高度。

氣溫如高於標準大氣之溫度時，則飛行實際高度將高於高度計上之顯示高度。

所以飛機從暖區飛往冷區時，如果沒有適時作高度表撥定時，飛機上高度計所顯示的高度會越飛越低。

三、台灣位處季風氣候區，試比較說明冬夏季風的天氣特徵以及對飛航之影響。(20 分)

解析：

　　我們的台灣，橫跨北回歸線兩側，位處季風氣候區。四季之中，夏季特長，冬季通常不顯著。在季風上，台灣有明顯的冬季東北季風與夏季西南季風之更迭。東北季風開始於十月下旬，終止於翌年三月下旬，為期約五個月；西南季風開始於五月上旬，終止於九月下旬，為期約四個月，惟風速遠不及東北季風之強盛。

　　台灣每年十月至翌年三月天氣主要受亞洲大陸變性氣團(cP)左右，盛行東北季風，偶有寒潮爆發及持續性大霧，強烈冷鋒南下常伴隨寒潮爆發，影響台灣各機場會有強風出現，風向改變甚大時，也會發生低空風切亂流現象，影響飛安；濃霧降低機場能見度常造成機場跑道關閉。每年五月至九月則受太平洋熱帶海洋氣團 (mT) 之影響，盛行西南季風，天氣時有午後雷陣雨，間有颱風。雷雨常引發低空風切亂流或下爆氣流，可能會造成起降飛機墜毀；颱風侵襲台灣，強風和豪雨，暴風圈籠罩下，風力猛烈，天氣不穩定，會有嚴重風切亂流現象，嚴重影響飛安。颱風暴風圈接近機場或籠罩機場，常使機場被迫關閉，飛機無法起降。春、秋季則為轉換期，間有不穩定天氣發生。

四、雷雨是影響飛航安全之重要天氣現象，試說明雷雨
　　生命期三個階段(積雲期、成熟期與消散期)之主要
　　結構特徵，以及對飛航安全之影響。(20分)

解析：

　　請參閱(2010年高考三等航空駕駛)

五、晴空亂流是飛行安全的一大威脅，試解釋什麼是晴
　　空亂流？討論晴空亂流形成的原因以及易伴隨出
　　現之天氣條件？(20分)

解析：

　　請參閱(2012年高考三等航空駕駛)

2005 年公務人員薦任升官等考試試題

等　別：薦任升官等考試
類　別：飛航管制、飛航諮詢、航務管理、航空駕駛
科　目：航空氣象學
考試時間：二小時

一、試說明雷雨系統常伴隨之陣風鋒面(gust front)，下衝氣流(downdraft)以及低空風切等現象的特性以及對飛航安全之影響。(25 分)

解析：

　　在強雷雨胞之前方，低空與地面風向風速發生驟變，由於下沉氣流接近地面時，氣流向水平方向沖瀉而形成之猛烈陣風，成為雷雨另一種更具危險性之惡劣天氣，此種雷雨前方伴隨陣風，即所謂的陣風鋒面(gust front)。飛機在雷雨前方起飛降落，相當危險，因為最強烈之初陣風，風速可達 100 浬/時，風向可能有 180° 之改變。但初陣風為時短促，一般初陣風平均風速約 15 浬/時，風向平均約有 40° 之改變。初陣風速度大致為雷雨前進速度與下沉氣流速度之總和，故雷雨前緣之風速較其尾部之風速猛烈多。通常兇猛初陣風發生於滾軸雲及陣雨之前部，故塵土飛揚，飛沙走石，顯示雷雨

223

來臨之前奏。滾軸雲於冷鋒雷雨及颮線雷雨最為盛行，並且滾軸雲係表示最強烈亂流之地帶。

在強雷雨下爆氣流(downburst)區，下爆氣流區會有強烈的小尺度下衝氣流(downdraft)到達地面，且在地面造成圓柱狀水平方向的輻散氣流。飛機穿越此種氣流時會遭遇危險的逆風到順風的低空風速轉變帶，該風速轉變帶稱為低空風切。

當飛機飛進下衝氣流(downdraft)地面輻散場時，會先遇到頂風氣流，飛機空速相對增加，機翼浮揚力增強，此時駕駛員的瞬間反應是押機頭、關小引擎及修正回原來進場角度。待飛機過了下衝氣流中心線，隨即遭遇從機尾來的強順風，於是機上空速表急遽下降，機翼浮力不足，飛機因而失速下墜；惟此時已在進場最後階段，其高度無法使駕駛員與飛機有充分的時間反映，因而無法重飛，導致失速墜毀。

二、濃霧與低雲幕是危害飛行安全的天氣現象，試說明濃霧與低雲幕的成因以及常伴隨之天氣現象。(25 分)

解析：

(一)、濃霧的成因以及常伴隨之天氣現象

濃霧為構成能見度之重要因素，霧為最常見且持久之危害飛安天氣之一，在飛機起降時遭遇困難最多。尤其有些霧常在幾分鐘內，使能見度自數公里陡降至半公里或以下，所造成之危害特別嚴重可怕。

根據霧之國際定義，當地面能見度低於 1000 公尺而當時空氣潮濕，其溫度露點差通常在 2.2℃(4℉)以下，始稱為霧。

霧的成因係細微水滴或冰晶浮游於接近地面空氣中所造成，大致與雲相同，不過霧為低雲，雲係高霧耳。其明顯區別為，霧底高度係指地面至 15.2 公尺(50 呎)間，而雲底高度則至少在地面 15.5 公尺(51 呎)以上。空中水滴或冰晶增多，使能見度降低至 4.8 公里(3 哩)以下，成為輕霧(light fog)；有時且降低為零，成為濃霧(heavy fog)。通常在能見度未劇急降低前，空中已浮懸大量水滴，待能見度降到 1.6 公里(1 哩)以下時，霧會迅速加濃。普通早晨太陽初昇之頃，霧之濃度平均最大。

霧形成之基本條件為空氣穩定，相對濕度高，凝結核豐富，風速微弱以及開始凝結時之冷卻作用，沿海地帶凝結核多，故常見霧氣；在工業區，由於凝結核特多，雖相對濕度不足 100%，但常產生持久性之濃霧。平均言之，全球出現霧之機會冬半年較夏半年多。

霧之分類，除上述成霧之基本條件外，其促成霧之原因有空氣冷卻至露點或近地面空氣中水汽增加，致使露點接近氣溫，諸如夜間地表輻射冷卻的輻射霧(radiation fog)；潮濕空氣移向較冷之陸面或海洋，空氣中熱量散失於冷陸面或冷海面上，空氣達於飽和，水汽凝結而成的平流霧(advection fog)；向坡風將潮濕空氣吹向山坡而抬升，經絕熱膨脹冷卻作用，溫度降低，水份飽和，在半山腰或山頂上凝結成的升坡霧(upslope fog)；空氣中含的水汽充沛，在極寒冷與靜風之下，水汽常易直接凍結為冰霧(ice fog)。另一種形成霧的原因，由於水汽蒸發作用，近地面空氣水份增加而形成霧，諸如冷空氣流經十分溫暖之水面上，水汽自暖水面蒸發出來，摻入空氣中，立刻於緊接水面一方之冷空氣中凝結成蒸汽霧(steam fog)。

(二)、低雲幕的成因以及常伴隨之天氣現象

雲幕為自地面向上至最低雲層或視障現象(obscuring phenomenon)層次之垂直高度。所謂雲層，係指 "裂雲(broken) "與 "密雲(overcast) "而並非指 "薄雲(thin) "；所謂視障係指滿天為朦朧昏暗所遮蔽，而並非指 "部份不明(partial obscuration) "。故有雲幕高 (cloud ceiling) 與視障幕高 (obscuration ceiling)之別。

雲為空中水汽凝結成為可見之群聚水滴，通常空氣受外力作用或本身冷卻，溫度低降接近露點，而導致凝結，即露點溫度與空氣溫度完全相同，空氣飽和(相對濕度為 100%)，如繼續再冷卻，即有凝結發生。空中冷卻作用不外由於空氣自下層受熱產生局部性垂直對流作用，潮濕空氣自動上升而冷卻；或整層空氣受外力強迫上升而冷卻。

大氣穩定程度可決定雲之種類，例如垂直對流性空氣均屬不穩定者，通常產生積狀雲之雲屬。因其為垂直對流之產物，故在積狀雲中或其鄰近均有相當程度之亂流。而在水平層狀之雲屬中，無垂直對流運動，故在層狀雲中無亂流現象。

若空氣係被逼上升，則雲之結構，全視該空氣上升前之穩定程度而定。例如，十分穩定之空氣被迫沿山坡上升，產生之雲，以層狀雲類居多，並且毫無亂流現象。可是不穩定

空氣被迫沿山坡上升，山坡有助長垂直發展之趨勢，於是積狀雲屬生長旺盛。

三、鋒面是影響飛行安全之重要天氣現象之一，說明鋒面之種類與特性，以及鋒面天氣對飛行安全可能造成之影響。(25 分)

解析：

　　請參閱(2005 年高考三等第二試航空駕駛)

四、簡述颱風的重要結構特徵，說明侵台颱風可能伴隨而影響飛航安全的天氣現象。(25 分)

解析：

(一)、重要結構特徵(颱風的基本運動場和降雨場結構特徵

　　颱風的動力結構從垂直向上氣流的特點來看，大致可分為三層，從地面到 3 公里左右是為氣流的流入層，氣流以氣旋式旋轉向中心強烈輻合。因地面的摩擦效應，最強的流入是 1 公里以下的近地面層；從 3 公里到 8 公里的高度是以垂直運動為主的中層，氣流圍繞中心做氣旋式向上旋轉，由低層輻合流入的大量暖濕氣流，通過此層不斷地向高層輸送能量。由於強烈的垂直運動，所以該層是雲雨生成的高度；從八公里到颱風頂部的高層，氣流從中心向外流出，是為氣流

的流出層。最大的流出高度約在 12 公里附近。低、中、高這三層氣流的暢通，是颱風維持的重要條件，如果高層的流出大於低層的流入，則中心氣壓降低，颱風發展；若高層的流出低於低層的流入，則中心氣壓升高，颱風減弱，最後消失。唯在處於不同發展階段的颱風，其氣流狀況略有不同。

　　沿颱風暴風半徑的水平方向來看，氣流的狀況亦可分成大風區、渦旋區和颱風眼等三個區域。大風區是颱風的最外圍部分，半徑約 200－300 公里，氣流以水平運動為主，風速由邊緣向內逐漸增大，多在 6－12 級之間。當大風區接近時，天氣狀況也發生變化，風力加大並伴有螺旋雲帶出現，產生降雨。

　　渦旋區是颱風雲牆(wall cloud)區，也是破壞力最大的部分，是圍繞著颱風眼的最大風速區，半徑範圍約 100 公里，風力經常在 12 級以上。此區域低層輻合氣流也最強盛，烏雲築成高大雲牆，形成颱風眼壁。颱風因四周空氣向內部旋轉吹入，至中心附近，氣流旋轉而有旺盛上升氣流，形成濃厚之雨層雲及積雨雲，雨勢強，降雨雲幕常低至 200 呎，愈近中心，雨勢亦愈猛。氣流在強烈對流形成雲雨的過程中，釋放出大量的凝結潛熱，它對颱風暖心結構形成以及颱風的進一步發展提供了大量的能量。渦旋區的降臨狂風暴雨，翻山倒海，造成人民的生命財產嚴重的損失。

　　颱風眼是颱風的中心部分，半徑約幾公里，最大的可達數十公里。颱風眼被四周高大雲牆的眼壁所包圍。由於外圍氣流高速旋轉運動，產生強大的離心力，使得外圍氣流不能流入颱風眼。所以颱風眼內風力微弱並有氣流下沉，雲散雨停，天氣乾暖，與渦旋區氣流和天氣迥然不同。颱風眼到來僅是颱風暴虐的暫時歇息，一旦颱風眼移出之後，狂風暴雨立即捲土重來。

(二)、侵台颱風可能伴隨而影響飛航安全的天氣現象

颱風侵台台灣，各地海平面氣壓劇降，強烈颱風來襲，甚至可降至 980hPa 以下。颱風經常帶來強風與豪雨，當颱風逐漸接近臺灣，風力開始增強與間歇性之陣雨下降，颱風中心更接近臺灣，雲層加厚，出現濃密之雨層雲與積雨雲，風雨亦逐漸加強，愈近颱風中心，風力愈形猛烈，迫進入颱風眼中，則雨息風停，天空豁然開朗，眼區經過某一地點約需一小時，眼過後狂風暴雨又行大作，惟風向已與未進入眼之前相反，此後距中心漸遠，風雨亦減弱。颱風暴風圈接近機場或籠罩機場，常使機場被迫關閉，飛機無法起降。

颱風威力甚大，在陸上、海上與空中常造成災害。在颱風之前半部，因逐漸接近颱風中心，風雨特強，故較為危險；其後半部，則因逐漸遠離中心，故較為安全。颱風所經之地，原來之一般氣流如信風或盛行西風等，與颱風本身之環流每有相加或相減之作用。颱風進行方向之右側，原有之氣流與颱風本身之氣流，方向大略相同，故風速每較強大。反之，在進行方向之左側，兩者氣流近於相反，互相抵消，故風速乃稍弱。因此其前進之右側當較危險，左側則較安全。綜合言之，北半球之颱風，右前部最危險，左後部則較安全。

飛行員必須避開極具危險之颱風，颱風各層高度均具危險性。颱風積雨雲頂高度在 50000 呎以上，其低層風速最強，向上遞減。在低空，由於快速吹動之空氣受地面摩擦力影

響，飛機即暴露於持續而跳動之亂流中，在螺旋形雲帶(spiral bands)中，亂流強度增加，進入環繞颱風眼之雲牆中，亂流最為猛烈。

　　此外，遭遇颱風，飛機上高度計高度讀數常因於颱風外圍氣壓與颱風中心氣壓變動大而有誤差。

2005 年公務人員高等考試三級考試

第二試試題

科別：航空駕駛

科目：航空氣象

一、成熟雷暴（thunderstorm）系統三度空間結構有何特徵，試說明之。並說明對飛航安全的可能影響。（25 分）

解析：

　　成熟雷暴系統三度空間結構特徵為下降氣流穿過上升氣流產生最大的垂直風切，亂流最為強烈。

　　當空氣對流加強，積雲繼續向上伸展，發展成為積雨雲，雲中雨滴雪花不斷相互碰撞，體積和重量增大，直到上升氣流無法支撐時，雨雪才下降，地面開始下雨，如繼續下大雨，表示雷雨已到達成熟階段。此時積雨雲雲頂高達 7,500～10,600 公尺，有時可沖過對流層頂，高達 15,000～19,500 公尺。雨水下降時，將冷空氣拖帶而下，形成下降氣流，氣流下降至距地面 1,500 公尺高度時，受地面阻擋作用，下降氣流速度減低，使空氣向水平方向擴散，在地面形成猛烈陣風，氣溫突降，氣壓徒升。積雨雲之氣流有上升有下降，速度驚人，常出現冰雹和強烈亂流，雷雨強度達最高鋒。在雷雨成熟階段，中小型飛機冒險飛進，常會遭遇積冰、亂流、下爆氣流和低空風切，造成嚴重之飛安事件。

二、氣象站經常利用水銀氣壓計（mercury barometer）量度大氣壓力，但是必須進行一些誤差訂正，才能獲得正確的測站氣壓讀數。試說明最少三種需要訂正的誤差。並說明由測站氣壓換算成海平面氣壓需要進行之高度訂正（altitude correction）的方法。（25分）

解析：

　　機場氣象站以水銀氣壓計測得之氣壓讀數，必須經過三種訂正，順序為儀器差訂正（instrument correction）、溫度訂正（Temperature Correction）及緯度（重力）訂正（Latitude Correction），其結果方為氣象站所在地之測站氣壓（station pressure）。

　　通常每一件儀器出廠都會有少許誤差，觀測時應先做儀器訂正。由於氣溫是變動的，溫度有高低變化，所以通常溫度以 0℃ 為標準，所以要作溫度訂正。因地球南北極離地心的距離比赤到道離地心的距離為近，重力前者比後者為大，即各地重力不同，以南北緯度 45° 作為標準，所以要作緯度訂正。

　　各地對流層底部，通常每升高 300 公尺（1000 呎），氣壓讀數約降低 33.9hPa（1 吋），例如氣象站海拔高度為 1500

公尺（5000 呎），當時水銀氣壓表讀數經儀器差訂正，溫度訂正及緯度訂正後之測站氣壓為 846.6hPa（25in-Hg），必須再經高度訂正，換算至海平面上，其讀數 1016.6hPa 或 30.02in-Hg（25+5.02），即為海平面氣壓（sea level pressure）。

三、鋒面接近時經常有低雲幕天氣發生，影響飛航安全。試說明鋒面的種類以及相伴隨的天氣現象，並說明鋒面如何影響飛行安全。（25 分）

解析：

　　鋒面依冷暖氣團移動情形，區分為冷鋒（cold front）、暖鋒（warm front）、滯留鋒（stationary front）及囚錮鋒（occluded front）四種。

(一) 冷鋒（cold front）

　　冷暖兩氣團遭遇，若冷氣團移動較快，侵入較暖之氣團中並取代其地位，則此兩氣團間形成之交界線稱為冷鋒。貼近地面冷重空氣楔入暖空氣下，迫使冷空氣前端之暖空氣上升，同時地面摩擦力使前進之冷空氣移速減低，致令冷鋒坡度陡峻，於是暖空氣被猛烈而陡峭地抬升。暖空氣快速絕熱冷卻，水汽凝結成積雲與積雨雲，常有雷雨與颮線（squall lines）發生。在嚴冬季節，冷鋒與颮線比較強烈，氣溫突降，積冰現象成為飛行操作上之極嚴重問題。

　　冬季半年，冷暖氣團秉性差別較大，故鋒面坡度大，移速快，積冰程度嚴重，積雲與積雨雲頂雖不如夏季者高聳，但亂流仍強，有時且有猛烈雷雨出現，飛行員及領航員宜慎之戒之。

冷鋒影響飛安之天氣有

(a)冷鋒積冰（cold front icing）---飛機飛進或穿越冷鋒常遭遇積冰，尤其冬季積冰之可能性最大，

(b)冷鋒亂流與風變（cold front turbulence and wind shifts）---飛機飛近或穿越冷鋒可遭遇猛烈陣風、強烈亂流與突然風變等危險飛行天氣。

(c)冷鋒與能見度---飛機飛進或飛越冷鋒常遭遇之惡劣飛行天氣，除亂流及積冰外尚有惡劣能見度之困擾。

(二) 暖鋒（warm front）

冷暖兩氣團相遇，如暖空氣向前推進較快，迫使冷空氣後退，而暖空氣取代冷空氣之位置，同時暖空氣爬升在冷空氣之上，其間所形成之不連續地帶，稱為暖鋒。暖鋒坡度較平坦，暖鋒移行速度也比較緩慢，僅及冷鋒移速之半。又暖鋒兩側風及溫濕之不連續情況不如冷鋒之顯著。

暖空氣在暖鋒上慢慢爬升，其溫度徐徐絕熱冷卻，降至露點後，空中水汽飽和，凝結成十分廣闊之層狀雲系，在地面暖鋒位置前 800 公里至 1100 公里（500-700 哩）即可出現暖鋒雲系，故暖鋒降水以及惡劣天氣範圍較冷鋒者遼闊多。

若暖空氣為潮濕而穩定者，則暖鋒上形成雲之順序為：卷雲（Ci），卷層雲（Cs），高層雲（As），雨層雲（Ns）與層雲（St）。愈接近暖鋒，降水逐漸增加，直至穿越鋒面後，降水始行停止。

若暖空氣為潮濕而且條件不穩定者，則暖鋒上形成之雲大體上為積狀雲，當飛機飛行方向正與暖鋒移動方向相反

時，則天空中出現各種雲之順序為：卷雲（Ci），卷積雲（Cc），高積雲（Ac），層積雲（Sc），積雨雲（Cb）。同時常有疏稀雷雨群體隱藏於濃密之積雨雲中，所以飛機常常待飛進暖鋒之積雨雲後始發現有雷雨之存在，屆時措手不及躲避，危險堪虞。

(1)暖鋒上之飛行天氣有

　(a)暖鋒霧（frontal fog）──暖鋒前廣闊雨區中，在暖鋒下方接近鋒面前後有時發生濃重大霧。產生大霧之原因，係由於暖空氣中水汽隨雨水降落於冷氣團中，增加冷空氣中之水氣，易於飽和。如在夜間或空氣沿山坡上升，空氣冷卻，水氣凝結成霧，在數百哩範圍內，大霧瀰漫，產生極低雲幕及惡劣能見度，低空飛行之飛機，務須採用儀器飛行規則（IFR），以較長時間飛行於雲霧中，但雲層平穩無波，極少亂流現象，如果冷空氣已降至冰點以下，則降水變為凍雨或雨夾雪。

　(b)暖鋒風變與亂流（warm front wind shifts and turbulence）──飛機飛進或飛越暖鋒，將遭遇風向之轉變，惟較冷鋒上之風變為輕微而溫和，通常風變幅度約為 30°--90°，較近地面，風變較強，但由於暖鋒之坡度平坦，風向轉變徐徐進行，並不猛烈。暖空氣沿暖鋒向上爬升，空氣變為不穩定，可能導致對流性之亂流，加之暖鋒前後風向風速差別較大，鋒上高空溫度差亦大，暖鋒風切隨之增大，由於對流與風切之雙重作用，則較強烈之亂流應運而生。

　(c)暖鋒積冰---冬季暖鋒下之冷空氣溫度概均低於 0℃

（32°F），其上之暖空氣溫度在數千呎高度內則高於 0 ℃（32°F），暖鋒上方雲之結構及其下方降水包括雪，霰（sleet）、凍雨（freezing rain）及雨等之分佈情形。

(三) 滯留鋒（stationary front）

不同性質相鄰冷暖兩氣團勢力旗鼓相當，相互推移，即相鄰兩邊不同密度之氣團各使出相反力量，其間鋒面帶呈些微運動，或停滯不前，幾無運動，此種沒有運動之鋒稱為滯留鋒（stationary front）。滯留鋒兩方所吹風向通常與鋒面平行，其坡度有時可能較陡，得視其兩旁風場分佈及密度差別情形而定，但滯留鋒通常均甚平淺，滯留鋒除強度較弱外，其所伴生之天氣情況約與暖鋒者相似，惟因其停留一地不動之關係，陰雨連綿之壞天氣可能在一地連續數日之久，也阻礙了航機之飛行操作。

(四) 囚錮鋒（occluded front）

低氣壓中心加深，氣旋環流加強，地面風速增大，足夠推動鋒面前進，冷鋒以較快速度推進，追及暖鋒，並楔入暖鋒之下部，將冷暖兩鋒間暖區（warm sector）之暖空氣完全抬升，地表上為冷鋒後之最冷空氣佔有，並與暖鋒下之較冷空氣接觸，此時在地上不見暖鋒，暖鋒被高舉即為囚錮鋒，囚錮鋒上之暖空氣如相當穩定，能形成濃厚層狀雲與穩定之降雨或降雪；囚錮鋒上之暖空氣如不穩定，由於其下冷空氣之抬舉，能形成積雨雲。

四、台灣天氣終年受季風影響，夏季為西南季風冬季為東北季風，試說明季風形成的原因，並說明伴隨季

　　風的主要天氣現象特徵。（25 分）

解析：

　　我們台灣國內夏季受太平洋副熱帶高壓西伸的影響，因位處副熱帶高壓西緣，盛行西南或東南季風。冬季受西伯利亞大陸冷高壓的影響，高壓向東南移出，台灣位處高壓東南邊緣，盛行東北季風。

　　台灣冬季，常受大陸冷高壓移出，低壓和冷鋒系統隨即影響到台灣。因冬半年，冷暖氣團秉性差別較大，故鋒面坡度大，移速快，積冰程度嚴重，積雲與積雨雲頂雖不如夏季者高聳，但亂流仍強，有時且有猛烈雷雨出現，飛行員及領航員宜慎之戒之。

　　台灣夏季，因盛行西南季風，來自中國南海高溫潮濕的空氣，受中央山脈抬升的影響，常有對流行雷暴雨發生，飛行員經常遭遇積冰、亂流、下爆氣流和低空風切等惡劣天氣，造成嚴重之飛安事件。

2006 年公務人員高等考試三級考試試題

類科：航空駕駛

科目：航空氣象

一、機場都卜勒天氣雷達（Terminal Doppler Weather Radar, TDWR）的發明，對於劇烈雷暴天氣的偵測提供了非常有用的工具。試說明：（30 分）

(一) 都卜勒雷達觀測原理為何？

(二) 都卜勒雷達所提供之資料內容為何？

(三) 都卜勒雷達如何偵測對飛航安全極具威脅性的微爆流（microburst）？

解析：

(一) 都卜勒雷達觀測原理為何？

都卜勒氣象雷達原理，係應用雷達所發射電磁波頻率與接收電磁波頻率之差，來推算目標物移動的速度。然都卜勒氣象雷達所產生的頻率差 fD（Doppler Frequency Shift）和目標物移動之徑向速度 v 關係，可由 fD=2v/ 　方程導算而得，而其中　為雷達波長（WaveLength）。

利用發射與接收訊號的頻率相位變化關係特性，用以測量或識別移動目標物雷達，在氣象上，用以測量高空風之超高頻（UHF）雷達，除了可偵測目標物的反射訊號外，並還具有測量目標物的徑向移動速距離。

(二) 都卜勒雷達所提供之資料內容為何？

　　都卜勒氣象雷達能提供回波強度（reflectivity）、平均徑向速度（mean radial velocity）及頻譜寬（spectral width）等三種都卜勒雷達基本量，再經氣象演算法產生高達 40～80 種不同的雷達氣象分析產品，並以彩色圖形或數據資料方式顯示並提供給氣象預報人員使用。

(三) 都卜勒雷達如何偵測對飛航安全極具威脅性的微爆流（microburst）

　　都卜勒氣象雷達能提供回波強度（reflectivity）、平均徑向速度（mean radial velocity）及頻譜寬（spectral width）等三種都卜勒雷達基本量，再從複雜的平均徑向速度場分佈特徵中可以提取二維的風場結構（甚至演算出三維風場結構），來偵測微爆氣流等強烈天氣系統之位置，以及得出降水區的垂直風廓線和冷暖平流。

　　例如，透過都卜勒氣象雷達觀測到的回波強度（reflectivity）、平均徑向速度（mean radial velocity）及頻譜寬（spectral width）等三種都卜勒雷達基本量，來判斷產生微爆流之強烈的對流系統，如積雲、弓形回波（bow echo）、鐵砧雲（anvil cloud）與超級胞（supercell）。積雲指大型積雲，高積雲或堡狀雲，可以用雲的形狀與微爆流出現的位置分為萋狀、排水口狀，及巨食蟻獸狀。弓形回波是強烈微爆流的生成者。通常一開始時是直線狀的回波，然而當有強風從這線形回波的後方推進時，回波便會漸漸彎曲形成弓形。弓形回波成熟時，可同時在其前、後端產生龍捲風與微爆流。另一種容易產生微爆流的系統是超級胞。超級胞是一種獨立的強烈對流系統，與一般熱雷雨最大的不同之處，在於它的氣流上升與下降處是分開的，且具有極強的旋轉，可以持續存在數小時到一天。除了超級胞本體常會形成微爆流外，超級胞前面也會延伸成鐵砧雲，鐵砧雲下的乳房狀雲因為很不穩定，所以也有形成微爆流的可能。一般而言，弓形回波、超級胞與鐵砧雲所產生的微爆流強度最強，積雲生成的則較弱。

二、試說明霧（fog）的種類以及形成的原因。為了飛航安全，有些機場採用人工消霧手段，試舉兩個消霧的方法並說明其原理。（20 分）

解析：

(一) 霧（fog）的種類以及形成的原因
　　請參閱(2011 年薦任升等航空管制)

(二) 消霧的方法
　　　人工消霧有撒播乾冰、撒播吸濕物質、加熱空氣或用直昇機擾動霧氣等方法，都可達到不同程度的消霧效果。
　　　撒播乾冰使其溫度驟降，將過冷水滴轉變成冰晶，透過冰晶成長過程，使飄浮在大氣的霧滴成長，致使雨滴掉落，霧就消散。撒播吸濕物質使霧滴成長成雨滴掉落，霧就消散。加熱空氣，原本飽和空氣變成不飽和空氣，霧蒸發而消散。用直昇機擾動霧氣，吹散霧氣。但是，人工消霧只能達到暫時性的效果，對於長時間盤踞於一個地方的霧、或是大規模的霧，人們還是對它束手無策。

三、簡答題：（每小題 5 分，共 30 分）

(一) 條件性不穩定大氣（conditional unstable atmosphere）

(二) 過冷水滴（super cool liquid water）

(三) 颮線（squall line）

(四) 折射指數（refractive index）

(五) 晴空亂流（clear air turbulence）

(六) 囚錮鋒（occluded front）

解析：

(一) 條件性不穩定大氣（conditional unstable atmosphere）

　　大氣各層實際遞減率與乾絕熱遞減率及濕絕熱遞減率相比較，可以決定該層大氣之穩定程度。假設一團空氣塊，如未飽和時，沿乾絕熱線上升而降溫（每上升 1 公里，氣溫降 10°C）且氣塊未飽和狀態，氣塊的氣溫都比實際空氣為低，氣塊則一直保持穩定空氣。如氣塊沿乾絕熱線上升而降溫，當氣塊變成飽和狀態，氣塊改沿濕絕熱線上升而降溫（每上升 1 公里，氣溫降 6.5°C），當氣塊的氣溫都比實際空氣為高，氣塊變成不穩定空氣。換言之，若一層空氣之實際遞減率在乾絕熱遞減率與濕絕熱遞減率之間，若空氣未飽和，被迫循乾絕熱上升，空氣較周圍空氣為冷而重，結果下沉仍回復原位，故知此層空氣遞減率為穩定。若空氣為飽和，循濕絕熱上升，空氣較周圍空氣暖而輕，結果繼續上浮，故知此層空氣遞減率為不穩定。換言之，一層空氣遞減率之穩定與否，端視空氣泡和與否為依歸，此種情形稱為條件性不穩定。

(二) 過冷水滴（super cool liquid water）

　　水汽在凝結核上進行凝結或昇華時，液體水質點或固體冰質點開始產生。無論其質點為水或冰，並非完全以溫度作衡量，因為液體水可在冰點以下之溫度環境中存在，而不凍結，此種情況之水份稱為過冷水（supescooled water）。當過冷水滴被物體所衝擊時，即能引起凍結。飛機飛行於過冷水之大氣，常因飛機的衝擊而產生飛機積冰（aircraft icing）現象。

(三) 颮線（squall line）

　　颮線（squall line）係一條狹窄非鋒面線，或係一條對流活動帶，如果發展成一系列之雷雨天氣，則這條線就是颮線。颮線形成於潮濕不穩定空氣中，可能遠離任何鋒面，而常在冷鋒前方發展。

　　因急移冷鋒後之冷空氣行動快捷，地上摩擦力將緊貼地面之冷空氣及冷鋒向後拉，而較高層冷氣則仍向前衝，鋒面楔出形成鼻狀，常超過地面冷鋒位置前數哩，在前衝楔形冷空氣與地面夾層中留存一團暖空氣，同時冷鋒仍舊繼續推進，於是夾層中之暖空氣愈積愈多，無法溢出，在極端情況下，該團暖空氣，衝破上方之楔形冷鋒，暖空氣猛烈向上爆發，於是緊靠冷鋒之前端產生一系列之雷雨群，即所謂颮線。

(四) 折射指數（refractive index）

　　能量傳播時，因所經介質內之密度改變或通過兩種介質間密度不連續之交界面時，所造成能量傳播方向之改變。前者，射線在一定距離內發生均勻之彎曲。後者，因能力通過一層厚度較輻射波長為薄之交界層而發生折射指數之改變，故折射呈突然之轉變，不連續至為明顯。　說明折射能突變性質之定律有二：第一定律指出折射線及入射線與交界面上入射點之法線在同一平面上，折射線與入射線分別位於交界面之兩側；第二定律指出入射角之正弧與折射角正弧之比值為一常數，等於兩介質折射指數之比值。大氣光學現象通常係由連續及不連續之折射作用造成，例如，閃爍（Scintillation）、蜃景（Mirages）、天文折射（Astronomical refraction）、無線電波之反常傳播（Anomalous propagation）、及聲波之屈折乃單一介質內折射之實例；而日月暈等現象，則係由於交界面上之稜鏡折射作用所造成。

　　折射量之量度，通常用 n 表示。此為一電磁波在真空中之波長或相速與在該種物質中之波長或相速之比。此可為波長、溫度、及氣壓之函數。假定該物質在任何波長均屬不吸收且非磁性者，則 n**2 等於該波長之「介質常數」（Dielectric constant）。當每弧度波之衰減（稱為吸收指數 k）與折射指數成對時，即可得到「折射複指數」（Complex index of refraction）

　　n*=n（1-ik）當波自一介質經過至另一介質，入射角 φ 及折射角 θ（均對於中間面之法線計量）之關係為：

$$\frac{\sin\varphi}{\sin\theta} = \frac{n_1{}^*}{n_2{}^*} = 常數$$

　　對於一非吸收介質言，即成為兩折射指數（非複指數）之比。在特殊情況下，第二介質為真空，此比數即為第一介質之折射指數。

(五) 晴空亂流（clear air turbulence）

　　請參閱(2012 年高考三等航空駕駛)

（六）囚錮鋒（occluded front）

　　低氣壓中心加深，氣旋環流加強，地面風速增大，足夠推動鋒面前進，冷鋒以較快速度推進，追及暖鋒，並楔入暖鋒之下部，將冷暖兩鋒間暖區（warm sector）之暖空氣完全抬升，地表上為冷鋒後之最冷空氣佔有，並與暖鋒下之較冷空氣接觸，此時在地上不見暖鋒，暖鋒被高舉即為囚錮鋒。

四、影響台灣的颱風主要生成區域有那些？其路徑大約可分為幾類？試說明影響颱風路徑的主要因素有那些？（20 分）

解析：

（一）影響台灣的颱風主要生成區域

　　影響台灣的颱風主要生成區域，大多數形成於西太平洋加羅林群島（Caroline lslands）至菲律賓群島以東之熱帶洋面；中國南海亦為颱風發生地之一，惟發生次數不多，威力亦較小。

（二）颱風路徑

　　颱風侵台的路徑可大致分為九大類型：

　　第一類：通過台灣北部海面向西或西北進行

　　第二類：通過台灣北部向西或西北進行

　　第三類：通過台灣中部向西或西北進行

　　第四類：通過台灣南部向西或西北進行

　　第五類：通過台灣南方海面向西或西北進行

　　第六類：沿東岸或東部海面北上

第七類：沿西岸或台灣海峽北上

第八類：通過台灣南方海面向東或東北進行

第九類：通過台灣南部向東或東北進行者

(三) 影響颱風路徑的主要因素

影響颱風路徑的最主要機制是「駛流場」，颱風一般都形成在太平洋高壓南側的熱帶地區，環流範圍平均約數百公里，因此，颱風形成後常常受太平洋高壓氣流（順時鐘方向）的導引，沿著高壓南緣向西或西北西方向行進。至於在台灣附近的氣流走向，則須視太平洋高壓的強度、位置而定。當太平洋高壓夠強時，台灣附近盛行偏東風，颱風會直接西行通過台灣附近；反之，當太平洋高壓強度較弱時，台灣附近將盛行偏南風，颱風路徑會轉向偏北，朝日本方向移動。

當原本勢力強盛的太平洋高氣壓逐漸減弱，而有中緯度天氣系統移近颱風環流附近時，颱風路徑也會受影響而出現變化。此外，地形、雙颱風互相牽引、地球自轉效應等都會影響颱風動向。

中緯度天氣系統的空間尺度可達數千公里，沿著中緯度西風帶自西向東移動，它的結構在低層就是鋒面，在高層則為一道高層槽，槽的後方盛行西北風，槽的前方盛行西南風。中緯度天氣系統或高層槽常在每年的秋、冬及初春影響台灣的天氣，其對台灣附近颱風的影響，較容易出現在暖冷交替的秋季。此高層槽所涵蓋的空間範圍比颱風大很多，因此，當有高層槽移近颱風環流附近時，該颱風高層環流將受到槽前西南風的牽引，使原本向西北運動的路徑，漸漸轉北，然後再轉向東北。

2006 年公務人員特種考試民航人員考試試題

等　別：三等考試

科　別：飛航管制、飛航諮詢

科　目：航空氣象學

一、天氣惡劣時，可能飛機無法起飛，必須關閉機場：

（一）試寫出三種可能造成機場關閉的惡劣天氣。(9分)

（二）分別說明這三種天氣發生前，要如何分析氣象的要素，來預測或警告，以提醒飛航人員注意。(21分)

解析：

(一) 通常可能造成機場關閉的惡劣天氣有雷雨(thunderstorm)、低雲幕(low ceilings)與低能見度(poor visibilities)等三種。

1. 雷雨

雷雨是大氣在極端不穩定狀況下，所產生的劇烈天氣現象，它常伴隨強風、暴雨、亂流、低雲幕、下爆氣流、低空風切和低能見度等惡劣天氣，飛機飛入猛烈雷雨中，機身時而遭受上升氣流將其抬高，時而碰到下降氣流行將其摔低，冰雹打擊，雷電閃擊，機翼或邊緣積冰，雲霧迷漫，能見度低劣，機身扭轉，輕者飛行員失去控制飛機之能力，旅客暈機發生嘔吐不安現象；重者機體破損或碰山，或墜毀之空難事件，時有所聞。它對飛機起降構成威脅，常造成機場跑道關閉，飛機暫時無法起降的現象。

雷雨大體可分為兩類，一為鋒面雷雨，另一為氣團雷雨。在我們台灣國內各地區所發生雷雨，每年自 3 月起開始增加，到 7、8 月達最為頂盛；其中 3～6 月間的雷雨多屬鋒面雷雨，7～9 月間者多為氣團雷雨。鋒面雷雨主要是動力因素所造成，為鋒面前西南氣流從南中國海帶來高溫濕空氣，隨後冷鋒面接近台灣，暖濕空氣被鋒面抬升，引起強烈對流，激發雷雨的產生。雷雨常出現在鋒面附近，在鋒面前出現者亦時有所見，其發生時間並無一定，可出現在白天，亦可出現在夜晚。台灣國內各地區在梅雨季節裏，當梅雨鋒面很活躍時，常出現大雷雨，且持續時間往往可達數小時，常造成豪雨成災。1981 年五二八水災和 1984 年六三水災即為二例。

氣團雷雨又稱熱雷雨，常發生在夏季午後 2、3 點鐘的時候，主要是因為熱力作用產生的。台灣國內各地區的夏天是在熱帶海洋性氣團控制之下，白天由於日射使局部地區空氣發生對流性不穩定現象，因而常發生雷雨，惟此種雷雨多屬局部性。

2. 低雲幕　3. 低能見度

霧(Fog)是構成視程障礙(restrictions to visibility)之重要因素，就航空安全而言，霧為最常見而持久性危害天氣之一。機場大霧，能見度下降，嚴重影響飛機起降。尤其是突發性大霧，在幾分鐘內，能見度自數公里陡降至 1000 公尺以下,造成飛機起降之危險,特別嚴重和可怕。低雲幕(low ceilings)與低能見度(poor visibilities) 是造成多數飛機失事原因之一,它們對於飛機起飛降落之影響,比其他惡劣天氣因素更為多見。當低雲幕和低能見度降至飛機起降最低天氣標準時,也是造成機場跑道關閉,飛機暫時無法起降的現象。

形成霧之基本條件為空氣穩定,相對濕度高,凝結核豐富,風速微弱以及開始凝結時之冷卻作用。在工業區和沿海地帶有較多的凝結核,常見霧氣,有時候,雖然相對濕度不足 100%,但常產生持久性之濃霧。平均言之,全球出現霧之機會,在冬半年比在夏半年為多。

霧發生之原因,大致有因空氣冷卻降溫,氣溫接近露點溫度,空氣中水汽達到飽合而形成霧。因冷卻作用而形成之霧稱為冷卻霧(cooling fog),它大都出現在同一個氣團裡,又稱氣團霧(air mass fog)。冷卻霧通常在地面逆溫層下之穩定空氣中產生。如輻射霧(radiation fog)、平流霧(advection fog)、升坡霧(upslope fog)和冰霧(ice fog)等。或因近地層水汽增加而使露點溫度增加而接近氣溫,空氣中水汽達到飽和而成為霧,如鋒面霧(frontal fog)和蒸汽霧(steam fog)等。

(二) 要如何分析氣象的要素,來預測或警告,以提醒飛航人員注意

  1. 雷雨

通常從機場飛行定時天氣報告(aviation routine weather report;METAR)和飛行選擇特別天氣報告(aviation selected special weather report;SPECI)中電碼組現在天氣現象有雷雨

或附近有雷雨，天空狀況有積雨雲(cumulonimbus；CB)，補充資料及未來 2 小時趨勢預報(trend-type forecast)有關雷雨方位和移動方向及未來雷雨強弱趨勢。

實例：
。2003 年 4 月 3 日 0400UTC 台北松山機場飛行定時天氣報告
METAR RCSS 030400Z 10010KT 4500 VCTS SHRA FEW008 FEW018CB BKN025 OVC040 18/18 Q1011 TEMPO 3000 RMK TS SE MOV ENE RA AMT 12.25MM =
。2003 年 4 月 3 日 1847UTC 台灣桃園國際機場飛行選擇特別天氣報告
SPECI RCTP 031847Z 03007KT 290V020 2000 VCTS SHRA FEW004 BKN006
FEW008CB OVC030 18/18 Q1009 RMK TS NE-SE MOV E=

上述從機天氣觀測資料，分析氣象要素，和地面雷達回波資料，可預測或警告，以提醒飛航人員注意。

2. 低雲幕　3. 低能見度
下列低雲幕和低能見度形成與發展之條件，可預測或警告雲幕和低能見度之發生，可提供飛航人員之參考，並可提醒飛航人員注意，隨時提高警覺，以確保飛航安全。
(1) 黃昏時刻，天氣晴朗，靜風或微風，溫度露點差等於或小於 8°C(15°F)，翌日清晨將發生輻射霧。
(2) 當溫度和露點溫度相差很小，且連續降雨或毛毛細

250

雨時，會有霧氣發生。

(3) 當氣溫和露點溫度差距等於或小於 2.2℃(4℉)且續減時，會有霧氣發生。

(4) 冷風吹向溫暖的水面上時，會產生蒸氣霧。

(5) 溫暖且潮濕的氣流吹向寒冷地面時，會有霧氣發生。

(6) 氣流沿山坡向上舉升，且溫度露點差逐漸減少，空氣水汽達飽和時，將有霧氣與低雲發生。

(7) 雨或毛毛雨降落穿過較冷空氣時，將會形成霧。尤其在寒冷季節，暖鋒前方與滯留鋒後方或停留不動之冷鋒後面，霧氣會特別盛行。

(8) 低層潮濕空氣流爬上淺冷氣團上空時，會產生低雲。

(9) 高氣壓系統停滯於工業區地帶時，會產生霾與煙，並導致惡劣能見度。

(10) 在半乾燥(semi-arid)或乾燥(arid)或雪封地區，空氣不穩定，而風力很強時，會產生高吹塵或高吹沙或高吹雪，並導致惡劣能見度。此等現象在春季特別盛行。如果沙塵向上空發展至中等高度或較高高度時，可被帶到很遠地區。

(11) 下雪或毛毛雨時，能見度會降低。

(12) 當空氣穩定，風力微弱，天空晴朗或為層狀雲所掩蔽時，在工業區或他種產煙地區，將會有煙霾發生。

(13) 當上述第(12)項與(1)、(2)、(3)項等條件同時存在時，則會形成煙與霧混合型之視程障礙。當下列天氣情況存在時，能見度轉佳之希望甚微：

　　　　a. 霧存在於濃厚雲層掩蔽天空之下方者。

　　　　b. 霧與連續性(或預測連續)雨或毛毛雨及其他降水
　　　　　 同時發生者。

　　　　c. 塵灰向上空發展而預測無鋒面通過或無降水者。

　　　　d. 煙或霾存在於濃厚雲層掩蔽天空之下方者。

　　　　e. 在工業地區有一滯留高壓持久不動者。

二、從台灣起飛到日本的飛機，經常會碰到高空噴流，
　　甚至遭遇亂流的威脅：

　　(一) 說明這高空噴流是否有季節性？詳細解釋
　　　　 之。(10 分)

　　(二) 高空噴流很顯著時，地面天氣圖有什麼特殊的
　　　　 天氣系統？請你解釋說明推測的理由。(10 分)

解析：

　　噴射氣流(jet stream)係一條環繞地球溫帶地方之帶狀急
速氣流，它常常斷裂成一系列顯著而不連續之片段。它呈現
南北水平向波動與垂直向起伏，通常會有兩條或兩條以上噴
射氣流出現。

　　當噴射氣流與極鋒伴生時，噴射氣流係位於暖空氣中，
並位於極地氣團與熱帶氣團間最大溫度梯度之南緣中或沿
著南緣一帶。靠近噴射氣流核心之高度層或高度層以下，氣
溫向極地方向減低，在噴射氣流核心高度層以上，氣溫常在
熱帶之一方較低。

　　噴射氣流出現之頻率，似無顯著的季節性變化，冬夏兩季出現次數相差無幾。不過在中高緯度，極鋒因冬夏季節而南北位移，噴射氣流平均位置亦隨之南北移動，冬季南移，夏季北移，並且冬季強於夏季。

　　在亞洲之中國大陸及北美洲之美國大陸常出現兩支噴射氣流，其核心高度約在 25000 呎至 45000 呎之間，但並不一致，端視其所在緯度與季節而定。同時由於其移動之不穩定，故其核心高度時高時低。

　　在高空，噴射氣流常隨高壓脊與低壓槽而遷移。不過噴射氣流移動較氣壓系統移動為快速。其最大風速之強弱，視其通過氣壓系統之進行情況而定。強勁而長弧形之噴射氣流常與加深高空槽或低壓下方發展良好之地面低壓及鋒面系統相伴而生。氣旋常常產生於噴射氣流之南方，並且氣旋中心氣壓愈形加深，則氣旋愈靠近噴射氣流。囚錮鋒低壓中心移向噴射氣流之北方，而噴射氣流軸卻穿越鋒面系統之囚錮點(point of occlusion)。修長之噴射氣流為高空大氣層冷暖空氣邊界之指標，為卷狀雲類(cirriform clouds)容易形成之場所。

　　噴射飛機飛經高空噴射氣流(jet stream)附近(30,000ft~35,000ft 高度)，經常遇到風速高達每小時 100~200 海浬，約有 1-2 倍強烈颱風的強風，並有顯著的上下垂直風切與南北水平風切。由於高空噴射氣流附近雲層很少，飛機飛經萬里無雲之天空，偶而會遭遇亂流，機身突然震動或猛烈摔動，此種亂流特稱為「晴空亂流」(clear air turbulence；CAT)。晴空亂流不僅出現於噴射氣流附近，也會在加深氣旋之風場裡發展成為強烈至極強烈亂流。

　　晴空亂流最容易出現在噴射氣流較冷的一邊(極地)之高空槽中，此外，在地面低壓加深區域之北與東北方並沿著高空噴射氣流附近，也會出現晴空亂流。另外，在加深的低壓、高空槽脊區等高線劇烈彎曲地帶以及強勁冷暖平流區域之風切區，雖然沒有強盛的噴射氣流，還是會遇到晴空亂流。

　　每當寒潮爆發時，冷空氣南移，碰到南方的暖空氣時，沿冷暖空氣交界處噴射氣流附近，天氣系統將迅速加強，晴空亂流就在此兩種不同性質的氣團間，以擾動方式迅速交換能量，於是冷暖平流伴隨著強烈風切就在靠近噴射氣流附近發展，尤其在加深之高空槽和噴射氣流彎曲度顯著、或者冷暖空氣溫度梯度最大等等區域，都是出現晴空亂流最為顯著的地方。冬半年日本地區經常於南北兩支極地和副熱帶噴射氣流會合區域，地面有很深低壓正在發展時，在高空就會有晴空亂流發生。

三、飛機的高度無法用皮尺來度量，我們如何決定飛機的高度呢？

　(一) 請指出需要觀測那些要素？(8 分)

　(二) 敘述如何計算出飛機的高度來？(8 分)

　(三) 說明計算公式是依據什麼原理得來？(8 分)

　(四) 這樣的推演計算之主要誤差來源在那裡？(7 分)

解析：

　　氣壓高度計(pressure altimeter)其實是以空盒氣壓計之

氣壓讀數,對應高度的變化,並加上以呎為刻度,來表示高度的讀數。氣壓與高度關係並非常數,高度仍受地面氣壓之影響,因此氣壓高度計須隨地面氣壓之變化加以訂正,才能顯示真實高度。

海平面或陸地上任何海拔高度因氣壓變化而發生高度高度計(根據標準大氣而製作)上高度之誤差,經利用高度高度撥定值修正後,得出比較近似之實際高度。但是如果當時大氣溫度與標準大氣溫度間有差別時,高高度計仍然會產生誤差,雖然其誤差值比較不大,唯在理論上,高度計因溫度變化發生誤差之事實仍然存在。

決定飛機的高度需要觀測海平面氣壓和氣溫。大氣壓力隨高度增加而降低,大致依指數函數遞減。在距離地面數千呎之對流層低空中,由於大部分空氣停滯於低空,空氣密度較大,大氣壓力隨高度之遞減率亦較大,大約每上升 1000 呎,氣壓降低一吋。或每上升 300m,氣壓降低 33.86hPa。地面氣壓在1000hPa 附近,氣壓每差 1 hPa,高度約差 27 呎;在 500hPa 附近,氣壓每差 1hPa,高度約差 50 呎;在 200hPa 附近,氣壓每差 1hPa,高度約差 100 呎。或者在 1000hPa 附近,高度每上升約 10 公尺,氣壓降 1 hPa;在 500 hPa 附近,高度每上升約 20 公尺,氣壓降 1 hPa;在 200 hPa 附近,高度每上升約 30 公尺,氣壓降 1 hPa。然而任何地點任何時間均不可能出現標準大氣,並且依上所述,自低空向上,氣壓遞減率並非一致,其變化與對流層內大氣密度和垂直溫度分布之變化有密切關係,根據下列公式即知:

先取用流體靜力方程式

$\rho\, gdz = -dp$……………………………………..(1)

將 $\rho = P/RT$ 代入(1)式，得

$dz = -(RT/gp)dp$……………………………(2)

自(2)式可知增加高度 dz 與減低氣壓 dp 之關係，其負號表示氣壓降低之意。R 與 g 用 C.G.S.數值，則 dz 單位應為 cm，如用 30.5 除之，則 dz 單位變為呎。設 $dp=1$，則式(2)為

$dz = (2.87*10^6/980*30.5)*(T/P)=96(T/P)$……..(3)

即氣壓降減 1hpa，相當於增加高度之呎數為 96(T/P)。式(3)中 T 為絕對溫度(273+℃)，p 為氣壓(hPa)值。另外表示氣壓與高度關係之計算方法，可用不同高度之氣壓值(p_1 與 p_2)計算大氣層之厚度，或已知底層氣壓 p_1 之高度 h_1，可求出氣壓層 p_2 之高度 h_2

$$\int_{h1}^{h2} dz = -(RT/g)\int_{p1}^{p2} dp/p$$

或 $h_2- h_1=(RT/g)(\log_e p_1- \log_e p_2)$……………(4)

式(4)與式(3)用相用單位，R/g 仍為 96，如將對數之底數 e 改變底數為 10，則換算因數 2.303 必須計入，因此得出

$h_1- h_2=221.1T(\log_e p_1-\log_e p_1)$……………(5)

當絕對溫度 T 不為常數時，T 可視為 P_1 與 P_2 兩氣壓層間之平均溫度。故利用式(5)可自兩不同高度求出氣壓差值，亦可自不同氣壓層求出高度差值(厚度)。例如，下列探空報告之不同氣壓層與其相當氣溫：海平面氣壓 1016hpa，氣溫

12℃；1000hPa，14℃，900hPa，9℃；800hPa，6℃；700hPa，2℃，可用公式(5)求出各氣壓面之高度(呎)，亦可求得最高氣壓層(700hPa)之高度。

自海平面起，將連接兩層氣壓代入式(5)，求出厚度，並用同一方法連續向上層求出最高一層之厚度，最後將各層厚度連續相加，即得總厚度，亦即最高氣壓層之高度。惟式(5)溫度 T 為連接兩層之平均溫度，故在理論上所求出之厚度並不十分精確，僅係近以值而已。

自最低層算起，$P_1=1016hPa$ 與 $P_2=1000hPa$ 間之平均溫度為 13℃或 286K，分別代入式(5)式，求出海平面至 1000hPa 間之厚度為 436 呎，依此類推，連續利用各層平均溫度 284.5K 及 277K，分別求出其餘三層厚度為 2879 呎，3172 呎及 3552 呎，四層厚度相加，得總厚度為 10,039 呎，亦即 700hPa 氣壓層之高度約為 10,039 呎。

高度計實際上是一具精確而靈敏之空盒氣壓計，是根據國際民航組織標準大氣之條件，將氣壓刻度換算成高度刻度，在各種類型之飛機駕駛艙裡，均有高度計之設置，其靈敏度甚高，雖僅數呎之高度變化，亦能記錄出來。

在標準大氣條件下，根據氣壓與高度的關係，將大氣壓力換成相對高度。換言之，任何氣壓換成相對高度時之情況，必需符合標準大氣條件，否則高度計上所顯示的高度並非實際高度(real altitude)。但事實上標準大氣壓所具之條件絕少出現，所以高度計讀數必需經過適當校正方能得出實際高度。是故飛行員應切記機艙裡高度計讀數，係基於一種假想氣壓與高度關係之示度，並非實際高度也。

四、鋒面來臨前後，天氣有相當的改變：

(一) 請以示意圖解釋上爬冷鋒與下滑冷鋒，並比較這兩種鋒面過境前後，天氣與天空雲狀的變化有何不同？ (10 分)

(二) 比較梅雨鋒與寒潮冷鋒結構上的差異，並說明兩者造成飛航安全威脅有何不同？ (10 分)

解析：

(一) 請以示意圖解釋上爬冷鋒與下滑冷鋒，並比較這兩種鋒面過境前後，天氣與天空雲狀的變化有何不同？

　　冷暖兩氣團，因其各具的溫度、濕度以及密度等性質，有顯著的差別，在冷暖氣團交界面，稱之為鋒面。而鋒面又依冷暖氣團移動情形，區分為冷鋒(cold front)、暖鋒(warm front)、滯留鋒(stationary front)及囚錮鋒(occluded front)四種。其中冷暖兩氣團相遇，若冷氣團移動較快，侵入較暖之氣團中，並取代其地位，則此兩氣團間形成之交界面稱之為冷鋒。冷鋒可分為急移冷鋒(fast moving cold front)與緩移冷鋒(slow moving cold front)兩小類，移行速度最快之急移冷鋒，每小時為 96 公里(60 哩)以上，正常之移動速度約少於每小時 48 公里(30 哩)，普通冷鋒冬季移速較夏季者為迅速。

　(1) 上爬冷鋒(anabatic fronts; anafronts; upslope flow)

　　當緩移冷鋒移向暖氣團後，重而冷之空氣楔入暖的空氣之下，輕而暖的空氣則爬上冷而重的空氣，兩者之間所形成的鋒面，鋒面淺平，坡度不大，此種鋒面稱之為上爬冷鋒(anabatic fronts; anafronts; upslope flow)，如圖 10a 之示意圖。

上爬冷鋒之鋒面坡度平淺，鋒面兩側氣團間之風速差別小。上爬冷鋒通過之後，雲幕範圍寬闊，廣大的下雨區，常構成低雲和大霧等現象。下雨使冷空氣中之濕度上升，而達飽和狀態，可能造成廣大地區有低雲幕與壞能見度之天氣。假如近地面溫度在冰點以下，高空有比較暖的空氣，氣溫在冰點以上時，其降水則以凍雨或以冰珠的形態降落。然而，如高空有比較冷的空氣，氣溫在冰點以下時，其降水則以雪花形態降落。上爬冷鋒或緩移冷鋒遭遇穩定暖空氣與潮濕而條件性不穩之暖空氣時，因冷鋒移速較慢，其坡度不大，徐徐抬升暖空氣，積雲與積雨雲在暖空氣中自地面鋒之位置向後伸展頗廣，故惡劣天氣輻度較寬。暖空氣為穩定者，在鋒面上產生之雲形為層狀雲。而暖空氣為條件性不穩定者，在鋒面上產生之雲形為積狀雲，並常有輕微雷雨伴生。層狀雲常產生穩定降水，有輕微亂流；而積狀雲則產生陣性降水，亂流程度較劇。

(2)下滑冷鋒(katabatic fronts; katafronts; downslope flow)

　　當急移冷鋒移向暖氣團後，重而冷之空氣楔入輕而暖的空氣之下，兩者之間形成鋒面，由於接觸地面之空氣被地面摩擦力向後拉，鋒面下部形成鼻狀，以致於鋒面之下部坡度十分陡峻，此種鋒面又稱之為下滑冷鋒(katabatic fronts; katafronts; downslope flow)，如圖 10b 之示意圖。下滑冷鋒之鋒面坡度陡峻，通常鋒面兩側氣團間之風速差別大。下滑冷鋒有陡峻之坡度，鋒面移行速度快速，僅有狹窄帶狀雲層和陣性降水。但是，當鋒面兩側氣團性質懸殊，空氣含水量充足，暖氣團為條件不穩定，並且冷氣團急速移向暖氣團時，則沿鋒面附近一帶常有十分惡劣之雷雨天氣發生，為害飛行操作自不待言。強烈冷鋒概自西北或西南移向東、東北或東南方向。冬季冷鋒來臨前後發生惡劣嚴寒天氣，有時並出現塵暴(dust storms)，鋒面過後，則隨之轉為乾冷天氣。鋒面可能出現極少量雲層或甚至無雲，特稱為乾鋒面(dry front)，高空暖空氣沿鋒面坡度下滑或空氣太乾燥以致雲層只出現於高空。下滑冷鋒更屬於教科書所謂典型標準的冷鋒，標準冷鋒過境時所發生之天氣過程為在暖氣團裡，冷鋒之前，最初吹南風或西南風，風速逐漸增強，高積雲出現於冷鋒之前方，氣壓開始下降，隨之雲層變低，積雨雲移近後，開始降雨，冷鋒愈接近，降雨強度愈增加，待鋒面通過後，風向轉變為西風、西北風或北風，氣壓急劇上升，而溫度與露點速降，天空很快轉為晴朗的天氣。至於其雲層狀況，則視暖氣團之穩定度及水汽含量而定。下滑冷鋒或急移冷鋒遭遇不穩定濕暖空氣，由於鋒面移動快，在高空接近鋒面下方，空氣概屬下沉，在地面上冷鋒位置之前方，空氣概屬上升，大部份濃重積雨雲及降水均發生於緊接鋒面之前端，此種下滑冷鋒或快移冷鋒常有極惡劣之飛行天氣伴生，惟其寬度頗窄，飛機穿越需時較短。

　　地面摩擦力大，靠近地面之冷鋒部份，前行緩慢，以致鋒面坡度陡峻，同時整個冷鋒移速快，冷鋒活動力增強，如果暖空氣水份含量充足而且為條件不穩定者，則在鋒前有猛烈雷雨與陣雨，有時一系列雷雨連成一線，形成鋒前颮線，颮線上積雨雲益加高聳，兇猛之亂流雲層，直衝霄漢，可高達 12000 公尺(40000 呎)以上，其最高積雨雲雲頂可達 18000

公尺或 21000 公尺(60000 呎或 70000 呎)。但隨急移冷鋒之過境，低溫與陣風亂流同時發生，瞬時雨過天晴，天色往往頃刻轉佳。

(二) 比較梅雨鋒與寒潮冷鋒結構上的差異，並說明兩者造成飛航安全威脅有何不同？

1. 梅雨鋒

我們的國家台灣在每年五、六月，由於西伯利亞或蒙古共和國冷高壓逐漸減弱，而太平洋副熱帶暖高壓漸漸增強，其勢力逐漸向北移和向東伸展至台灣，兩股勢力相當，各自時有進退。有時候，北方殘餘的冷氣團會往東南方向移出，低壓和冷鋒系統緩慢移到台灣，偶而會在台灣附近滯留，此種鋒面，稱之為梅雨鋒。類似於上爬冷鋒，它具有暖空氣沿著傾斜的冷鋒面向上爬升運動，因而產生冷鋒後廣闊的雲區和降水區。上爬冷鋒鋒後廣闊的雲區和降水區，將增強雨量和雪量；且極端地改變最高和最低溫度，並延長飛機積冰的條件。上爬冷鋒通過後，氣溫急速大幅下降；相對濕度高，但輕微下降；雲慢慢轉晴；鋒後有穩定性中至大雨；鋒後風向急速轉變，風速減弱。

梅雨鋒鋒面坡度平淺，其結構類似上爬冷鋒。梅雨鋒鋒面兩側氣團間之風速差別小。梅雨鋒通過之後，雲幕範圍寬闊，廣大的下雨區，常構成低雲和大霧等現象；因梅雨鋒，降雨時間長，往往造成臺灣豪雨成災。下雨使冷空氣中之濕度上升，而達飽和狀態，可能造成廣大地區有低雲幕與壞能見度之天氣。梅雨鋒遭遇穩定暖空氣與潮濕而條件性不穩之暖空氣時，因冷鋒移速較慢，其坡度不大，徐徐抬升暖空氣，積雲與積雨雲在暖空氣中自地面鋒之位置向後伸展頗廣，故惡劣天氣輻度較寬。暖空氣為穩定者，在鋒面上產生之雲形為層狀雲。而暖空氣為條件性不穩定者，在鋒面上產生之雲形為積狀雲，並常有輕微雷雨伴生。層狀雲常產生穩定降水，有輕微亂流；而積狀雲則產生陣性降水，亂流程度較劇。

2. 寒潮冷鋒

　　我國台灣冷鋒自晚秋開始增強，至冬季強度達最高峰後，轉趨衰微。因值此冬季半年，冷暖氣團秉性差別較大，故鋒面坡度大，移速快，偶而會有西伯利亞或蒙古共和國強烈冷氣團移出，鋒面坡度甚大，冷鋒抵達臺灣，台灣各地溫度劇降，此種鋒面，稱之為寒潮冷鋒。

　　寒潮冷鋒移動急速，鋒面坡度大，其結構類似下滑冷鋒，當寒潮冷鋒移向暖氣團後，重而冷之空氣楔入輕而暖的空氣之下，兩者之間形成鋒面，由於接觸地面之空氣被地面摩擦力向後拉，鋒面下部形成鼻狀，以致於鋒面之下部坡度十分陡峻。寒潮冷鋒之鋒面坡度陡峻，通常鋒面兩側氣團間之風速差別大。寒潮冷鋒有陡峻之坡度，鋒面移行速度快速，僅有狹窄帶狀雲層和陣性降水。但是，當鋒面兩側氣團性質懸殊，空氣含水量充足，暖氣團為條件不穩定，並且冷氣團急速移向暖氣團時，則沿鋒面附近一帶常有十分惡劣之雷雨天氣發生，為害飛行操作自不待言。強烈冷鋒寒潮冷鋒概自西北或西南移向東、東北或東南方向。冬季冷鋒來臨前後發生惡劣嚴寒天氣，有時並出現塵暴(dust storms)，鋒面過後，則隨之轉為乾冷天氣。鋒面可能出現極少量雲層或甚至無雲，特稱為乾鋒面(dry front)，高空暖空氣沿鋒面坡度下滑或空氣太乾燥以致雲層只出現於高空。寒潮冷鋒過境時，所發生之天氣過程為在暖氣團裡，冷鋒之前，最初吹南風或西南風，風速逐漸增強，高積雲出現於冷鋒之前方，氣壓開始下降，隨之雲層變低，積雨雲移近後，開始降雨，冷鋒愈接近，降雨強度愈增加，待鋒面通過後，風向轉變為西風、西北風或北風，氣壓急劇上升，而溫度與露點速降，天空很快轉為晴朗的天氣。至於其雲層狀況，則視暖氣團之穩定度及水汽含量而定。寒潮冷鋒鋒面移動快，在高空接近鋒面下方，空氣概屬下沉，在地面上冷鋒位置之前方，空氣概屬上升，大部份濃重積雨雲及降水均發生於緊接鋒面之前端，此種寒潮冷鋒常有極惡劣之飛行天氣伴生，惟其寬度頗窄，飛機穿越需時較短。

　　寒潮冷鋒受地面摩擦力之影響，靠近地面之冷鋒部份，前行緩慢，以致鋒面坡度陡峻，同時整個冷鋒移速快，冷鋒活動力增強，如果暖空氣水份含量充足而且為條件不穩定者，則在鋒前有猛烈雷雨與陣雨，有時一系列雷雨連成一線，形成鋒前颮線，颮線上積雨雲益加高聳，兇猛之亂流雲層，直衝霄漢，可高達 12000 公尺(40000 呎)以上，其最高積雨雲雲頂可達 18000 公尺或 21000 公尺(60000 呎或 70000 呎)，寒潮冷鋒鋒前颮線，常有強烈亂流發生，嚴重威脅飛航安全。但隨寒潮冷鋒過境之後，低溫與陣風亂流同時發生，瞬時雨過天晴，天色往往頃刻轉佳。

　　寒潮冷鋒貼近地面，冷重空氣楔入暖空氣下，使楔狀冷空氣前端之暖空氣上升，同時地面摩擦力使前進之楔狀冷空氣移速減低，致令冷鋒坡度陡峻，於是暖空氣被猛烈而陡峭

地抬升。暖空氣快速絕熱冷卻，水汽凝結成積雲與積雨雲，
常有雷雨與颮線(squall lines)發生。在嚴冬季節，寒潮冷鋒與
颮線比較強烈，氣溫突降，積冰現象成為飛行操作上之極嚴
重問題。

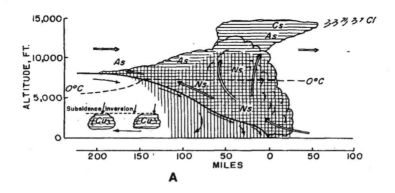

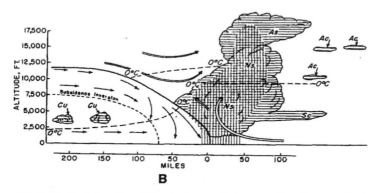

FIG. 1. Idealized depiction of the clouds and relative vertical motions associated
with (a) anafronts and (b) katafronts (Air Weather Service Manual 1969; adapted
from Godske et al. 1957, p. 526–530).

圖 10　(a) 上爬冷鋒　　(b) 下滑冷鋒　結構之示意圖

2007 年公務人員特種考試民航人員考試試題

等　別：三等考試
科　別：飛航管制
科　目：航空氣象學

一、高空噴流(jet stream)的位置、強度和飛航路徑的選
　　擇關係密切，說明：
　　(一) 為什麼中緯度的高空噴流一般會出現在對流層
　　　　附近？(12 分)
　　(二) 為什麼中緯度高空噴流的空間分布在不同經度
　　　　區會有很大之差異？(13 分)

解析：

　　噴射氣流係一股強勁而狹窄之高空氣流，集中於對流層之
上方或平流層中近乎水平之軸心上，具有很大之垂直與水平風
切，以及一個或一個以上之最大風速。通常有數千哩之長度，
數百哩之寬度，以及數哩之厚度。其垂直風切約每 300 公尺
(1000 呎)3 至 6 浬/時，水平風切約每 16 公里(10 哩)2 浬/時。
其最大風速軸長必需為 300 哩，邊緣最小風速為 50 浬/時。
(一) 為什麼中緯度的高空噴流一般會出現在對流層附近？
　　噴射氣流一般會出現在靠近於對流層頂附近，因為該地
區溫度差最大之故。噴射氣流通常與冷鋒或高空寒潮爆發相

伴，噴射氣流位於極地對流層頂之末端，與熱帶對流層頂之下方約 5000 呎，其最大風速核心高度鄰近 35000 呎。所以修長之噴射氣流為高空大氣層冷暖空氣邊界之指標，為卷狀雲類(cirriform clouds)容易形成之場所。

(二) 為什麼中緯度高空噴流的空間分布在不同經度區會有很大之差異？

　　因為中緯度高空噴射氣流常隨不同經度區之高壓脊與低壓槽而遷移，且噴射氣流移動較氣壓系統移動為快速，其最大風速之強弱，視其通過氣壓系統之進行情況而定。強勁而長弧形之噴射氣流常與加深高空槽或低壓下方發展良好之地面低壓及鋒面系統相伴而生。氣旋常常產生於噴射氣流之南方，並且氣旋中心氣壓愈形加深，則氣旋愈靠近噴射氣流。囚錮鋒低壓中心移向噴射氣流之北方，而噴射氣流軸卻穿越鋒面系統之囚錮點(point of occlusion)。又因極鋒噴射氣流常與盛行西風帶隨伴而生，在中緯度寒潮爆發時，會促進噴射氣流形成或增進其強度。南下冷空氣使極地對流層頂降低高度，亦即在寒潮爆發地帶會加大中緯度對流層頂之坡度，故噴射氣流之增強與極鋒移動和極鋒位置有關。

二、濃霧常嚴重影響飛機的起飛和降落，試比較說明輻射霧、平流霧以及蒸氣霧之特性以及形成原因之差異。(25 分)

解析：

　　請參閱(2011 年薦任升等航空管制)

三、溫度和氣壓的分布直接影響飛機飛行途中的氣壓
高度判斷，

(一) 說明冷區和暖區的氣壓隨高度之變化特性有何
差異？為什麼？(10 分)

(二) 飛機從暖區飛往冷區時，維持在同一氣壓的飛行
路徑，高度會有什麼變化？利用高度表撥定值時
要注意什麼？(15 分)

解析：

(一) 說明冷區和暖區的氣壓隨高度之變化特性有何差異？
為什麼？

一地之氣壓係表示在單位面積上所承受空氣柱之全部
重量，地面氣溫之高低，會影響空氣柱之冷暖，影響空氣密
度，影響空氣柱之重量，間接影響大氣壓力。因此在標準大
氣條件下氣壓與高度之正常關係也受到影響，以致於高度計
所顯示高度會發生誤差。

空氣柱在冷區之平均溫度若低於標準大氣之溫度(15
℃)，空氣柱將會壓縮，因而空氣柱在冷區，氣壓隨高度之
遞減率則大於標準大氣溫度空氣柱之氣壓遞減率(33.9 百帕
/300 公尺或 1 吋-汞柱/1,000 呎)，因此實際高度低於標準大氣
高度計上之顯示高度。相反地，空氣柱在暖區之平均溫度若
高於標準大氣溫度，空氣柱將會膨脹，因而空氣柱在暖區，
氣壓隨高度之遞減率小於空氣柱在標準大氣溫度下之氣壓
遞減率，因此實際高度高於標準大氣高度計上之顯示高度。

(二) 飛機從暖區飛往冷區時，維持在同一氣壓的飛行路徑，高度會有什麼變化？ 利用高度表撥定值時要注意什麼？

飛機從暖區飛往冷區時，維持在同一氣壓的飛行路徑，高度會越飛越低，因此利用高度表撥定值時，要注意實際高度比高度計所顯示的高度為低。

通常飛機飛往一地，其空氣柱平均溫度與標準大氣溫度每相差 $11°C(20°F)$，會發生 4%的顯示高度誤差，即每相差 5 °F，顯示高度將會相差 1%。換言之，溫度變化之幅度愈大，高度計上顯示高度所發生之誤差亦愈大。例如，氣溫低於標準大氣 $22.2°C(40°F)$，可能產生 244 公尺(800 呎)之高度誤差。根據氣候資料，氣溫變化幅度最劇烈在溫帶，尤其溫帶北緣或沙漠區域更為明顯。飛行員在嚴冬天氣情況下採用儀器飛行規則飛行於高山峻嶺中，若不注意校正因低溫度而發生之高度計誤差，而不保持確切地形隔離時，常遭致撞山之危險。飛機降落時或許多飛機在空中以指定高度飛行互相保持垂直隔離時，就不考慮因氣溫變化而發生顯示高度之誤差。因為飛機逐漸下降，其由溫度變化所發生之高度誤差也逐漸減小，待降落跑道時，誤差已不復存在。又許多飛機各自以指定高度飛行，在天空中自飛機均發生同樣誤差，不致於有互撞之虞。但是飛行員仍應加以注意者，當飛機採用儀器飛行規則，飛行於崇山峻嶺中，必需考量溫度變化，使飛行高度確切保持地形間隔，方不致有誤。

四、都卜勒氣象雷達是機場天氣觀測之重要儀器，

(一) 說明都卜勒速度的意義。 (10 分)

(二) 說明龍捲風在都卜勒速度場以及回波場會出現
什麼特徵？ (10 分)

(三) 輻合區的都卜勒速度場會出現什麼特徵？(7 分)

解析：

(一) 說明都卜勒速度的意義。

　　都卜勒效應是指當波源與受信者之間有相對運動時，所造成的頻率變化。例如，當警車或救護車從遠方靠近時，感覺其警報聲音的頻率似乎越來越高，而遠離時則越來越低。也即當聲源朝觀察者靠近時，前方的波由於聲源的運動而被壓縮，於是感覺頻率增高了。相反地，遠離時則波前間的距離增加了，而感覺頻率變小了。都卜勒速度係利用雷達無線電波的都卜勒效應來偵測空氣中的雲水分子或冰晶時，以其接收頻率與原發射波之頻率的差異來換算成速度。

(二) 說明龍捲風在都卜勒速度場以及回波場會出現什麼特徵？

　　龍捲風的特性是具有強烈旋轉的天氣系統，而在都卜勒速度場會因風場旋轉而呈現出東西向雙極的徑向速度場分布。另外，在回波場會出現所謂的勾狀回波，表現出水氣場被風場扭曲的情況。

(三) 輻合區的都卜勒速度場會出現什麼特徵？

　　輻合區的都卜勒速度場會出現南北向雙極的徑向速度場分布。

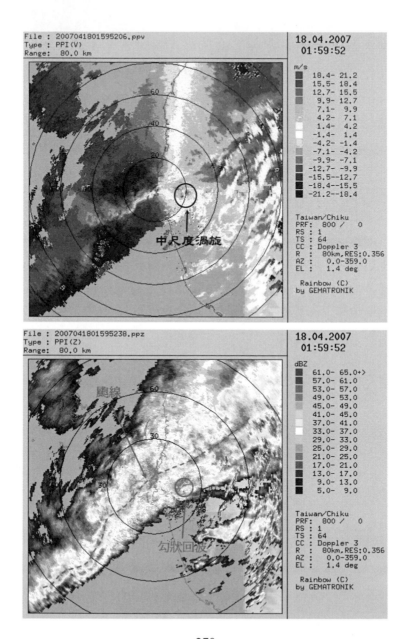

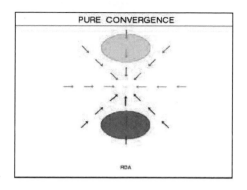

2007 年公務人員高等考試三級考試試題

類科：航空駕駛

科目：航空氣象

一、**數值天氣預報**（numerical weather prediction）**產品
在飛航安全的判讀分析扮演愈來愈重要角色，試說
明數值天氣預報的原理為何？並試舉兩個例子，說
明其在飛航安全上之應用。（20 分）**

解析：

(一) 數值天氣預報的原理

數值預報是指利用電腦來預報天氣的一種技術。簡單地
說，就是利用世界各地觀測點所取得的天氣數據，輸入電
腦，再利用物理公式計算出未來一定時刻的新天氣數值，再
以天氣圖的方式表達出當時的天氣情況，就是所謂的數值預
報天氣圖。而所收集的天氣數據，包括各高度的風速、風向、
氣壓、濕度等等的基本氣象要素，其中由公式導出的資料包
括渦度、垂直速度、散度等等。

數值預報所採用的各種物理公式都是由氣象學家根據
長期研究所設計出來的，而執行運算的電腦，必需是速度及
記憶量都十分強勁的超級電腦。目前使用的數值預報大約有
八至十種模式，主要由美國、日本、台灣及英國等地開發，

再由各地氣象台加以改良及區域化。由於每一個模式都俱有其長處和短處,因此使用前必需小心考慮,不應盲目直接地依從預報圖所示的資料去作出天氣預報。

數值預報按範圍可分為全球模式和區域模式兩種。而按時間就可粗略分為短期(72 小時以下)、中期(72 小時以上,可達十天之久)及長期預報(月及季預報)三種。

全球模式的數值預報是指收集整個半球或全球的實際數據作運算,這一種預報由於圖面解析度(Resolution)低,因此只適用於預報較大尺度的天氣系統(例如行星風系及副熱帶高壓)變化,和中長期天氣預報。

區域模式的數值預報則是指較小範圍的數據預報,例如東南亞、日本、美國東岸的區域。這種預報圖面解析度高,只限於短期天氣預報,但預測較準確,也可顯示較小尺度的天氣變化,例如雨區發展、颱風、鋒面等等。

(二) 飛航安全上之應用

每日例行的天氣預報作業中,預報人員運用大量之數值天氣預報模式資料進行天氣預報。數值天氣預報系統(Numerical Weather Prediction System)乃根據大氣物理及動力之原理發展之數值預報積分模式,以全球之地面、高空及海洋等氣象觀測資料及初始格點猜測值為輸入資料,利用超級電腦進行大氣分子運動之時空積分,以推算出天氣系統的未來演變。中央氣象局於 1988 年七月開始數值天氣預報系統之正式作業啟動,數值天氣預報模式產品已成為每日天氣預報之重要參考指引。本自動控制系統之發展,可強化觀測資料數質及提供機制、提昇產品品質及顯示介面功能、增進整體數值天氣預報作業自動控制效能，使數值天氣預報產品品質愈來愈好。

民航局航空氣象數值模式預報產品可提供地面天氣預報圖和高空天氣預報圖。

二、雷暴（thunderstorm）在其發展後期經常伴隨外流邊界（outflow boundary）和陣風鋒面（gust front）等中尺度天氣現象，有時甚至會形成龍捲（tornado），對飛航安全產生極大威脅。試分別說明外流邊界和陣風鋒面的天氣特徵以及對飛行安全可能之影響。（20 分）

解析：

(一) 外流邊界

自雷雨雲中出現沖瀉之氣流，係源自同溫層（平流圖）中速移及低濕之空氣，至低空再挾帶大雨水滴及冰晶，向下猛衝，其強烈者成為猛烈之下爆氣流，下瀉之雨柱稱為雨箭桿（rain shaft）。此處特別強調者，該下爆氣流之出現，極為突兀，用傳統式觀測方法，時間與空氣均太長與太大，常無能為力，此所以航機偶或不幸而遭其吞噬。

(二) 陣風鋒面

陣風常包含於大規模持續流動之垂直氣流中，係由直徑數吋至數百呎大小不等之渦旋而成。其產生之原因不外上升氣流與下降氣流間之切變作用（shearing action）以及抬升作用（lifting action）。陣風會導致飛機顛簸，偏航與滾動，其強烈者可使飛機損毀。

　　緊接雷雨之前方，低空與地面風向風速發生驟變，由於下降氣流接近地面時，氣流向水平方向沖瀉而成立之猛烈陣風，成為雷雨又一種便具危險性之惡劣天氣，此種雷雨緊前方之陣風稱為初陣風，又稱犁頭風（plow wind）。

　　飛機在雷雨前方起飛降落，能造成嚴重災害，因為最強烈之初陣風，風速可達 100 浬／時，風向能有 180° 之改變。但為時短促，一般初陣風平均風速約 15 浬/時，風向平均約有 40° 之改變。其速度大致為雷雨前進速度與下降氣流速度之總和，故雷雨前緣之風速較其尾部之風速猛烈多矣。

　　通常兇猛初陣風發生於滾軸雲及陣雨之前部，塵土飛揚，飛沙走石，顯示雷雨來臨之前奏。滾軸雲於冷鋒雷雨及颮線雷雨最為盛行，並且滾軸雲係表示最強烈亂流之地帶。

　　雷雨來臨前，積雨雲層下方之下降氣流以水平方向散佈，使得地面風向風速快速變化。在地面上觀測到的初期風湧（wind surge）或稱下衝風湧（down surge），稱為初陣風。初陣風為一易變之風，對於航機在雷雨前方急速降落時，有很大危險。通常陣風峰面在滾軸雲到達之前出現，也是雷雨接近而開始降雨之前奏。狂飆一起，塵土飛揚，表示雷雨之即將來臨。初陣風之強度為在雷雨過程中地面所觀測到的最強風速，最猛烈者可達 100 浬／時。滾軸雲並非經常出現，但在快移冷鋒或颮線之前緣，常有存在，滾軸雲表示雷雨接近時，亂流之劇烈情況。

三、為了有效偵測機場周遭飛航安全,在機場內設置都
　　卜勒天氣雷達進行觀測作業已經相當普遍。試說
　　明:(每小題 10 分,共 20 分)

(一) 都卜勒雷達所觀測之回波強度和降雨的關係為
　　何?試說明其特性。

(二) 都卜勒雷達所觀測之都卜勒速度和都卜勒譜有
　　何特性?如何應用在飛航安全之研判分析?

解析:

(一) 都卜勒雷達所觀測之回波強度和降雨的關係

　　雨滴粒徑分佈可以決定雲中含水量(W)、回波強度
(Z)、降雨率(R)等積分降雨參數。在相同的回波強度(Z)
下,其最大降雨個案以及最小降雨個案在雨滴譜的特性上,
有明顯的差異性存在。在不同季節(梅雨季及颱風季)的雨
滴譜特性有明顯差異,因此透過不同季節區分雨滴粒徑分布
的型態來採用適當公式。颱風季節 40dBZ 以上應調整 Z-R
公式降低 A 值。比較梅雨季、颱風季較強回波時,颱風降水
系統有較多個數的雨滴,而梅雨季相對來說雨滴數略少,而
擁有較大的最大雨滴。利用雨滴譜配合傳統雷達改善降雨估
計的方法,如採取即時之 Z-R 關係式並利用雨滴譜統修正回
波來估計降雨率,誤差可由單一公式 70%改進為 25%。傳統
雷達僅能觀測到 Z,雨滴譜儀可以觀測 O D,但又只是單點
的觀測,如採用偏極化雷達,則雷達參數本身可以反演雨滴
譜,也不需要用分類的方式來校驗 Z-R 公式。

　　都卜勒氣象雷達能提供回波強度（reflectivity）、平均徑向速度（mean radial velocity）及頻譜寬（spectral width）等三種都卜勒雷達基本量，再經氣象演算法產生高達 40～80 種不同的雷達氣象分析產品，並以彩色圖形或數據資料方式顯示並提供給氣象預報人員使用。

(二) 都卜勒雷達所觀測之都卜勒速度和都卜勒譜有何特性？如何應用在飛航安全之研判分析？

　　都卜勒氣象雷達是利用都卜勒效應來測量「降水粒子間的相對運動」，而所測得的速度就稱為徑向速度（radial velocity）或都卜勒速度（Doppler velocity）。由於都卜勒氣象雷達能直接測量得到的是「降水粒子群相對於雷達的平均徑向速度」，它與我們需要的實際水乎風速有點關係但又不完全相同。

　　從複雜的平均徑向速度場分佈特徵中可以提取二維的風場結構（甚至演算出三維風場結構），當然能有效地確定龍捲風、下爆氣流、陣風鋒面、中尺度氣旋、反氣旋、輻合線、鋒面等強烈天氣現象位置，以及得出降水區的垂直風廓線和冷暖平流。

四、台灣地形複雜，在不同的季節天氣變化顯著。試舉兩種天氣狀況為例，說明台灣地形對於局部地區天氣的影響，並說明飛行時所應該注意事項。（20 分）

解析：

(一) 山岳坡（Mountain wave）

當穩定空氣越過台灣山嶺地區時，空氣擾動情況發生變化，即空氣沿向風坡爬升時，氣流比較平穩，迨翻山越嶺後，氣流發生波動。普通越過山脈區之氣流為層流狀態（laminar flow），亦即層狀之流動，山脈區可能造成層流波動，宛似在擾動之水面上構成之空氣波動一樣。當風快速吹過層流波動時，該等波動幾乎停滯。其波動型態稱為「駐留波（standing wave）」或「山岳波（mountain wave）」。此種波型自山區向下風流動，會延伸至 100 浬（160 公里）或以上之距離，其波峰向上升發展高出山峰高度數倍，有時達於平流層之下部。在每一波峰之下方，有一滾軸狀旋轉環流。此等滾軸環流均形成於山頂高度以下，甚至接近地面，且與山脈平行。在翻滾旋轉環流中，亂流十分猛烈。在波動上升與下降氣流中，也會構成相當強烈之亂流。

(二) 海陸風交替亂流（land and sea breezes turbulence）

海陸風通常在靠近台灣西部寬廣海面沿岸一帶出現，氣流來往交替於海陸日夜受熱與冷卻之差異。海風為中輻度鋒面型之界面，可伸入陸地 10 至 15 哩，其強度通常為每時 15 至 20 浬（15-20kts），厚度約 2000 呎，於日山後 3 至 4 小時開始，而在最高溫度後 1 至 2 小時達於最強，其與陸上暖空氣交界處具有冷鋒性質，穿過海風鋒面時有明顯之風切，故有亂流發生。

陸風發生於夜間，多在午夜前開始，至日出前達於最強，但較相對之海風弱得很多。由於陸風風切區大多發生於海上，除深夜航機由低空海上進場外，對飛航安全影響甚微。

(三) 地形雷雨（orographic thunderstorm）

　　雷雨在台灣山地中均較平原上出現為繁，尤其炎夏季節，山坡受日射熱力較快，空氣被迫沿山坡上升，如氣團為潮濕條件性不穩定，加之山地垂直擾動大，容易形成積雲和積雨雲，最後雷雨產生，故稱為地形雷雨。夏日午後與黃昏時刻，在向風坡沿山脈之各峰頂附近，常出現疏疏落落不連續之雷雨個體，在背風山坡，雷雨即行消散。

五、簡答題：（每小題 5 分，共 20 分）
　　（一）颱風之七級風暴風半徑
　　（二）中尺度對流系統（mesoscale convective system）
　　（三）微爆流（microburst）
　　（四）輻射霧（radiation fog）

解析：

(一) 颱風之七級風暴風半徑
　　從颱風中心至颱風暴風圈風速達到蒲氏風級表（Beaufort wind scale）七級風（疾風；near gale）之距離，即風速每小時 28～33 海浬或每秒 13.9～17.1 公尺）時之距離為半徑劃個圓圈，就是颱風之七級風暴風半徑。我國台灣中央氣象局颱風警報發布標準為預測 24 小時內，颱風之七級風暴風半徑可能侵襲台灣各地區100公里以內海域時發布「海上颱風警報」。預測颱風之七級風暴風半徑可能於 18 小時內侵襲台灣地區陸上時發布「海上陸上颱風警報」。七級風暴風半徑離開台灣陸地時解除陸上颱風警報。七級風暴風半徑離開台灣地區附近海域時,解除颱風警報。

(二) 中尺度對流系統(mesoscale convective system)

　　在不穩定度高、水氣量充足、且有舉升機制的情形下,有利於對流系統發生,對流可約略分為垂直對流(靜力不穩定大氣)以及傾斜對流(對稱不穩定大氣);中緯度的對流系統常形成組織性結構,帶來的豪雨以及伴隨之劇烈天氣現象常造成重大災害,其中包含了不同尺度間的交互作用,且為依存之綜觀尺度系統之熱力結構以及動力效應的結果,對流也透過潛熱釋放與垂直方向動量、質量、水氣量等傳送,來影響大尺度環境之熱力與動力結構。

(三) 微爆流(microburst)

　　微爆流是一種強烈的對流系統常發生的天氣現象,它距地面 100 公尺以下的水平範圍少於 4 公里,最大風速可達 75 公尺/秒,且有強烈的下降氣流及徑向向外幅散開來的氣流,常造成強烈的水平風切。這些氣流會在近地面處形成一股破壞性的水平方向吹散風,此種天氣系統即是微爆流。

　　微爆流很小,卻伴隨有強烈的下降氣流。飛機在起降時若遇到微爆流造成的風速風向驟變,而飛行員又無法即時應變處理的話,常會導致飛安意外。在國內外,至今已有相當多的飛機失事案例被證明是因微爆流所引起的。正因微爆流有如此高的危險性,也就可說明為何現今對微爆流等低空風切的研究與警告系統會越來越重視了。

(四) 輻射霧(radiation fog)

　　近地表空氣因夜間地表輻射(terrestrial radiation)冷卻,氣溫降至接近露點溫度,空氣中水汽達到飽和而凝結成細微水滴，懸浮於低層空氣中，是為輻射霧，又稱之為低霧（ground fog）。形成輻射霧之有利條件為寒冬或春季在夜間無雲的天空，地表散熱冷卻快，相對濕度迅速升高，加上無風狀態下，最容易形成輻射霧。

2008 年公務人員高等考試三級考試試題

類科：航空駕駛

科目：航空氣象

一、民用航空局航空氣象服務網站能提供台北飛航情
　　報區
　　(一) 衛星雲圖
　　(二) 雷達回波圖
　　(三) 地面天氣分析圖
　　(四) 顯著危害天氣預測圖
　　　　請扼要說明該四種圖中有那些重要天氣資訊與飛行有
　　　　密切關係？飛行時如何善加利用該等資訊？（20分）

解析：

(一) 衛星雲圖

　　衛星雲圖主要可分為可見光（visible）和紅外線（infrared）
兩種雲圖，其中從可見光衛星雲圖上可顯示航路上，雲層覆蓋
的面積和厚度，較厚的雲層反射能力強，會顯示出亮白色，較
薄雲層則顯示暗灰色，還可與紅外線衛星雲圖結合起來，做出
更準確的分析。而從紅外線衛星雲圖上可顯示雲頂溫度的分
布，天氣越激烈，雲的垂直發展越高，雲頂溫度越低。同時以
不同色階用來判斷雲層發展的高度，因此，可以知道航路上是

否有激烈的天氣，飛行員可事先避開雷雨或積雨雲的危險天氣。總之，從可見光雲圖和紅外線雲圖上可直接用來提供機場和航路上的雲量、霧、鋒面、雷雨、對流雲系、颱風等位置和發展的資訊，同時亦可提供有關噴射氣流和亂流等參考信息。

(二) 雷達回波圖

　　雷達回波圖上可直接用來提供機場和航路上的雲量、霧、鋒面、雷雨、對流雲系、颱風等位置和發展的資訊，同時亦可提供有關噴射氣流和亂流等參考信息，飛行員可事先避開雷雨或積雨雲的危險天氣。

(三) 地地面天氣分析圖

　　地面天氣分析圖上可直接用來提供機場和航路上有關的高低氣壓、冷暖鋒面和颱風或熱帶低壓、霧區、雲量、溫度、風向風速以及天氣現象等資訊，飛行員可事先知道整個綜觀天氣概況和未來可能的天氣發展。

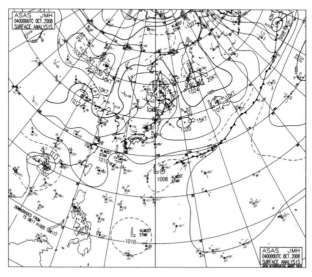

(四) 顯著危害天氣預測圖

　　顯著危害天氣預測圖上可顯示低壓、冷暖鋒面、雲量、颱風等位置和移動方向以及積雨雲（CB）雲底和雲頂高度、0℃等溫線高度。

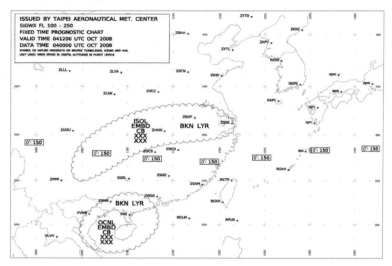

二、試說明高空噴射氣流（Jet Stream）之成因為何？並說明高空噴射氣流與地面低壓系統發展有何相關性？噴射氣流對於飛航有什麼影響？（20 分）

解析：

(一) 高空噴射氣流（Jet Stream）之成因

　　噴射氣流與盛行風之環流發生關連，以極鋒噴射氣流而言，它與盛行西風帶隨伴而生，同時中緯度寒潮爆發，會促進噴射氣流形成或增進其強度。南下冷空氣使極地對流層頂降低高度，在寒潮爆發地帶會加大中緯度對流層頂之溫度梯度，故噴射氣流之增強與極鋒移動和極鋒位置有關。極地對流層頂與熱帶對流層頂間之氣壓和氣溫有顯著差異，氣壓梯度大，風速強。當寒潮爆發時，更加強原有之盛行西風，形成一股強勁的噴射氣流。噴射氣流為一道狹窄、平淺、快速、彎曲蜿蜒之強風帶，環繞地球，但常常斷裂成數條不連續之片段，其風速自外圍緩慢向中間增強，而於其核心（core）地帶，風速達到最大。噴射氣流具有形成、增強、移動以及衰逝之生命史，多與極鋒有關。而其厚度、最大風速、位置與方向，則因經緯度、高度與時間而變異。換言之，噴射氣流係一股強勁而狹窄之高空氣流，集中於對流層之上方或平流層之下方，在其近乎水平之軸心上，有很大之垂直與水平風切，以及一個或一個以上之最大風速。它通常有數千哩之長度，數百哩之寬度，以及數哩之厚度。其垂直風切約每300公尺（1,000呎）有 3 至 6 浬／時之風速差，水平風切約每16公里（10哩）有 2 浬/時之風速差。噴射氣流之最大風速軸長必需為 300 哩，邊緣最小風速為 50 浬/時。

(二) 高空噴射氣流與地面低壓系統發展之相關性

　　噴射氣流與極鋒伴生時，噴射氣流係位於暖空氣中，並位於極地氣團與熱帶氣團間最大溫度梯度之南緣中或沿著南緣一帶。適當噴射氣流核心之高度層，水平溫差為零。靠近其高度層或其高度層以下，氣溫向極地方向減低，在噴射氣流核心高度層以上，氣溫常在熱帶之一方較低。

　　噴射氣流在高空常隨高壓脊與低壓槽而遷移。不過噴射氣流移動較氣壓系統移動為快速。其最大風速之強弱，視其通過氣壓系統而定。

286

　　強勁而長弧形之噴射氣流常與加深高空槽或低壓下方之地面低壓及鋒面系統相伴而生。氣旋常常於噴射氣流之南方產生，並且氣旋中心氣壓愈加深，則氣旋愈靠近噴射氣流。囚錮鋒低壓中心移向噴射氣流之北方，而噴射氣流軸卻穿越鋒面系統之囚錮點（point of occlusion）。修長之噴射氣流為高空大氣層冷暖空氣邊界之指標，為卷狀雲類（cirriform clouds）容易形成之場所。

(三) 噴射氣流對於飛航之影響

　　噴射飛機飛經高空噴射氣流（jet stream）附近（30,000ft～35,000ft 高度），經常遇到高達每小時 100~200 海浬之風速，約有 1～2 倍強烈颱風的強風，並有顯著的上下垂直風切與南北水平風切。由於高空噴射氣流附近雲層很少，飛機飛經萬里無雲之天空，偶而會遭遇亂流，機身突然震動或猛烈摔動，此種亂流特稱為「晴空亂流」（clear air turbulence；CAT）。晴空亂流一詞在習慣上專指高空噴射氣流附近之風切亂流而言，因此在噴射氣流附近即使在卷雲中有亂流存在時，仍泛稱為晴空亂流。

三、試說明飛機積冰最基本的天氣條件有那些？其天氣類型為何？（20 分）

解析：

(一) 飛機積冰最基本的天氣條件

　　飛機積冰最基本之天氣條件為天空濃密雲層（即濕度很高）與氣溫在冰點以下。

(二) 飛機積冰之天氣類型

　1. 氣團天氣之積冰

　　　穩定氣團常形成層狀雲類，在適當條件下，積冰範圍廣闊而持續，其形態大都為霧淞類積冰。飛行員如不適時改變飛行高度，亦可能造成空中災難。普通層狀雲之個體厚度，很少超過 900 公尺（3000 呎）者。但因數層雲體高低參差不齊，故最大持續積冰厚度會在 1500 公尺（5000 呎）左右。

　　　不穩定氣團產生積狀雲類，在適當條件下，水平積冰範圍狹窄，而嚴重積冰常發生於積狀雲之上層，其形態大都為明冰，積狀雲含過冷水滴特多，故積冰量亦豐，但持續時間較為短暫。

　　　在同一天氣情況而合乎積冰之條件下，飛機於山岳地帶積冰常較他種地形積冰為多，氣溫在 0℃至-9.4℃間或左右，空中滿佈積狀雲類時，飛機雖在高出山峰以上 1500 公尺（5000 呎）處飛行，亦常發生嚴重之積冰。

　2. 鋒面天氣之積冰

　　(1)冷鋒與颮線

　　　冷鋒與颮線上之惡劣天氣與積冰，其範圍均狹窄成帶狀，雲多積狀雲，積冰區總厚度約 3000 公尺（10000 呎），其形態大部為明冰，如其上層之暖空氣為不穩定，則積冰情況將十分嚴重。積冰帶狀寬度約在 160 公里（100 哩），總厚度約為 10000 呎，下層明冰之氣溫範圍在 0℃與-9.4℃間，中層明冰與霧淞混雜區域之氣溫範圍在-9.4℃與-15℃間，上層純霧淞區域之氣溫範圍在-9.4℃與-15℃間，在溫度更低區如-25℃與-40℃間又可能分別產生明冰與霧淞。

(2)暖鋒與滯留鋒

暖鋒與滯留鋒上之惡劣天氣與積冰,其範圍均廣闊成帶狀,雲多層狀,積冰區總厚度常為 3000 公尺(10000 呎),其形態大部為霧淞,如其上層之暖空為不穩定,出現積雲時,亦產生嚴重之積冰。積冰之寬度約 800 公里,包括凍雨區域之總厚度為 5100 公尺,明冰霧淞混雜區域之氣溫範圍在 0℃與-9.4℃間,其上方霧淞之氣溫範圍在-9.4℃與-20℃之間,其氣溫之更低區如在-20℃以下,亦可能產生霧淞。

(3)囚錮鋒

囚錮鋒之惡劣天氣與積冰,其範圍均廣闊成帶,層狀雲與積狀雲並存,積冰區總厚度約為 6000 公尺(20000 呎),其形態為明冰與霧淞錯綜混合,如暖氣團為不穩定,則積冰情況將異常嚴重。積冰層寬度約為 720 公里,大部份厚度約 4500 公尺。明冰之氣溫範圍在 0℃與-9.4℃與-15℃間,霧淞之氣溫範圍在-15℃與-20℃之間。

3. 雷雨天氣之積冰

雷雨之形成通常簡分為初生、成熟及消散等三階段,雷雨在各階段中形成之積冰範圍與其形態。

(1)初生階段

積雲逐漸發展為雷雨,冰點以上之雲滴全為液態水份,冰點以下之雲滴,因水份豐富,會形成嚴重積冰,當雲頂高度突出-20℃等溫線之範圍,冰晶於焉形成,但飛機積冰反而減少。

(2)成熟階段

積雲後方上升氣流區溫度高於-9.4℃之雲滴幾全為液態水

289

份，溫度冷於-20℃，大部為冰晶，積雲前方下降氣流區域 0
℃與-9.4℃間為冰晶與水滴雜處，溫度冷於-9.4℃則全為冰晶。

　　(3)消散階段

　　高空大部為冰晶，僅其下部淺薄之一層，氣溫接近冰
點，冰晶與水滴雜處，為飛機積冰之發生地帶。

　　總之，用肉眼無法觀測雷雨之各階段，而飛行員所要注
意者則為大氣溫度，如在冰點附近或以下時，應預計將有積
冰發生，尤其必須牢記者，當氣溫剛在冰點及以上時，積冰
之情況最為嚴重。又在積雨雲頂端之砧狀偽卷雲，因許多過
冷水滴被上升氣流抬舉至偽卷雲中而並未立刻冰結，但飛機
飛行其上，空氣受擾動，則該等過冷水滴立刻形成積冰。

四、試列舉說明雷雨伴隨有那些惡劣天氣？對飛航安全的影響為何？（20分）

解析：

(一) 雷雨伴隨惡劣危害飛航安全天氣有強烈或極強烈亂
　　流、積冰、下爆氣流、降水與壞能見度、地面陣風以及
　　閃電等，其程度比較強烈時，能產生冰雹，甚至附帶龍
　　捲風。

(二) 雷雨伴隨惡劣天氣對飛航安全的影響

　1. 亂流（turbulence）

　　大雷雨能產生極強烈之亂流與冰雹，強烈與極強亂流存
在於上升與下降氣流間而致風切之積雨雲中層或高層，約在
雲層三分之二高度。陣風鋒面上風切誘生之亂流，出現於低

空雲層中與雲層下方。

下衝氣流在雲底距地面三四百呎內繼續進行，通常速度很大，它構成雷雨下方之飛行危害，如豪雨及惡劣能見度以及伴隨著下衝氣流時，危害尤劇。

雷雨亂流復分為垂直氣流、陣風及初陣風三種。

2. 垂直氣流

雷雨生在初生階段，除開雷雨邊緣偶有輕微下降氣流外，大部為上升氣流，成熟後，上升及下降氣流并行不悖，至消散階段除特殊情況外，大致下降氣流盛旺。

垂直氣流對飛機結構造成損害，要視氣流中陣風數量而定，如垂直氣流均勻一致，飛行員採用正常飛行技術操作時，則亂流微弱至最低程度。在上升與下降氣流鄰近區常存在最大之風切亂流與最大陣風。

3. 陣風（gusts）

陣風常包含於大規模持續流動之垂直氣流中，係由直徑數吋至數百呎大小不等之渦旋而成。其產生之原因不外上升氣流與下降氣流間之切變作用（shearing action）以及抬升作用（lifting action）。陣風會導致飛機顛簸，偏航與滾動，其強烈者可使飛機損毀。

4. 初陣風（first gust）

緊接雷雨之前方，低空與地面風向風速發生驟變，由於下降氣流接近地面時，氣流向水平方向沖瀉而成立之猛烈陣風，成為雷雨又一種便具危險性之惡劣天氣，此種雷雨緊前方之陣風稱為初陣風，又稱犁頭風（plow wind）。

飛機在雷雨前方起飛降落，能造成嚴重災害，因為最強烈之初陣風，風速可達 100 浬／時，風向能有 180°之改變。但為時短促，一般初陣風平均風速約 15 浬／時，風向平均約有 40°之改變。其速度大致為雷雨前進速度與下降氣流速度之總和，故雷雨前緣之風速較其尾部之風速猛烈多矣。

通常兇猛初陣風發生於滾軸雲及陣雨之前部，塵土飛揚，飛沙走石，顯示雷雨來臨之前奏。滾軸雲於冷鋒雷雨及颮線雷雨最為盛行，並且滾軸雲係表示最強烈亂流之地帶。

5. 冰雹（hail）

雷雨於成熟階段時，積雨雲中有冰雹存在，飛機飛行於高空時，其危險性仍然存在，因大型冰雹不但能擊損機體，而且也因冰雹為空氣強烈對流時之產物，即雷雨內部如有冰雹存在，其對流情況必已驚人。大量冰雹或大型冰雹通常形成於強大而高聳之雷雨雲中。冰雹之大小與雷雨之強烈程度成正比，且與亂流之強度亦在正比，因此冰雹體積愈大，雷雨愈強烈，亂流亦愈劇烈。

6. 閃電（lightning）

在雷雨中，不幸遭遇閃電，能在短時間內使人目眩，致瞬時無法觀察駕駛艙中之儀表。閃電所構成之危害，能使導航系統及電子裝備損毀。閃電如直接擊中飛機外殼，能打成遍體鱗傷。又因閃電與降水而產生靜電現象，使無線電失靈，飛行員遂遭受航空通信之困擾。

7. 積冰（icing）

雖雷雨之積雲，高聳霄漢，但因其範圍不廣，故飛機飛在積雲中，會積在翼面上之明冰（clear ice）層極為有限，最嚴重之積冰常發生在緊接於結冰高度層上方，因為結冰高度層係過冷水滴集中地帶，通常在結冰高度層以上，氣溫自0℃至-10℃範圍內積冰最嚴重。若飛機飛過濕雪（wet snow）區域，在機身各部之前緣，常迅速積成乳白色不透明之霧淞（rime ice），因為結冰高度層又為強烈亂流、雨水發生及上升下降氣流旺盛區，故在雷雨雲中此一特殊高度層對於飛行操作能發生很大之威脅性，飛行員應盡可能予以避開。

在孤立雷雨或雷雨個體疏散天空之區域，飛機積冰問題并不嚴重，因在雷雨雲中飛行時間短促。反之，在雷雨群中飛行，因飛機暴露在積冰情況下時間較久，故飛機積冰問題較為嚴重。

8. 降水（precipitation）

雷雨雲中大半挾帶豐富水份，但亦非全部致雨下降，因部份水滴隨氣流上升懸浮空際，在成熟階段之雷雨，結冰高度（freezing level）層之下方均為雨滴，而其上方液體水份減少，係雪與過冰水滴之混合體。根據飛行調查之報告，在6000 公尺（20000 呎）高空上下，中度雪與強度雪發生機會最大。又知降水強度與亂流強度有關連，故雷雨雲中之雨雪係在高空為升降氣流所左右。

陣雨到達地面時，其猛烈者常構成低雲幕與壞能見度，對於飛機之起降益加困難。

9. 地面風（surface winds）

雷雨來臨前，積雨雲層下方之下降氣流以水平方向散佈，使得地面風向風速快速變化。在地面上觀測到的初期風湧（wind surge）或稱下衝風湧（down surge），稱為初陣風。初陣風為一易變之風，對於航機在雷雨前方急速降落時，有很大危險。

　　通常初陣風在滾軸雲到達之前出現，也是雷雨接近而開始降雨之前奏。狂飆一起，塵土飛揚，表示雷雨之即將來臨。初陣風之強度為在雷雨過程中地面所觀測到的最強風速，最猛烈者可達 100 浬／時。滾軸雲並非經常出現，但在快移冷鋒或颮線之前緣，常有存在，滾軸雲表示雷雨接近時，亂流之劇烈情況。

　10.下爆氣流（downburst）

　　自雷雨雲中出現繼續沖瀉之氣流，係源自同溫層（平流圖）中速移及低濕之空氣，至低空再挾帶大雨水滴及冰晶，向下猛衝，其強烈者成為猛烈之下爆氣流，下瀉之雨柱稱為雨箭桿（rain shaft）。此處特別強調者，該下爆氣流之出現，極為突兀，用傳統式觀測方法，時間與空氣均太長與太大，常無能為力，此所以航機偶或不幸而遭其吞噬。

　11.氣壓變化

　　因雷雨而生之氣壓變化會有，當雷雨接近時，氣壓急行下降；在初陣風與陣風開始時，氣壓又突然上升；以及雷雨繼續向前移動，降雨停止，則氣壓逐漸恢復正常等三種情形。故氣壓變化由降而升再由升而趨正常，整個過程所需時間約為 15 分鐘。在雷雨發生期如不適時校正高度撥定值，則飛機上之顯示高度可能有 30 公尺（100 呎）之誤差發生。

　　雷雨期間，短時間氣壓變化會有 5-7mb 之差別，稱為氣壓跳動（pressure jump）。近年來，利用該現象，做為陣風鋒面偵察系統之對象。通常雷雨愈強，愈會有事前氣壓突升之現象，其升降幅度也越大。

12.龍捲風（tornado）

　　最猛烈之雷暴雨以最大活力將空氣吸進積雨雲底部，如果被吸進之空氣具有潛在旋轉運動力時，自地面至雲層間常會形成非常兇猛之漩渦，使空氣、水汽與灰塵雜質劇烈迴旋於空際，其漩渦直徑在 100 呎至半哩之間不等，漩渦中心氣壓十分低弱，風速常超過 200 浬／時，移動速度通常在 25-50浬／時之間。低氣壓漩渦雲自母體雲底，拖伸向下，構成漏斗狀，其未達地面或水面者稱漏斗狀雲（funnel clouds）。接觸到地面者稱陸龍捲風（tornado）。接觸到水面者稱水龍捲風（waterspout）。

　　大多數龍捲風與穩定狀態雷雨之冷鋒或颮線同時發生，與孤立雷雨伴生者極少。龍捲風或漏斗狀雲係雷雨母雲之附屬品，自閃電及降雨區向外伸展達數哩之遙，其漩渦可鑽升至雷雨母雲裡，飛行員如粗心大意飛進雷雨雲中，將會遭遇到隱藏漩渦，則航機結構之損毀，可以預期。如果積雨雲類之乳房狀雲層出現天空，則可能有劇烈雷雨與龍捲風發生。乳房狀雲係自雲底下垂之不規則圓形錢袋狀或綵球形，表示含有強烈至極強烈之亂流。

13.颮線（squall lines）

　　一條非鋒面性之活耀狹窄雷雨帶，稱為颮線。通常在冷鋒前方之潮濕不穩定空氣中發展而成，也可在離開鋒面很遠之不穩定空氣中形成。颮線長度不定，可自數哩至數百哩不等，其寬度亦各異，可自 10 哩至 50 哩不等。具有小型氣象雷達裝備之航機，可以穿越颮線上之薄弱部份。颮線上通常包含許多強烈之穩定型雷雨，對於重型航機之儀器飛行會構成最嚴重之危害。颮線通常快速形成而又快速移動，整個生命延續時間一般不會超過 24 小時，大都在黃昏或初夜，為其最強烈程度出現時刻。

14.低雲幕與壞能見度（low ceiling and poor visibility）

　　通常在雷雨雲中能見度很差，有時幾乎為零。在雷雨雲底與地面間，豪雨與揚塵交織，襤褸雲幕，惡劣能見度。尤其每當亂流、冰雹及閃電等雷雨危害天氣伴生時，雲幕及能見度之危害程度益加嚴重，幾乎連精密儀器飛行都不可能。

五、試說明颱風形成的機制為何？有利颱風發展的天氣條件有那些？颱風路徑常受那種天氣類型的影響？颱風在臺灣東部登陸時，其強度為什麼常很快地減弱？（20 分）

解析：

(一) 颱風形成的機制

　　廣大高溫潮濕的洋面，空氣被迫上升冷卻降溫，空氣中的水氣飽和，凝結成雲致雨，由於凝結，大量潛熱放出，加熱空氣柱，密度變小，導致海平面氣壓降低而形成低壓區，四周空氣向低壓區輻合，因而吸引更多水汽進入熱帶氣旋系統中。故當該等連鎖反應繼續進行時，形成巨大渦旋，當它達巔峰狀態時，即形成颱風或颶風。

　　新生之熱帶風暴，範圍小，威力弱，但由於氣流旋轉上升，發生絕熱冷卻，致水汽凝結，釋出大量潛熱，能量增加，氣旋逐漸生長發達，成熟後，範圍擴大，直徑多在 320 公里至 800 公里（200 浬至 500 浬）之間，至與其伴生之雲系，範圍則較風暴範圍更廣，直徑可達 1600 公里（1000 浬）左右。

(二) 颱風生成條件

　　颱風生成之條件，綜合如下列：

1. 廣大海洋，濕大溫高，風力微弱而穩定，有利於對流作用之進行。

2. 南北緯 5°與 20°間之地帶，雖在低緯，但去赤道已有若干距離，地轉偏向作用有助於氣旋環流之形成。

3. 對流旺盛，氣流上升，因起降雨，為量豐沛，其所釋放之潛能，足以助長對流之進行，使地面暖空氣內流。

4. 因地轉作用，內流空氣乃成渦漩行徑吹入，故角運動量（angular momentum）之保守作用，亦為造成強烈環流之原因。

5. 熱帶風暴區內氣流運行強烈，能量之供應，當由於上升氣流之大量凝結釋放潛熱作用。

6. 南北緯 5°與 20°間之海洋地帶正居於赤道輻合線上，而氣流輻合，利於渦旋之生成。

　　具體言之，有利於熱帶風暴生成與發展之重要條件為適宜之海面溫度，天氣系統會產生低空輻合以及氣旋型風切等現象。產生熱帶氣旋之溫床為東風波、高空槽與沿著東北信風及東南信風輻合區之間熱帶輻合帶（ITCZ），此外，尚須在對流層上空有水平外流─輻散作用。

(三) 颱風路徑

　　颱風通常發生於熱帶海洋之西部，侵襲大陸東岸，常受其所在地及太平洋副熱帶高壓環流影響而移動。位於低緯度之熱帶氣旋，初期多自東向西移動，其後在北半球者漸偏向西北西以至西北，至 20°N 至 25°N 附近，此時熱帶風暴在兩種風場系統，即低空熱風系統與高空盛行西風系統互為控制之影響下，致使其移向不穩定，甚至反向或回轉移動，最後盛行西風佔優勢，終於在其控制之下，漸轉北進行，最後進入西風帶而轉向東北，在中緯度地帶，漸趨消滅，或變質為溫帶氣旋。全部路徑，大略如拋物線形。

(四) 颱風在臺灣東部登陸時，其強度常很快地減弱

　　颱風在臺灣東部登陸時，受台灣中央山脈的阻擋和破壞，氣流直接灌進颱風中心，颱風中心很快填塞，中心氣壓很回快升，颱風強度迅速減弱。

2008 年公務人員特種考試民航人員考試試題

等別：三等考試

科別：飛航管制、飛航諮詢

一、何謂鋒生（frontogenesis）？為什麼會有鋒生？試以氣團與氣流變形場的概念討論之。（25 分）

解析：

　　鋒生（frontogenesis）──因受物理的（如輻射或運動的（如空氣運動）影響而導致的鋒面或鋒面區形成或加強的過程。

　　某地兩氣團間密度差異漸漸形成增大，使其間之過渡地帶繼續發展，同時其間空氣流動情況也慢慢發生差異，於是不連續之鋒面逐漸形成。

　　在某一佔有面積廣大之氣團，若停留一地為時較久，北部通常較南部為寒冷，加以當時風速微弱，空氣無法交流。由於南北兩方空氣受地面不同性質之影響而各自變性，經數日後，南北兩方空氣性質發生較大差異，氣壓各自上升，原為一大高壓分裂為二小高壓，結果空氣開始流動。二高壓間氣流方向相反，北部小高壓愈冷，南部小高壓愈暖，兩者之間溫度差別愈形增大，結果不同性質之兩氣團於是建立起來。因此中間地帶不連續情況益形顯著，鋒面於焉形成，此一地區稱為鋒生帶（frontogenetic area）。

二、何謂溫帶氣旋？其發展生命史為何？試以挪威學派的概念模式討論之。（25分）

解析：

溫帶氣旋（extratropical cyclone）——指在熱帶以外緯度上發展的低壓系統。

溫帶氣旋發展生命史分為初生階段、發展階段、囚錮階段和消散階段。

初生階段：鋒波之產生主要係兩種不同性質氣團相互作用之結果，通常形成於滯留鋒上或行動遲緩之冷鋒上。滯留鋒兩邊空氣流動方向相反而平行，由於兩氣團間切變（shearing）或拖曳作用，空氣將形成小擾動，加之地區性熱力不平衡與不規則地形等影響，所以鋒面無法保持平直，故發展成彎曲狀態或扭折狀態（kink），亦即鋒波之初期形態。若初期鋒波繼續發展，反時鐘方向（氣旋）環流於焉形成，冷空氣推向暖區，暖空氣推向冷空氣佔領區，在扭折點之右方鋒面，開始被推動，成為暖鋒；在其左方鋒面，亦開始移動，成為冷鋒。此種鋒之變形（deformation），稱為鋒波（frontal waves）。

發展階段：鋒波再繼續發展加強，即其彎曲狀態加深，同時彎曲之頂點氣壓降低，逐漸形成低氣壓中心，冷空氣向暖空氣區域楔進，同時暖空氣更向其前方之冷空氣推移，而其頂點常指向冷空氣區域。在頂點之左方，冷鋒與冷空氣有力地向南方或東南方推進，其右方暖鋒向東彎曲成一大弧形，此為鋒面波之發展期，即氣旋強度以此階段為最旺盛。

　　囚錮階段：此後低氣壓中心加深，氣旋環流加強，地面風速增大，足夠推動鋒面前進，冷鋒以較快速度推進，追及暖鋒，並楔入暖鋒之下部，將冷暖兩鋒間暖區（warm sector）之暖空氣完全抬升，地表上為冷鋒後之最冷空氣佔有，並與暖鋒下之較冷空氣接觸，此時在地上不見暖鋒，暖鋒被高舉即為囚錮鋒，囚錮鋒上之暖空氣如相當穩定，能形成濃厚層狀雲與穩定之降雨或降雪；囚錮鋒上之暖空氣如不穩定，由於其下冷空氣之抬舉，能形成積雨雲。

　　消散階段：囚錮作用繼續進行，囚錮鋒長度增加，氣旋環流轉弱，即低氣壓中心停止加深，鋒面移速減慢，於是囚錮鋒開始消逝。常因暖空氣被抬升後，其含有之水汽凝結下降，且將潛熱放出，而在無濕暖空氣之供應，故氣旋消滅。

三、何謂噴流（jet stream）？為什麼對流層頂附近的西風噴流在冬季較其他季節為強？試以熱力風的概念討論之。（25 分）

解析：

　　噴射氣流為一道狹窄、平淺、快速、彎曲蜿蜒之強風帶，環繞地球，但常常斷裂成數條不連續之片段，其風速自外圍緩慢向中間增強，而於其核心（core）地帶，風速達到最大。噴射氣流具有形成、增強、移動以及衰逝之生命史，多與極鋒有關。而其厚度、最大風速、位置與方向，則因經緯度、高度與時間而變異。

　　噴射氣流係一股強勁而狹窄之高空氣流，集中於對流層

之上方或平流層之下方，在其近乎水平之軸心上，有很大之
垂直與水平風切，以及一個或一個以上之最大風速。它通常
有數千哩之長度，數百哩之寬度，以及數哩之厚度。其垂直
風切約每 300 公尺（1,000 呎）有 3 至 6 浬／時之風速差，
水平風切約每 16 公里（10 哩）有 2 浬／時之風速差。噴射
氣流之最大風速軸長必需為 300 哩，邊緣最小風速為 50 浬
／時。

在中高緯度，極鋒因冬夏季節而南北位移，噴射氣流平
均位置亦隨之南北移動，冬季南移，夏季北移，並且冬季強
於夏季。冬季寒潮爆發地帶會加大中緯度對流層頂之溫度梯
度，故噴射氣流之增強與極鋒移動和極鋒位置有關。極地對
流層頂與熱帶對流層頂間之氣壓和氣溫有顯著差異，氣壓梯
度大，風速強。當寒潮爆發時，更加強原有之盛行西風，形
成一股強勁的噴射氣流。

四、台灣夏季午後常出現雷陣雨，試討論其發生之大氣環境條件與其激發機制。（25 分）

解析：

雷雨發生之大氣環境條件為不穩定空氣、抬舉作用及空
氣中含有豐足水份等，茲分述如下：

(一) 不穩定空氣

雷雨形成為空氣條件不穩定，受地形或鋒面等外力之抬
升，該空氣變成絕對不穩定時，必需至溫度高於周圍溫度之
某一點，該點稱為自由對流高度（level of free convection），

自該點起暖空氣繼續自由浮升,直至溫度低於周圍溫度之高度為止。

(二) 抬舉作用

　　地面上暖空氣因外力抬舉至自由對流高度,過此高度後,即繼續自由浮升,構成抬舉作用之原因有鋒面抬舉、地形抬舉、下層受熱抬舉以及空氣自兩方面輻合而產生垂直運動之抬舉等四種。

(三) 水汽

　　暖空氣被迫抬升,含有之水汽凝結成雲,除非暖空氣含有充份水汽,能升達自由對流高度,否則積雲生成並不顯著,僅為晴天積雲而已,故暖空氣中含水量愈豐富,愈易升達自由對流高度,產生積雨雲與雷雨之機會愈大。

航空氣象學試題與解析

2009 年公務人員民航人員三等特考試題

類科：飛航管制
科目：航空氣象學

一、利用無線電探空資料，對飛航天氣分析有很大之幫助，假設一空氣塊在平原近地面處的溫度為 25℃，露點溫度為 21℃，風吹向山區將空氣塊由地面抬升至 3500 公尺高的山頂，令未飽和空氣塊的垂直降溫率為 10℃/km，飽和後空氣塊的垂直降溫率為 6℃/km，未飽和空氣塊露點溫度的垂直降溫率為 2℃/km。請問：(一)空氣塊被抬升後，會在那一個高度處開始有雲的形成？此時空氣塊溫度與露點溫度各為多少？（10 分）(二)當空氣塊繼續被抬升至山頂處，此時空氣塊的溫度及露點溫度各為多少？（5 分）(三)為何氣塊飽和後的垂直降溫率會小於飽和前的垂直降溫率？（5 分）(四)如果此空氣塊在迎風面因飽和凝結而降雨，並從山頂直接過山，當此空氣塊過山到達平原近地面處時的溫度為多少？以此例說明焚風的現象。（10 分）

解析：

　　(一)垂直降溫率是指空氣塊受外力作用上升時，溫度降了多少度；外力作用可能是熱力舉升、空氣輻合動力舉升、沿鋒面斜面或沿山區地形的機械舉升。地面空氣溫度舉升降溫，因溫度大於露點溫度，空氣未飽和，適用於未飽和空氣塊的垂直降溫率；同理，地面空氣露點溫度舉升降溫，因空氣未飽和，適用於未飽和空氣塊露點的垂直降溫率；待空氣塊舉升高度至飽和狀態，開始有雲產生，溫度等於露點溫度，此時溫度舉升降溫，適用於飽和後空氣塊的垂直降溫率。

　　設空氣舉升 X (km)之後，達飽和開始有雲形成。

　　此時的溫度為，地面溫度去減掉上升的高度乘上未飽和空氣塊垂直降溫率：25-10X (℃)；

　　此時的露點溫度為，地面露點溫度去減掉上升的高度乘上未飽和空氣塊露點溫度垂直降溫率：21-2X (℃)。

　　溫度等於露點溫度達飽和開始有雲形成：25-10X＝21-2X

　　X＝0.5(km)＝500(m)，上升 500 公尺之後開始有雲形成。

　　此時溫度等於露點溫度為 25-10×0.5＝20(℃)

　　距離山頂還有 3500(m)-500(m)＝3000(m)＝3(km)

　　(二)繼續被抬升時，因為空氣已達飽和，適用於飽和後空氣塊的垂直降溫率，到山頂的溫度為 20-6×3＝2(℃)。此時也是飽和狀態，露點溫度等於溫度都是 2(℃)。

　　(三)當空氣塊達飽和後的垂直降溫降率，牽涉到水汽的凝結，會放出潛熱加熱空氣，下降的氣溫會下降少一些，所以飽和後的垂直降溫率會小於飽和前的垂直降溫率。

　　(四)空氣塊凝結下雨，到了山頂之後呈現飽和，開始下沉後，氣溫增加但水汽並未增加而呈現未飽和，未飽和空氣塊的垂直降溫率來計算，達到近地面處時溫度為 2＋10×3.5＝37(℃)，過山前的溫度為 25(℃)，因此溫度增加了 12(℃)，出現焚風現象。焚風即是空氣過山時，水汽凝結釋放出潛熱加熱空氣降溫慢，並且下雨，過山頂之後呈現未飽和空氣，下山之後，增溫比較快，造成山地背風面出現乾燥高溫的空氣。

二、台灣的飛航天氣與氣候深受季風（Monsoon）的影響，試回答下列之問題：(一)季風最主要的成因是什麼？全世界有那些主要的季風區？（5 分）(二)台灣冬季盛行東北季風，伴隨東北季風的氣團是屬性寒冷乾燥的亞洲大陸西伯利亞氣團。說明為何台灣北部地區的冬季在此種氣團籠罩下，卻常是多雲下雨的天氣？（10 分）(三)台灣的春末夏初主要為西南季風所籠罩，說明西南季風的源區在那裡？此一時期台灣的天氣特徵為何？（10 分）

解析：

　　(一)季風是在有廣大的海水和陸地上形成，海水的比熱容量遠比陸地為高，所以陸地在冬季時的降溫以及夏季時的升溫比海洋快和明顯，造成溫度上的差異。當空氣受熱膨脹，密度便會降低，因而向上升；反之亦然，所以在夏季時陸地的氣壓會比海洋低，冬季時相反。所以季風區在夏季和冬季的風向會相反，可以按此分為冬季季風和夏季季風。

　　世界上，主要有東亞、東南亞、南亞季風區，另外在北美洲、北美洲、澳洲、非洲等主要的大片的海陸交界處也有季風區形成。

　　(二)台灣北部在冬季盛行東北季風，乾冷的歐亞大陸冷空氣吹至台灣前，若有經過東亞沿海海面，空氣開始獲得水汽和溫度，慢慢成為比較暖濕的變性氣團，到了台灣北部易受地形抬升冷卻而形成多雨或降雨。

　　(三)西南季風的源區為中國南海，甚是遠自印度洋。西南季風籠罩台灣時，臺灣的天氣，主要是旺盛的西南季風受到中央山脈的影響，潮濕高溫且不穩定的空氣，常在中央山脈西側迎風面的山區形成大量降水現象，甚或產生豪雨。每當中國大陸冷空氣南移，梅雨鋒面南下，影響到台灣的天氣，梅雨鋒面在台灣停留時間較長時，常有豪雨發生，是為台灣的梅雨季節。

三、熱帶氣旋（颱風）和溫帶氣旋發展過程所伴隨之強風豪雨等劇烈天氣，都對飛航安全產生重大影響。試討論比較兩者結構與所處環境之差異以及發展過程能量來源之不同。（25分）

解析：

　　熱帶氣旋是在熱帶溫暖洋面上形成，海溫要夠高，在正壓大氣中形成，並且所在緯度需提供足夠的科氏力，不能有太大的垂直風切，利用潛熱的釋放提供熱帶氣旋能量。熱帶氣旋大致呈現軸對稱，在北半球逆時鐘方向旋轉，轉速相當快，可能具有颱風眼，內部有許多上升和下降氣流，還有強盛對流的雨帶結。

　　熱帶氣旋從熱帶洋面上一些不穩定的擾動發展而成，一開始這些熱帶擾動發展的並不快，對流釋放潛熱的能量會被重力波送到擾動範圍外，使能量不能快速累積，只有少數的熱帶擾動能發成熱帶氣旋，此後潛熱的能量能充分的使用，使熱帶氣旋加強，直到缺乏水汽供給，如碰上陸地，或移動到較高的緯度被斜壓帶影響而破壞結構。

　　溫帶氣旋在中、高緯度地區斜壓大氣中形成，在滯留鋒或風切線上，因具有氣旋式風切，易產生小擾動，南邊較暖的空氣在擾動東邊往東北方形成暖鋒，北邊較冷的空氣在擾動西邊往東南方形成冷鋒，此時溫帶氣旋中心位於冷鋒和暖鋒的交界處。由於冷鋒速度快，可追上暖鋒將暖空氣舉起，形成囚錮鋒，此時溫帶氣旋中心位於囚錮鋒盡頭。

　　溫帶氣旋能量的主要來源為冷暖空氣間的溫度梯度，從南北向的溫度梯度，藉由擾動變成東西向的溫度梯度，再靠著次環流（冷空氣下降，暖空氣上升）產生動能。

***註解

　　環流：主要為主環流及次環流兩部分，主環流一般為水平方向運動之環流，而次環流則為垂直方向運動之環流，例如海風、陸風、三胞環流、鋒面垂直次環流等。次環流在地轉調節中扮演的角色為使主環流維持熱力風平衡，而次環流之垂直運動，會使各種天氣現象出現於我們的生活中。

　　大氣為靜力平衡，且其運動場有回歸地轉（梯度風）平衡的趨勢，亦即若質量場和運動場非處平衡狀態時，即產生次環流。經次環流之作用，使質量場和風場產生變化，達到地轉（梯度風）平衡狀態。

環流範圍的大小

　　主環流：覆蓋地表大部分地區，指全球性風系

次環流：比主環流小一點，包括氣團和鋒面在內

局部環流：範圍更小，存在時間很短暫，但可以發展成劇烈的天氣，包括海陸風、山風、谷風、雷雨、積雲和龍捲風。

四、晴空亂流是飛航安全的一大殺手，試以理察遜數（Richardson Number）說明晴空亂流發生之環境條件。（20分）

解析：

Richardson Number 為無因次參數，可以用來了解動態大氣的穩定程度。

Richardson Number 是空氣浮力項除以垂直風切項的平方，公式寫成：

一般在 Ri 在大於 0.25 的時候為較穩定的狀態，小於 0.25 時大氣呈現動態不穩定，易產生紊流；當風切非常大的時後，Ri 趨近於零，很不穩定。

晴空亂流發展在高空噴流附近，具有相當大的風切，所以 Ri 數字會很小，晴空亂流發生之環境條件，即是 Richardson NuhPaer 很小的狀態。

2009 年公務人員高等考試三級考試

類科：航空駕駛

科目：航空氣象

一、臺灣梅雨季鋒面前常有西南方向為主的低層強風
區稱之為低層噴流，試說明低層噴流的結構以及成
因，（15 分）並且說明低層噴流和豪雨的關係如
何？（10 分）

解析：

(一)低層噴流的結構以及成因

　　梅雨鋒面前的空氣，為南邊由西南氣流帶來的暖濕空
氣，而鋒面後的空氣還是冷空氣，在鋒面前緣推擠暖濕空
氣，一方面使得溫度梯度升高，增強熱力風次環流，一方面
使西南氣流的流動通道變窄，皆會使得在低層空氣加速，形
成低層噴流，低層噴流指低層風速等於或大於 25 kt，且要
個風速最大的核心通道。

(二)低層噴流和豪雨的關係

　　低層噴流為激發中尺度對流雲系的一種重要機制，低層
噴流能快速讓南方暖濕空氣送到冷空氣的上方，有很大的垂
直不穩定，會發生強烈的對流、雷雨、颮線等，皆會產生劇
烈降雨。

二、試說明影響空氣垂直上下運動的天氣過程有那些？（15 分）試說明在溫帶氣旋中最有利於上升運動之區域。(10 分)

解析：

(一)影響空氣垂直上下運動的天氣過程

　　影響空氣垂直上下運動的天氣過程有熱力對流、動力輻合輻散和機械力舉升。熱力對流係局部空氣加熱使密度較周圍小，讓空氣舉升；動力輻合輻散係因遵守質量守恆，在地面輻合造成上升氣流，輻散造成下降氣流；機械力舉升，如鋒面、地形舉升，空氣沿著斜面爬升。

(二)溫帶氣旋中最有利於上升運動之區域

　　溫帶氣旋中最有利於上升運動的區域，在強烈的冷鋒鋒面上，暖空氣被冷空氣快速抬升。

三、試說明凍雨（freezing rain）和冰珠（ice pellets）兩者的差異，（15 分）並說明兩者和飛機積冰的關係。(10 分)

解析：

1.凍雨

　　中高緯度較為常見。通常為鋒面系統過境時，在近地面有逆溫現象。在高空的雪下落期間，先經歷溫度大於 0℃的暖空氣層，雪融化為雨水；但在近地面時溫度又降為 0℃以下，雨水為過冷水，但來不及形成冰，直至落到地面碰到物體才結冰。

2.冰珠

　　同樣在鋒面系統下，但是因為逆溫較強，地面溫度遠低於 0℃，原本在高空中是雪花，下降過程中融化成雨滴，但或因為尚未完全融化，或近地面溫度過低，使雨滴在未達地面前就凍結為球狀的冰珠。

　　飛機積冰主要是由過冷水、凍雨碰撞到飛機形成積冰；冰珠並不會造成飛機積冰，除非冰珠又融化並再次凝結在飛機上。

四、簡答題（每小題 5 分，共 25 分）

(一)有利颱風發展的環境條件有那些？

(二)淞冰（rime ice）

(三)外流邊界（outflow boundary）

(四)相當回波因子（equivalent reflectivity factor）

(五)牆雲（wall cloud）

解析：

(一)有利颱風發展的環境條件有那些？

(1)廣闊的洋面，海水溫度需＞26℃。

(2)垂直風切不能太大。

(3)科氏參數(f)不能太小，一般緯度 5°以內的赤道區，極少有熱帶氣旋(TC)形成。

(4)需有對流不穩定之大氣，且不穩定愈高，愈能導致強

　　　烈的對流，才有利 TC 之形成。

(5)中低對流層的溼度需夠高。

(6)高層輻散大於低層輻合。

(二)淞冰（rime ice）

　　較小的過冷水滴，碰到別的物體即結成小小的冰，很多很小的冰組成淞冰，淞冰的表面看起來是白色的，因為裡得有很多氣泡，有許多很小冰的邊緣會射散、反散光線，而且因為淞冰是由小小的冰組成，也較易因為敲擊而碎裂。

(三)外流邊界（outflow boundary）

　　在颮線、雷雨前緣，因為強烈降雨帶來的下降冷空氣碰到地面之後，往前快速推擠形成邊界，即是外流邊界，會造成陣風鋒面。

(四)相當回波因子（equivalent reflectivity factor）

　　為雷達在偵測天氣雲雨系統時，對不同的雨滴大小、冰的大小有不同的回波強度，結集回波得到相當回波因子 Z，Z 的值和雨滴半徑的三次方成正比，冰和水的反射率又不同，通常當 Z 越大，代表雨滴越大，雨滴很大或是很多雨滴。

　　雷達回波是一種描述目標物在攔截和反射無線電能量效率的量度。此一效率大小和目標物大小，形狀，面向，以及電離特性有關。雷達回波因子是由降雨滴譜所決定的一個物理量，和滴譜六次方成正比。假如降雨粒子比雷達所發射波長要小很多時，此一物理量和雷達回波成正比。相當回波因子則是由雷達回波估計的回波因子稱之，一般利用此一數值估計雨量大小。

(五)牆雲（wall cloud）

　　牆雲在強烈的積雨雲、雷雨系統中產生，為龍捲風產生前會出現用的現象。在積雨雲底部，因為強烈上升氣流凝結成雲，會有一大塊比周圍環境的雲低，又會旋展的雲塊發展，這種雲塊就是牆雲。

2009 年公務人員薦任升等考試

類科：航空管制

科目：航空氣象學

一、雷暴系統發展後期常有中尺度天氣現象「陣風鋒
面」（gust front）發生。試以地面測站觀測以及都
卜勒雷達觀測，說明陣風鋒面的結構特徵。並說明
此現象對飛航安全的影響。（25 分）

解析：

(一)陣風鋒面的結構特徵

　1. 地面測站觀測

　　　陣風鋒面通過時，地面測站可以觀測到氣溫突降、風向
轉變、氣壓跳升、大雨爆發和風速驟增。通常氣壓可跳升 1.8
hPa/5 min.，氣壓跳升比風速劇增提早 4.1 分。

　2. 都卜勒雷達觀測

　　　都卜勒氣象雷達可觀測雷雨位置、強度及內部風場，雷
雨中雨滴愈大及數量愈多，雷達回波愈強，雷雨回波高達
10600 公尺以上者，或孤立狀態雷雨胞回波，其移速大於 40
哩／時者，常含有極強烈之亂流與冰雹。

　　　陣風鋒面是指雷暴系統在雨滴大量快速落下時，拖曳冷
空氣快速下沉，在近地面時改變方向，沿地面附近向雷暴系

統的前側而去，而地表附近因為摩擦力的關系，離地面高一
點的地方，用垂直剖面來看會有一個突出的鼻狀鋒面。因此
陣風鋒面為雷暴系統前一道快速前推的冷空氣，會把前側的
暖濕空氣快速抬升，而使之產生對流降雨。陣風鋒面會帶來
冷又強的陣風以及降雨，在都卜勒雷達可以看到有雷暴系統
前有一道風速快的鋒面。

(二)對飛航安全的影響

　　陣風鋒面上常引發風切亂流，出現於低空雲層中與雲層
下方。不規則且突然出現短暫的強風稱為陣風，陣風係由上
升氣流和下降氣流間切變作用(shearing action)和抬升作用
(lifting action)而產生。雷達回波上可顯示強烈回波，強烈雷
達回波是劇烈危害天氣之指標。陣風鋒面常導致飛機顛簸，
偏航與滾動，其強烈者可使飛機損毀。

二、颱風侵襲期間飛航安全深受颱風環流的影響。試說
　　明成熟颱風三度空間風場分布特徵。並說明現階段
　　觀測海洋上颱風之風場有那些方法。（25 分）

解析：

(一)成熟颱風三度空間風場分布特徵

　　颱風環流結構近似軸對稱，外貌類似圓柱體，水平範圍
上千公里，但垂直厚度僅 15－20 公里（侷限於對流層內）。
通常從紅外線衛星雲圖可顯示，颱風最明顯的結構特徵為颱
風眼、眼牆及外圍之螺旋狀雨帶。颱風中心為低壓區，其中
心氣壓常在 980－950hPa 左右，最低可達 870hPa。底層氣流

受氣壓梯度力影響向內輻合，且因受科氏力影響而作氣旋式旋轉；內流空氣因離心力作用無法達颱風中心，於眼牆處急速上升，故眼牆為颱風中上升運動、降水最強處。眼牆之空氣上升時，稍向外傾斜，尤其是高層傾斜更明顯；上升氣流至高對流層時，則因對流層頂之限制，向外做反氣旋式輻散（颱風之高層為高壓），小部份空氣則向中心處輻合、下沈，形成颱風眼。颱風眼處因下沈增溫形成強烈暖心，且因下沈作用而為無雲區；中心底層則為微弱之輻散氣流，風速亦減弱。

發展成熟的颱風，一般具有明顯的颱風眼，而環繞颱風眼之眼牆強對流區，其近地面處常為風速最大的地方；風速由最大處向上、向外遞減。近地面強風區常涵蓋相當大範圍，例如七級風暴風半徑常在 200～300 公里。颱風眼牆外的螺旋狀雨帶，包含有深積雲對流降水區及較廣的層狀降水區。衛星雲圖顯示近中心 300～500 公里範圍內皆有雲層覆蓋，但除眼牆外，大都為砧狀雲（深對流於高層對流層頂下外流造成之厚卷層雲），其雨量一般不太大；雨量較大之強對流區一般於螺旋雨帶內。此外，颱風結構雖具頗高之對稱性，且個案中常具相似之明顯特徵，但不對稱性和系統個別變化仍大。

(二)現階段觀測海洋上颱風之風場有那些方法

現階段觀測海洋上颱風之風場有飛機、雷達、衛星、投落送等觀測方法。

飛機觀測可得詳細中心位置和強度，但費用太高且時間上不連續。美國海軍聯合颱風警報中心(Joint Typhoon

Warning Center；JTWC)原有的颱風飛機偵測，自 1987 年 9 月起停飛，但美國於大西洋進行的飛機颱風觀測仍照常。雷達觀測距離太短，常無法有效提供足夠預報前置時段（Lead time 短），但可有效觀測颱風眼和降水。

目前台灣國內所進行的 dropsonde 或 aerosonde 颱風觀測，對瞭解颱風結構或外環環流有相當幫助。

衛星觀測可得最佳視覺效果的颱風外貌（含中心位置）和運動，尤其是目前衛星遙測技術進步甚快；但衛星觀測仍較缺少垂直解析度（有些衛星觀測已具有垂直解析度），且有些個案之中心位置仍很難判定。衛星仍為目前觀測颱風最重要工具之一，除位置、外貌外，亦可應用衛星資料估計颱風強度；主要為 Dvorak 法，該法缺點為需主觀判定。

三、大氣積冰（atmospheric icing）對於飛機而言是個非常危險的天氣過程，試說明發生積冰的大氣條件為何？並說明防止積冰或是去積冰的方法。（25 分）

解析：

(一)發生積冰的大氣條件

1. 大氣溫度

飛機最嚴重積冰之氣溫在 0℃與-9.4℃之間，在-9.4℃與-25℃之間積冰，也常見。氣溫在 0℃以上者，很少積冰。

2. 過冷卻水滴 super-cooled drops

積雲、積雨雲與層積雲等最容易積冰。空中水分在冰點以下而不結冰，仍保持液體水狀態，即為過冷水滴(super-cooled drops)。過冷水滴常存在於積雲、積雨雲與層積雲等不穩定空氣中，飛機飛過，空氣受擾動，過冷水滴立刻積冰於機體上。最危險之積冰常與凍雨並存，能在數秒鐘內，在機體上積成嚴重之冰量。

3. 昇華 sublimation

空氣濕度大，含有過冷水氣與大量凝結核時，容易構成昇華作用，飛機穿越其間，空氣略受擾動，迅速凝聚積冰。雖晴空無雲，但在結冰高度層(freezing level)上方，氣溫與露點十分接近時，積冰之趨勢仍然存在，氣溫在 -40°C(-40°F)以下時，很少有積冰之可能，因在此溫度下，空中水氣多半成為冰晶。

(二)防止積冰或是去積冰的方法

1. 機械力破冰法

機翼與機尾邊緣裝置橡皮除冰套(de-ice boots)，導管充氣，時充時放，除冰套漲縮變形，冰塊破碎。

2. 液體化學藥品防冰法

螺旋槳根端，不時噴出液態化學藥品如酒精等，藉離心力向外擴散至螺旋槳表面，以阻止冰晶附著其上，同時藉離心力，使已積之冰塊拋落。

3. 加熱融冰法　裝設熱氣管，輸送電熱或發動機上熱空氣於積冰部位，飛機遇有積冰危險時，開放熱氣管，使溫度不致降達冰點以下而積冰。

四、台灣海峽在春季經常有海霧發生，影響離島飛航安全甚巨。試說明海霧發生的原因為何？春天的鋒面也經常帶來以層雲為主的低雲幕天氣，試說明低雲幕層雲天氣的特徵。（25 分）

解析：

(一)海霧發生的原因

　　冷鋒或滯留鋒前，西南氣流常引進溫暖潮濕的空氣，平流至較冷之陸面或海面，冷卻降溫，空氣中的水氣達到飽和，凝結而形成霧，是為平流霧。發生在海上或沿海地帶的平流霧，又稱海霧(sea fog)，常會往內陸地區移動。有時平流霧也會和輻射霧同時產生。當風速增至 15 浬／時時，平流霧會擴大。若風速再增強，平流霧會被抬升，變為低層雲(low stratus)或層積雲(low stratocumulus)。

　　南海季風流，便是每年夏季台灣海峽內海水的主要來源，隆冬時盤據在高雄西南、南海東北部海域之暖水則對台灣西南沿海地區冬霧之生成有相當重要的影響。每年春季，這些暖水在季風減弱時又會沿著台灣西海岸迅速北上，此時桃、竹、苗一帶之沿海地區往往也發生濃密的平流霧，從而影響了台灣桃園國際機場之正常運作。

(二)低雲幕層雲天氣的特徵

　　層雲（Stratus）是為底部均勻、呈灰色、厚層雲會下毛毛雨(drizzle)、濛濛瀧瀧、均勻的低層雲，雲底低於 2000 公尺。由水滴所組成，陽光通常無法穿透，有時有毛毛雨。常造成低能見度。

2010 年公務人員高等考試三級考試試題

類科：航空駕駛

科目：航空氣象

一、對流是影響飛航安全的重要因子之一，列舉兩種穩定度指數之定義，並說明如何利用這兩種穩定度指數判斷對流的生成與發展。（20 分）

解析：

　　1. 全指數(Total Totals Index；TT-Index)

　　　　全指數(Total Totals Index)是用來評估雷暴雨的強度，全指數是由垂直總計(Vertical Totals)和交叉總計(Cross Totals)等兩部分組成，垂直總計(Vertical Totals)代表靜力穩定(static stability)或 850hPa 和 500hPa 間溫度遞減率。交叉總計(Cross Totals)包含 850hPa 的露點溫度。經計算結果，全指數係計算淨利穩定和 850hPa 的濕度，在這種情況下，全指數並不能代表 850hPa 以下的低層濕度。此外，如果有顯著的逆溫層存在時，儘管有高的全指數，對流還是很小的。

　　　　TT＝VT＋CT

　　　　　VT＝T(850 hPa) - T(500 hPa)

　　　　　CT＝Td(850 hPa) - T(500 hPa)

　　　T 代表該層的溫度(℃)，Td 代表露點溫度(℃)。

VT＝40，接近 850-500hPa 的乾絕熱遞減率，通常 VT 都很小，如果再 VT=26 左右或以上時，代表十足的靜力不穩定，將有雷雨發生機率。要有對流，往往需要 CT>18，但是兩者的總計，全指數更為重要。

TT＝T(850 hPa) + Td(850 hPa) - 2[T(500 hPa)]　　　(℃)

TT＝45 to 50：雷雨有可能發生。
TT＝50 to 55：雷雨發生機率更高，還可能是激烈的雷雨。
TT＝55 to 60：激烈的雷雨發生機率更高。

2. K 指數(K - Index)
K 指數是測量雷雨的潛勢，也就是測量大氣低層濕度和垂直溫度遞減率的情況。.

K＝(T850-T500)+Td850-(T-Td)700
K 值越大，大氣潛在不穩定性越大，有利於對流發展。

K-Index 值	雷雨發生機率
K<20	0%
20-23	6%
24-29	15%
30-34	30%
35-39	65%
> 39	90%

二、為什麼中緯度地區對流層的西風會隨高度增強？
為什麼中緯度的西風噴流會出現在對流層頂附
近？（10 分）
說明高空噴流條（Jet Streak）入區和出區附近的垂
直運動與天氣特徵。（10 分）

解析：

(一) 中緯度地區對流層的西風會隨高度增強

　　熱帶地區大氣的平均溫度較高，所以大氣的氣層厚度比
較厚，中緯度地區相對大氣平均溫度較低，大氣層厚度較
薄，所以大氣會呈現往北傾斜降低的情況。經由科氏力跟氣
壓梯度力的平衡，風的方向在低壓的南側是吹西風，所以中
緯度的高空一般來說是很明顯的西風，低緯度由於南北溫度
梯度不大厚度差異也不大，所以西風不明顯，甚至還會有偏
東風的出現

(二) 中緯度的西風噴流會出現在對流層頂附近

　　空氣由赤道往北流，在往北的過程中會逐漸感受到科氏
力的作用，科氏力是緯度跟風速的函數，緯度漸高則感受到
的科氏力會越大，科氏力在北半球會讓運動中的氣塊往右
偏，由南往北的運動往右偏就會變成西風。從熱力風原理來
講，南北向的溫度差，造成東西向的垂直風切，也就是風速
會往上增強，當達到一定程度，高層西風風速通常是大於
50Kts，就被稱為噴流。

　　還有一種情況是當溫度梯度明顯加大，例如有鋒面產生，
最初的靜力調節會先發生，也就是大氣傾斜的狀況變得更明

顯，氣壓梯度力的作用會暫時大過科氏力，此時為了調整回來，風速會加大，讓科氏力能回到跟氣壓梯度力平衡的狀態，也就是進行地轉調節的過程，這個風速加大的情況也會造成噴流的現象，所以鋒面的上方常有噴流，就是因為這個關係。

通常在極區對流層頂和副熱帶對流層頂間斷裂處，常是南北溫度梯度最大區，所以中緯度的西風噴流會出現在對流層頂附近。

(三) 高空噴流條（Jet Streak）入區和出區附近的垂直運動與天氣特徵

在 500hPa 以上的中高對流層，約 30°N 以北大多為偏西風；在西風區中，風速最強的中心區，其風速 ≧ 50kt 時，稱為噴流(Jet)；若噴流區其風速分佈在沿氣流方向有顯著變化而有局部極大值時，則稱之噴流條(Jet Streak)。一般噴流條移速緩慢，空氣質點移速較快，故空氣塊會進入或離開噴流條區，故分別稱之入區（entrance region）和出區（exit region）。

高層（～300 hPa）噴流條的左前方和右後方，在地面上易有天氣現象發生或天氣系統形成。

三、說明雷雨系統發展過程三個階段（即初生期、成熟期以及消散期）的氣流與雷雨結構特徵，以及對飛航可能之影響。(20 分)

解析：

(一) 雷雨系統發展過程三個階段（即初生期、成熟期以及消散期）的氣流與雷雨結構特徵

1. 初生階段(growing stage)或積雲階段(cumulus stage)

　　雷雨在初生階段，雲中、雲上、雲下及雲周圍都有上升氣流，積雲如繼續發展，上升氣流垂直速度加強，上層最大上升氣流速度可高達每秒 15 公尺以上。積雲層中氣溫高於雲外氣溫，內外溫差在高層顯著。積雲初期雲滴小，再不斷向上伸展，雲滴逐漸增大為雨滴，被上升氣流抬高至結冰高度層以上，約在 12000 公尺高空，雨滴仍舊保持液體狀態。積雲頂高度一般約在 9000 公尺。上層過冷雨滴如再上升，部份雨滴凍結成雪，形成雨雪混雜現象，稱之濕雪(wet snow)，進一步發展，最後變成乾雪(dry snow)。雨滴和雪花被上升氣流抬舉或懸浮空際，地面不見降水。

2. 成熟階段(mature stage)

　　在成熟階段(mature stage)，大氣對流加強，積雲繼續向上伸展，發展成為積雨雲，雲中雨滴和雪花因不斷相互碰撞，體積和重量增大，直至上升垂直氣流無法支撐時，雨和雪即行下降，地面開始下大雨，雷雨到達成熟階段。雷雨階段，積雨雲雲頂一般高度約為 7500-10600 公尺，有時會沖過對流層頂，達 15000-19500 公尺。積雨雲中層和前半部厚度和寬度擴大，下雨將冷空氣拖帶而下，形成下降氣流，下降流速度不一，最大可達 15m/sec，氣流下降至距地面 1500 公尺高度時，受地面阻擋的影響，下降速度減低，並向水平方向伸展，向前方伸展較後方為多，成為楔形冷核心(cold core)。其水平方向流出之空氣，在地面上形成猛烈陣風，氣溫突降，氣壓陡升。

3.消散階段(dissipating stage)

在消散階段(dissipating stage)，雷雨在成熟階段後期，下降氣流繼續發展，上升氣流逐漸微弱，亂流急速減弱，最後下降氣流控制整個積雨雲，雲內溫度反較雲外溫度為低。自高層下降的雨滴，經過加熱與乾燥之過程後，水分蒸發，地面降水停止，下降氣流減少，積雨雲鬆散，下部出現層狀雲，上部頂平如削，為砧狀雲結構。砧狀雷雨雲之出現，並非全為雷雨衰老象徵，有時砧狀雷雨雲會出現極端惡劣之天氣。

在初生期階段，近地表的暖濕空氣受抬舉作用達到自由對流高度而逐漸地往高處發展，暖濕空氣逐漸凝結成小水滴並隨著上升氣流帶往高處。

於成熟期時，積雨雲發展達到顛峰，強勁的上升氣流可竄入平流層。水滴及冰晶等受地心引力的影響，不能再被上升氣流所支持而落下，其表面摩擦力帶動周圍空氣下降，逐漸加強向下的力產生下降氣流，故常有下爆氣流、強降水等現象發生。在消散期階段，雲內上升氣流逐漸減弱而至消失，最後僅剩下沈氣流，系統能量來源被切斷而使得雷暴系統逐漸地減弱。

(二) 雷暴系統對飛航可能之影響

雷暴系統係由積雨雲所產生之一種風暴，是強烈之大氣對流現象。伴有閃電、雷聲、強烈陣風、猛烈亂流、大雨、偶或有冰雹等。雷雨產生的惡劣天氣對飛行操作構成嚴重威脅，如亂流、下沖氣流、積冰、冰雹、閃電與惡劣能見度等。

飛機飛入雷雨中，會遭到危險，機身被投擲轉動，時而上升氣流突然抬高，時而有下降氣流忽然變低，冰雹打擊，雷電閃擊，機翼積冰，雲霧迷漫，能見度低劣，機身扭轉，輕者飛行員失去控制飛機之能力，旅客暈機發生嘔吐不安現象；重者機體破損或碰山，造成空中失事之災難。

四、季風和海、陸風是影響台灣不同季節風場變化的主要天氣系統，請回答下列問題：

說明季風和形成海、陸風的原因。（10 分）

說明在冬季和夏季季風影響下，台灣的風場變化特性以及低層噴流可能出現的區域。（10 分）

解析：

(一) 季風和形成海、陸風的原因

　1. 季風的成因

　　　冬季大陸較海洋寒冷，所以陸地上空氣的密度比較大，氣壓也比海洋上高，於是風從大陸吹向海洋。夏季的情形正好相反，大陸遠較海洋為熱，空氣密度小，風從海洋吹向大陸，這種跟隨冬夏季節大規模轉變方向的風就稱為季風。

　　　季風以亞洲的南部和東部最為顯著，因為亞洲內陸，於夏季時，地面接受太陽熱量後，溫度迅速增高，形成廣大的低壓區，使得印度洋上之空氣吹向陸地，這種氣流在亞洲被稱為「西南季風」。西南季風可將潮濕的海洋空氣帶入亞洲內陸地區，產生連綿的降水，為印度中南半島等地區帶來豐沛的雨量，有時候甚至豪雨成災。

　　冬季時，高壓在寒冷的亞洲大陸上發展，大量寒冷而乾燥的空氣自大陸吹出，一直要到遠離陸地到洋面之後，才能吸收較多的水分。在大陸東岸，北緯 30 度以南地區，東北風盛行稱為「東北季風」。冬天，大陸高氣壓南下，伴隨前緣的冷鋒面通過東海到達台灣附近海域時，即帶來東北季風，其風力常相當強勁。台灣北部及東北部在受東北季風影響，經常呈現陰霾有小雨的天氣。

　　(1) 東北季風

　　中緯度地區的歐亞大陸，冬季因為地表散熱量大於太陽加熱度，使溫度降低產生蒙古高壓（或稱西伯利亞高壓）；而同緯度的海上則出現低壓。由高壓外流的冷空氣到達臺灣時，轉變為東北風，就是東北季風。東北季風期，每當高壓東側冷空氣迅速移到臺灣國內時，常導致寒潮（或稱寒流）。此時溫度驟降、風速增大、氣壓升高，臺灣北部、東北部及東部地區，由於在迎風面，常有陰雨綿綿。

　　(2) 西南季風

　　夏季太陽加熱量大於地表散熱量，使陸地氣溫升高產生低壓；加上太平洋高壓增強，暖濕空氣由熱帶海洋北上注入陸地上的低壓。這股氣流，到達臺灣轉變為西南風，就是西南季風。臺灣天氣與氣候的變化，主要就是受到季風與中央山脈的影響。西南季風期，有時出現旺盛的西南氣流，潮濕高溫且不穩定的空氣，常在中央山脈西側迎風面的山區形成大量降水現象，甚或產生豪雨。

　　海洋和陸地主要因為比熱不同，所以對於相同加熱量或散熱量，溫度的改變也就不同。因此，冬季陸地較冷，海洋比較暖，夏季則相反。海陸的溫度不同，造成氣壓和風向的不同，冬夏季風的發展就是因為海陸的分布而來。

　　季風以亞洲的南部和東部為最強盛，因為亞洲是地球上最大的陸地，其他有季風現象的地區尚有西班牙、澳洲北部、地中海以外的非洲、美國西岸和智利等地。

2. 海風和陸風(land and sea breezes)

　　在沿海地區和海洋沿岸及廣大湖泊岸邊，常因太陽輻射熱力之日夜變化和水陸比熱差異，水的比熱大於陸，使陸地溫度之增減較水面溫度者為快速，而輻度亦較大。白天陸地暖於水面，夜間陸地冷於水面，其水陸溫度之差別，在夏季地面氣流穩定時尤為顯著。在小範圍地區內，因水陸溫差能產生水陸間氣壓差別。溫暖陸地上，氣壓較清涼水面氣壓為低，故水面冷而重的空氣移向氣壓較低之陸地，使陸地上的暖空氣則上升。故自風從水面吹向陸地，來之風稱為海風(sea breeze)。

　　夜間，空大氣環流情況與白天完全相反，空氣自陸地移向水面，故自陸地吹來之風，稱為陸風(land breeze)。通常海風較陸風為強，海風風速約 15-20 浬／時，惟僅限於沿海狹窄地帶，海風最高可達450公尺或600公尺(1500呎或2000呎)之高度，而陸風僅達數百呎而已。

(二) 在冬季和夏季季風影響下，台灣的風場變化特性以及低層噴流可能出現的區域

1. 冬季東北季風

　　中緯度地區的歐亞大陸，冬季因為地表散熱量大於太陽加熱度，使溫度降低產生蒙古高壓（或稱西伯利亞高壓）；

而同緯度的海上則出現低壓。由高壓外流的冷空氣到達臺灣時，轉變為東北風，就是東北季風。東北季風期間，每當高壓東側冷空氣迅速移到臺灣國內時，常導致寒潮（或稱寒流）。此時溫度驟降、風速增大、氣壓升高，臺灣北部、東北部及東部地區，由於在迎風面，常有陰雨綿綿的天氣。

2. 夏季西南季風

夏季太陽加熱量大於地表散熱量，使陸地氣溫升高產生低壓；加上太平洋高壓增強，暖濕空氣由熱帶海洋北上注入陸地上的低壓。這股氣流，到達臺灣轉變為西南風，就是西南季風。臺灣天氣與氣候的變化，主要就是受到季風與中央山脈的影響。西南季風期，有時出現旺盛的西南氣流，潮濕高溫且不穩定的空氣，常在中央山脈西側迎風面的山區形成大量降水現象，甚或產生豪雨。

3. 低層噴流可能出現的區域

台灣梅雨鋒面前的空氣，由南邊西南氣流帶來的暖濕空氣，而鋒面後的空氣還是冷空氣，在鋒面前緣推擠暖濕空氣，一方面使得溫度梯度升高，增強熱力次環流，一方面使西南氣流的流動通道變窄，皆會使得在低層空氣加速，形成低層噴流，低層噴流指低層風速等於或大於 25 k t，且要個風速最大的核心通道。

低層噴流為激發中尺度對流雲系的一種重要機制，低層噴流能快速讓南方的暖濕空氣送到冷空氣的上方，有很大的垂直不穩定，會發生強烈的對流、雷雨、颮線等，皆會產生劇烈降雨。

華南地區的中尺度對流系統是低層噴流形成之因，隨著時間，系統漸漸往東南方移動，當低層噴流抵達台灣北部時，即引起豪雨，所以可以說低層噴流是導致台灣地區豪雨主原因之一種。

五、颱風侵台之路徑和風雨分布有密切之關係，舉例說明對桃園機場之飛航服務可能造成重大影響的颱風侵台路徑，以及該颱風伴隨的風雨變化特徵。（20 分）

解析：

(一) 可能造成重大影響的颱風侵台路徑

　　對桃園機場之飛航服務可能造成重大影響的颱風侵台路徑為第一類通過台灣北部海面向西或西北進行者和第二類通過台灣北部向西或西北進行者。

(二) 颱風伴隨的風雨變化特徵

　　伴隨熱帶風暴移近，雲的變化順序，大致與靠近暖鋒之順序相似，首見卷雲，繼之卷雲增厚為卷層雲，再由卷層雲形成高層雲與高積雲，進而出現大塊積雲與積雨雲，向高空聳峙，沖出雲層，最後積雲、雨層雲及積雨雲增多，與其他雲體合併，圍繞暴風眼四周構成雲牆(wall cloud)。雲牆高度可展伸至 50000 呎以上，包含狂湧大雨及最強風速。

　　逐漸接近中心，風力開始增強，有間歇性之陣雨，更近中心雲層加厚，出現濃密之雨層雲與積雨雲，風雨亦逐漸加強，愈近中心風力愈形猛烈，進入眼中，雨息風停，天空豁然開朗，眼區經過一地約需一小時，眼過後狂風暴雨又行大作，惟風向已與未進入眼之前相反，此後距中心漸遠，風雨亦減弱。

　　第一類和第二類侵台颱風路徑，颱風來臨前的外圍環流會使得台灣桃園國際機場附近出現低空風切及亂流的發生，加上環流雲雨帶常造成機場低能見度與低雲幕現象，對於航班起降安全造成潛在的威脅。颱風中心逐漸接近桃園國際機場，機場風力開始增強，有間歇性之陣雨，更近中心雲層加厚，出現濃密之雨層雲與積雨雲，風雨亦逐漸加強，愈近中心風力愈形猛烈，進入眼中，雨息風停，天空豁然開朗，眼區經過一地約需一小時，眼過後狂風暴雨又行大作，惟風向已與未進入眼之前相反，此後距中心漸遠，風雨亦減弱。

2011 年公務人員高等三級考試

類科：航空駕駛

科目：航空氣象

一、有一類中尺度對流系統（mesoscale convective system）稱之為前導對流尾隨層狀降雨颮線（leading convection and trailing stratiform precipitation squall line），試說明：此類颮線系統的運動場特徵、降雨場特徵，以及氣壓場特徵。（15 分）

此類颮線系統對飛航安全的可能影響。（10 分）

解析：

　　颮線又稱不穩定線或氣壓湧升線，是由若干排列成行的雷暴單胞或雷暴群所組成的風向、風速發生突變的狹窄的強對流天氣帶。這個天氣帶長度約幾十到二、三百公里，寬度一般小於 1 公里，生命期約幾小時至幾十小時，是比普通雷暴影響範圍更大的對稱型的中尺度天氣系統。所以颮線比個別單胞帶來的天氣變化要劇烈得多。颮線處於雷暴雲下降冷空氣的前緣，空間結構和冷鋒酷似，都是冷暖空氣的分介面。颮線過境時，常會出現風向突變、風速劇增、氣溫突降和氣壓驟升等劇烈的天氣變化。颮線有點像是二維結構的雷雨系統，但垂直風切以及地面上的強烈風變及氣壓變化是它

335

的主要特徵。

(一) 運動場特徵

　　颮線產生於垂直風切變較大的區域，多數是由中層或高層冷平流疊加在低層暖濕氣流之上所致。因此，在高空低壓槽和冷性氣旋渦旋的南或西南方、在高空低壓槽前、副熱帶高壓西北方的暖濕氣流裡易伴隨颮線的生成。大部份的颮線與鋒面活動有關，主要發生在地面冷鋒前 100～500 公里的暖區內。

　　颮線前天氣較好，多為偏南風，且發展到成熟階段的颮線前鋒常伴有中尺度低壓。颮線後天氣變壞，風向急轉為偏北、偏西風，風力大增，颮線之後，一般有扁長的雷暴高壓帶和一種明顯的冷中心，在雷暴高壓後方，有時伴有一個中尺度低壓，由於他尾隨在雷暴高壓之後，故稱之為尾流低壓。颮線沿線到後方高壓區內，有暴雨、冰雹和龍捲風等天氣。

(二) 降雨場特徵

　　當颮線過境時，數個強度不等的積雨群常會帶來強降水、冰雹，以及頻繁的閃電。也即沿颮線產生之雷雨與沿鋒面產生之雷雨相似，惟較為猛烈，雲底低而雲頂高聳，最猛烈颮線雷雨通常有冰雹，颮風(squall winds)，甚至龍捲風伴生。

(三) 氣壓場特徵

　　在颮線後方通常會伴隨一種中尺度高壓系統，使得颮線過境後，受到颮線後方的高壓影響，氣壓陡升。

(四) 颮線系統對飛航安全的可能影響

　　颮線系統係由積雨雲所產生之一種風暴，是強烈之大氣對流現象。伴有閃電、雷聲、強烈陣風、猛烈亂流、大雨、偶或有冰雹等。雷雨產生的惡劣天氣對飛行操作構成嚴重威脅，如亂流、下沖氣流、積冰、冰雹、閃電與惡劣能見度等。飛機飛入雷雨中，會遭到危險，機身被投擲轉動，時而上升氣流突然抬高，時而有下降氣流忽然變低，冰雹打擊，雷電閃擊，機翼積冰，雲霧迷漫，能見度低劣，機身扭轉，輕者飛行員失去控制飛機之能力，旅客暈機發生嘔吐不安現象；重者機體破損或碰山，造成空中失事之災難。

二、臺灣雖然不是聯合國世界氣象組織的成員，但是氣象作業單位仍然依照世界氣象組織各國的共識，每天上午八點和晚上八點（地方時）各釋放氣象高空氣球一顆，探測大氣層的氣壓、溫度、濕度以及風場。試說明：

探空氣球風場探測的基本原理。（10 分）

如何利用探空資料估計大氣穩定度。（10 分）

大氣穩定度和雲（clouds）的關係。（10 分）

解析：

(一) 探空氣球風場探測的基本原理

　　將氣象儀器繫在充灌氫氣之氣球，使之在大氣中自由飛升，而以無線電探測儀追蹤並接收其所發射之信號，藉以測定高空風之探測。

　　目前高空風主要的觀測法有無線電經緯儀法、導航測風法和 GPS 法。無線電經緯儀法主要利用自動追蹤氣球的天線，接收由氣球攜帶升空的探空儀所發射出之無線電波，而量測出探空儀的仰角與方位角之位置。由天線仰角與方位角隨時間的改變，利用單經緯儀法之向量計算公式求得高空各層的風向與風速。

導航測風法係利用航空、航海的定位方法來量測風向與風速，基本上以氣球攜帶導航信號接收器接收位於固定地點所發射的導航信號，並將接收到的信號傳送到地面接收站(探空站)，利用各個地點發射不同信號之到達時間差距來計算氣球的位置。由於探空儀接收不同地點所發射的信號後，再傳送到探空站的路徑，對每一信號而言皆相同，所以探空站可以移動，亦即探空站可以置於船上或可移動之探空站。這種測風法主要有 LORAN-C 與 Omega 法。

GPS 為全球定位系統(Global Positioning System)之縮寫。GPS 法主要利用全球 24 個 GPS 衛星，作為氣球之定位，由其移動的軌跡計算出各層的風資料。每一個 GPS 衛星的軌道週期 12 小時，高度 20,000 公里，目前在全球各地之任何時間均可有 4 到 8 個衛星涵蓋，在衛星上裝設有非常穩定的銣元素頻率標準，俾使每個衛星皆能夠很準確且同步地發射出信號，所以在一固定點或移動體(氣球或船舶等)上，只要接收三個以上之 GPS 衛星信號，由其到達的時間，就可以很準確地定出其位置與高度。利用 GPS 定位系統時，必須在地面探空站及氣球攜帶之 GPS 探空儀(GPS sonde)上，安裝一個 GPS 接收系統接收衛星之定位信號。GPS 探空儀接收涵蓋於其上之所有衛星信號經壓縮組合後，將所有衛星之信號及探空儀所探測到之氣象資料等，同時以 400-406MHZ

之頻率信號傳送到地面探空站,地面探空站之接收系統同時接收涵蓋於其上空之為衛星信號與探空儀信號,予以處理後,即可準確地定出地面探空站及探空儀之位置和高度,解兩者之軌跡即可得到高空各層之風向與風速。

由於 LORAN-C 之定位系統於近期將停用並由 GPS 定位系統所取代,而且 GPS 探空系統之裝備較輕便,安裝容易,不受天候與地形之影響,準確度亦較其他方法為佳,所以 GPS 系統之普遍使用將是未來高空測風技術上之發展趨勢。

(二) 利用探空資料估計大氣穩定度

大氣穩定度(Atmospheric stability)

氣塊上升,膨脹,冷卻;氣塊下降,壓縮,增溫。氣塊上升,膨脹冷卻,氣塊下降,壓縮增溫,氣塊與環境之間沒有作熱量的交換,這種過程稱為絕熱過程。

乾絕熱遞減率(dry adiabatic rate)係指未飽和空氣每上升 1000 公尺,溫度增溫或冷卻率 $10℃$。濕絕熱遞減率(Moist adiabatic rate)係指上升空氣冷卻,氣溫正趨近露點溫度,相對溫度增加。空氣冷卻降溫至露點溫度,相對濕度 100%,空氣再被舉升導致凝結,形成雲,釋放潛熱。

濕絕熱直減率小於乾絕熱直減率。

決定穩定度

由上升氣塊的溫度和環境溫度來比較,可決定大氣的穩定度。如果上升氣塊溫度比環境為冷,密度變大變重,氣塊傾向回到原來的高度。如果上升氣塊溫度比環境為暖,密度變小變輕,氣塊繼續,直到兩者溫度相同時,才不再上升。

穩定大氣(Stable air)

球載儀器---雷文送---傳回溫度資料，這種溫度垂直剖面，稱為探空環境溫度直減率。

絕對穩定

當環境溫度直減率小於濕絕熱直減率時，大氣經常是絕對穩定。卷層雲、高層雲、雨層雲、或層雲都在穩定大氣中形成。

中性穩定度(Neutral stability)

氣塊直減率等於乾空氣直減率時，未飽和氣塊上升冷卻或下降增溫都和環境溫度相同。在這一高度，氣塊和環境都是相同的溫度和密度。氣塊傾向不是繼續上升，也不再下降，此時大氣是中性穩定。當環境直減率等於濕絕熱直減率時，飽和空氣是屬於中性穩定。

不穩定大氣(Unstable air)

絕對不穩定(Absolutely unstable)

當環境直減率大於乾絕熱直減率時，大氣是屬於絕對不穩定。環境直減率超過乾絕熱直減率時，此直減率稱為超絕熱。

條件性不穩定(conditionally unstable)

當環境直減率介於濕絕熱直減率和乾絕熱直減率時，大氣是屬於條件性不穩定。

(三) 大氣穩定度和雲（clouds）的關係

大氣層之穩定度有助於決定雲型，穩定空氣被迫沿山坡爬升，產生層狀雲，垂直氣流極小，雲中少有大氣亂流。

不穩定空氣被迫沿山坡爬升，山頂出現高聳之積狀雲，垂直氣流發展強烈，雲中亂流現象則大。

三、以地面測站觀測以及都卜勒雷達觀測，說明陣風鋒面的結構特徵。並說明此現象對飛航安全的影響。（25 分）

解析：

(一) 陣風鋒面的結構特徵

1. 地面測站觀測

陣風鋒面通過時，地面測站可以觀測到氣溫突降、風向轉變、氣壓跳升、大雨爆發和風速驟增。通常氣壓可跳升 1.8 hPa/5 min.，氣壓跳升比風速驟增提早 4.1 分。

雷暴系統發展後期，積雨雲中之水滴或冰晶重量增加，上升氣流再無力支撐，阻礙氣流上升。大水滴不克懸浮空中，降落地面，為降雨。雨滴在降落途中，摩擦拖曳力，帶著大小水滴及周圍空氣隨著下降，氣壓增加，加強下降氣流，在降雨區造成強烈之下沖氣流。濕冷空氣到達地面時，迅速向外沖出，與周遭暖空氣接觸，形成強烈之陣風鋒面。地面測站也可以觀測到風速忽然變強且空氣變涼，也有些許的降雨。

2. 都卜勒雷達觀測

陣風鋒面是指雷暴系統在雨滴大量快速落下時，拖曳冷空氣快速下降，在近地面時改變方向，沿地面附近向雷暴系統前側而沖去，而地表附近因為摩擦力的關系，離地面高一點的地方，用垂直剖面來看會有一個突出的鼻狀鋒面。因此陣風鋒面為雷暴系統前一道快速前推的冷空氣，會把前側的暖濕空氣快速舉升，而使之產生對流降雨。陣風鋒面會帶來冷又強的陣風以及降雨，在都卜勒雷達可以看到有雷暴系統前有一道風速快的鋒面。

　　3. 對飛航安全的影響

　　　　由於陣風鋒面會帶來強陣風，近地面飛行可能造成側風或亂流，飛機起降，也要格外注意，而陣風鋒面上面側帶有強烈的上升氣流，也會造成強烈的亂流，飛機飛行在雷暴統的前側也是非常的危險的。

　　　　陣風鋒面上常引發風切亂流，出現於低空雲層中與雲層下方。不規則且突然出現短暫的強風稱為陣風，陣風係由上升氣流和下降氣流間風切作用(shearing action)和抬升作用(lifting action)而產生。

四、龍捲風是地球上最劇烈的天氣系統，其最大風速常可高達 150 公尺每秒（m/sec）以上。美國洛磯山脈東側之中西部（Mid-west）是全世界龍捲風發生最頻繁的地區；龍捲風形成最重要的環境條件之一要有所謂的垂直風切（vertical wind shear），試說明洛磯山脈東側為何龍捲風非常容易發生？（10 分）龍捲風經常伴隨雷暴系統一起發生，試說明雷暴系統的結構，並指出何處最有利於龍捲風的發生？（10 分）

解析：

(一) 洛磯山脈東側為何龍捲風非常容易發生？

　　洛磯山脈東側，即美國中西部地區，高層有來自洛磯山脈西側較乾冷的空氣,越過低層來自墨西哥灣暖濕空氣,產生條件性不穩定大氣。強烈垂直風切,使地面空氣被迫急速上升,產生強烈的雷暴,強烈雷暴常引發龍捲風的形成。春季是龍捲風形成的頻率為最高。

(二) 雷暴系統的結構

　　熱空氣猛烈上升,在高空遇到冷空氣,由於中央的上升氣流極為強烈,會使雲下空氣急劇上升,在其周邊的空氣(雷雨雲的下方)隨之產生旋轉運動,形成小漩渦,當小漩渦上下激盪的非常厲害時,漩渦(或中央旋風)的動力產生足夠的力氣,把龍捲風下方的漏斗狀旋風以驚人的速度旋轉,漏斗狀旋風延伸到地面後,就形成了龍捲風。龍捲風的漏斗雲內的氣壓極低,基本上要低壓、高溫、高濕,且有可能以每小時 500 公里的速度,引發漏斗狀的空氣漩渦,其風速遠高於颶風的風速。一些龍捲風是由幾個小的漏斗狀風組成。龍捲風的定義一定連接著地面和天空。

(三) 最有利於龍捲風的發生?

　　在氣象雷達螢幕上,出現龍捲風的區域會呈現一個勾狀回波。在雷達幕上,一個典型的「勾狀回波」代表可能存在龍捲風的區域。

五、臺灣每年都遭受許多颱風的影響,造成非常大的災害,對飛航安全也影響至鉅。中央氣象局在發布颱風警報時,依據颱風特性提供非常多的資訊。試說明下列資訊的涵義:(每小題 5 分,共 25 分)

(一)海上颱風警報發布時機

(二)颱風強度的界定

(三)七級風和十級風暴風半徑

(四)颱風路徑的機率預報

(五)解除颱風警報的時機

解析：

(一) 海上颱風警報發布時機

　　海上颱風警報－預測 24 小時內，颱風 7 級風暴風半徑範圍，可能侵襲臺灣或金門、馬祖 100 公里以內海域時，應發布各該海域海上颱風警報，以後每隔 3 小時發布一次，必要時得加發之。

(二) 颱風強度的界定

　　颱風的強度是以近中心附近最大平均風速為標準，劃分為 3 種強度，如下表：

颱風強度劃分表

颱風強度　近中心最大風速

每小時公里	每秒公尺	每小時海里	相當蒲福風級
輕度颱風	62～117	17.2～32.6	34～63	8～11
中度颱風	118～183	32.7～50.9	64～99	12～15
強烈颱風	184 以上	51.0 以上	100 以上	16 以上

(三) 七級風和十級風暴風半徑

　　在颱風眼的邊緣是颱風風力最強的地方，然後愈向外風愈小，自颱風中心向外至平均風速每小時 28 海里的地方（每秒 14 公尺，七級風風速下限），這一段距離稱為七級風暴風半徑，在這暴風半徑以內的區域，即為暴風範圍。颱風的暴

344

風半徑平均約二、三百公里，大者可達四、五百公里。

　　自颱風中心向外至平均風速每小時 48 海里的地方（每秒 25 公尺，十級風風速下限），這一段距離稱為十級風暴風半徑。

(四) 颱風路徑的機率預報(颱風路徑潛勢預報)

　　颱風未來 72 小時路徑潛勢(70%機率)範圍，各圓圈代表各不同預報時間的颱風中心預報位置可能範圍，預報時間越長路徑潛勢範圍越大。圖例：

(五) 解除颱風警報的時機

　　解除颱風警報─颱風之 7 級風暴風範圍離開臺灣及金門、馬祖陸上時，應即解除陸上颱風警報；7 級風暴風範圍離開臺灣及金門、馬祖近海時，應即解除海上颱風警報。颱風轉向或消滅時，得直接解除颱風警報。

2011 年公務人員升官等考試

類科：航空管制
科目：航空氣象學

一、國內第一座都卜勒氣象雷達為交通部民用航空局所建置，試說明都卜勒氣象雷達和傳統氣象雷達所能觀測的氣象要素之異同，並說明都卜勒氣象雷達觀測資料在飛行安全上的重要應用。（25 分）

解析：

(一) 都卜勒氣象雷達和傳統氣象雷達所能觀測的氣象要素之異同

都卜勒氣象雷達和傳統氣象雷達都能觀測颱風、雷雨、鋒面等降水回波的強度，而都卜勒氣象雷達更可以觀測到徑向風場，也即觀測到遠離或接近雷達位址的風速，兩部以上在一定距離內還可以還原成實際風場。傳統氣象雷達則無法觀測到徑向風場。

(二) 都卜勒氣象雷達觀測資料在飛行安全上的重要應用

都卜勒氣象雷達觀測到颱風位置、颱風雨帶、颱風風場，雷雨回波強度、雷雨風場和其引發的低層亂流，鋒面位置、鋒面移動速度和鋒面前後風場，這些都是應用在飛行安全上有其重要性，更可提高飛行安全和飛航品質。

二、飛機起飛和降落時需考慮能見度，霧的出現將使能
　　見度明顯降低而可能延遲航機的起飛和降落，試說
　　明霧的成因，並討論可能導致霧形成的機制或過
　　程。(25 分)

解析：

霧發生之原因

　　因空氣冷卻降溫，氣溫接近露點溫度，空氣中水氣達到飽和而形成霧。冷卻作用而形成之霧稱為冷卻霧(cooling fog)，出現在同一個氣團裡，又稱氣團霧(air mass fog)。

冷卻霧

　　通常在地面逆溫層下之穩定空氣中產生。如輻射霧(radiation fog)、平流霧(advection fog)、升坡霧(upslope fog)和冰霧(ice fog)等。

　　因近地層水汽增加而使露點溫度增加而接近氣溫，空氣中水汽達到飽和而成為霧，如鋒面霧(frontal fog)和蒸汽霧(steam fog)等。

輻射霧(radiation fog)

　　近地表空氣因夜間地表輻射(terrestrial radiation)冷卻，氣溫降接近露點溫度，空氣中水氣達到飽和而凝結成細微水滴，懸浮於低層空氣中，是為輻射霧，又稱為低霧(ground fog)。

　　形成輻射霧之有利條件為寒冬或春季在夜間天空無雲，地表散熱冷卻快，相對濕度迅速升高，加上無風狀態下，最容易形成輻射霧。而輻射霧的消散，早晨輻射霧，太陽升

起後，氣溫逐漸升高，相對濕度變小，能見度隨之變好，下層空氣增溫，空氣逐漸變為不穩定，引起上下空氣混合，霧氣則漸漸消散。

唯輻射霧之上方有雲時，會阻止或延緩太陽輻射到達地面，使霧氣不易消散，能見度轉佳速度變為十分緩慢。或在平坦陸地上如機場經常發生的淺薄輻射霧，風速在每小時 5 浬左右時，上下空氣會有輕微混和，近地層冷卻高度增加，輻射霧厚度亦隨之加大。

平流霧(advection fog)

溫暖潮濕的空氣平流至較冷之陸面或海面，冷卻降溫，空氣中的水氣達到飽和，凝結而形成霧，是為平流霧。

發生在海上或沿海地帶的平流霧，又稱海霧 (sea fog)，常會往內陸地區移動。

有時平流霧也會和輻射霧同時產生。當風速增至 15 浬／時時，平流霧的範圍會擴大。若風速再增強，平流霧會被抬升，變為低層雲(low stratus)或層積雲(low stratocumulus)。

平流霧易發生地區

美國加州沿海一帶是容易形成平流霧的地區，潮濕空氣在較冷水面上移動，形成海岸外之平流霧，平流霧常常隨風吹至加州內陸。

冬季，北美洲墨西哥灣暖濕空氣北移至美國中部及東部較冷的內陸地區，形成平流霧，其範圍可伸展至大湖地區(Great Lakes)。

炎夏季節，高緯度海洋，周年溫度變化不大，但自熱帶地區暖濕空氣移至寒冷的北極海上，因下部冷卻而產生濃厚的海霧。

航機飛行於平流霧與輻射霧上空，前者常較後者範圍廣闊與持續長久，且無論日夜，平流霧比輻射霧移動快速。

升坡霧(upslope fog)

潮濕空氣吹向山坡而抬升，經絕熱膨脹冷卻作用，溫度降低，水氣飽和，在半山腰或山頂上凝結形成霧，稱為升坡霧(upslope fog)。升坡霧是指身處在山坡或山頂而言，若身處在平地上而言，升坡霧卻為山間之雲層。風一旦停止，升坡霧即形消散。升坡霧與輻射霧兩者是不相同，升坡霧可以在中度或強度風速之下，或在有雲層之天氣中形成。

升坡霧之形成過程

在穩定空氣中，氣溫降至山坡上之露點溫度時，就會形成升坡霧。氣溫與露點兩者的接近率約為 8.2℃/1000m，如在標高 1000 呎之山麓測得溫度與露點差數為 4°F，穩定潮濕空氣被風吹上 2000 呎高度之山坡後，其差數接近零度，即出現升坡霧。

在不穩定空氣中，空氣被風吹上山坡，會形成對流性雲層。當山坡上水氣飽和達凝結狀態時，亦會形成升坡霧。

冰霧(ice fog)

空氣含水氣充沛，在極寒冷和靜風之下，水氣常易直接凍結為冰霧。當氣溫在-31℃以下時，空中水氣急速昇華為細針狀冰晶，懸浮空際，太陽照射，閃爍發光，影響能見度，航機如飛向太陽之一方，常令飛行員有目眩之感。

冰霧，除了在氣溫很低和極端寒冷中形成之外，冰霧和輻射霧兩者相同。在高緯度極地嚴寒地區，如中國新疆、蒙

古及東北等地，在城鎮或機場地區，人煙集中，工廠、汽車
和飛機等等排放甚多的水氣和凝結核，每遇到風速微弱和氣
溫低至-35℃時，冰霧就快速形成。

鋒面霧(frontal fog)

　　暖鋒前有廣闊的下雨區，在接近地面之暖鋒下方的冷氣
團，常發生大霧，稱之為鋒面霧(frontal fog)。

　　其形成原因係為暖空氣爬上暖鋒斜坡而冷卻，凝結形成
雨水(warm rain)，比較暖的雨水降落於暖鋒斜坡下方的冷氣
團裡而蒸發，增加了冷空氣中的水氣，形成飽和狀態，凝結
形成大霧。

　　暖鋒降雨引發大霧，持續時間與降雨時間相同。鋒面霧
常見於冬季，日間溫度上升很少，霧氣歷久不散，除非降雨
停止或鋒面系統他移，否則能見度將無法改善。

鋒面霧之性質

　　降雨引發之大霧，範圍廣闊，大都隨暖鋒出現，有時也
隨著緩慢移動的冷鋒或滯留鋒面出現，大都在鋒面之前方，
又稱鋒前霧(pre-frontal fog)。降雨區或其附近地帶的大霧，
常伴隨積冰、亂流及雷雨等危害天氣，飛行員應特別注意。

蒸汽霧(steam fog)

　　冷空氣流經暖水面，暖水面的水氣蒸發出來，凝結形成
霧，稱之為蒸汽霧(steam fog)。

　　蒸汽霧常自暖水面(或海面)瀰漫升起，霧氣如煙，又稱
海煙(sea smoke)。

　　蒸汽霧的底部溫度比較熱，最低層趨於不穩定之狀態，
會有對流擾動作用。

蒸汽霧出現的地區，在南北極海洋地區十分普遍，稱為極地海煙(arctic sea smoke)。中緯地區湖泊與河流上，秋季因水面冷卻比陸地慢，較之入侵的冷空氣尚溫暖很多，致常發生蒸汽霧。

三、晴空亂流（CAT）常影響飛行安全，而晴空亂流常出現於噴流區附近；試說明何以中緯度地區之高空常存在有西風噴流，說明中須包含此西風噴流及其伴隨的大氣垂直結構特徵，此外並討論此西風噴流之季節變化特性。（25分）

解析：

(一) 中緯度地區之高空常存在有西風噴流

　　熱帶地區大氣的平均溫度較高，所以大氣的氣層厚度比較厚，中緯度地區相對大氣平均溫度較低，大氣層厚度較薄，所以大氣會呈現往北傾斜降低的情況。經由科氏力跟氣壓梯度力的平衡，風的方向在低壓的南側是吹西風，所以中緯度的高空一般來說是很明顯的西風，低緯度由於南北溫度梯度不大厚度差異也不大，所以西風不明顯，甚至還會有偏東風的出現。

　　空氣由赤道往北流，在往北的過程中會逐漸感受到科氏力的作用，科氏力是緯度跟風速的函數，緯度漸高則感受到的科氏力會越大，科氏力在北半球會讓運動中的氣塊往右偏，由南往北的運動往右偏就會變成西風。從熱力風原理來講，南北向的溫度差，造成東西向的垂直風切，也就是風速會往上增強，當達到一定程度，高層西風風速通常是大於 50Kts，就被稱為噴流。

還有一種情況是當溫度梯度明顯加大，例如有鋒面產生，最初的靜力調節會先發生，也就是大氣傾斜的狀況變得更明顯，氣壓梯度力的作用會暫時大過科氏力，此時為了調整回來，風速會加大，讓科氏力能回到跟氣壓梯度力平衡的狀態，也就是進行地轉調節的過程，這個風速加大的情況也會造成噴流的現象，所以鋒面的上方常有噴流，就是因為這個關係。

通常在極區對流層頂和副熱帶對流層頂間斷裂處，常是南北溫度梯度最大區，所以中緯度的西風噴流會出現在對流層頂附近。

(二) 西風噴流及其伴隨的大氣垂直結構特徵

在 500hPa 以上的中高對流層，約 300N 以北大多為偏西風；在西風區中，風速最強的中心區，其風速≧50kt 時，稱為噴流(Jet)；若噴流區其風速分佈在沿氣流方向有顯著變化而有局部極大值時，則稱之噴流條(Jet Streak)。噴流條一般移速緩慢，空氣質點之移速較快，故空氣塊會進入或離開噴流條區，故分別稱之入區（entrance region）和出區（exit region）。高層（～300 hPa）噴流條的左前方和右後方，在地面上易有天氣現象發生或天氣系統形成。

(三) 西風噴流之季節變化特性

噴射氣流平均位置與極鋒同進退，冬季南移，最南極限約在 20°N；夏季向北退至 40°N 與 45°N 間。噴射氣流底層高度亦因季節與強度而有不同，冬季可低至 3,600 公尺或

4,500 公尺，但平常為 6,700 公尺左右，夏季高度概在 6,000-9,000 公尺。噴射氣流之上層高度約自 7,600-15,000 公尺，但平常高度在對流層頂中。

　　副熱帶噴射氣流是一條環繞地球溫帶地區一周之帶狀高速氣流，但常常斷裂成一系列顯著而不連續之片段。它南北水平向波動與垂直向起伏，在同一時間會有兩條或兩條以上噴射氣流出現。當噴射氣流與極鋒伴隨時，噴射氣流位於暖空氣中，並位於極地氣團與熱帶氣團間最大溫度梯度之南緣或沿著南緣一帶。

　　噴射氣流在中高緯度，受到極鋒冬夏季節之南北位移，噴射氣流平均位置亦隨之南北移動，即冬季南移，與夏季北移，並且冬季強於夏季。

　　亞洲及北美大陸常出現兩支噴射氣流，其核心高度約在 25,000-45,000 呎間，但並不一致，端視其所在緯度與季節而定。由於其移動之不穩定，其核心高度有時高有時低。高空噴射氣流常隨高壓脊與低壓槽而遷移。不過噴射氣流移動較氣壓系統移動為快速。最大風速之強弱，視其通過氣壓系統之進行情況而定。強勁噴射氣流常與加深高空槽或低壓下方之地面低壓及鋒面系統伴生。氣旋常常產生於噴射氣流之南方，氣旋中心之氣壓愈加深，則氣旋愈靠近噴射氣流。囚錮鋒低壓中心移向噴射氣流之北方，而噴射氣流軸卻穿越鋒面系統之囚錮點(point of occlusion)。

　　噴流為高空冷暖空氣邊界之指標，卷狀雲類(cirriform clouds)容易形成之場所。噴射氣流與地面天氣系統相關位置圖，地面系統之初生氣旋低氣壓常在噴射氣流之南方。氣旋加深，噴射氣流接近氣旋低壓中心。氣旋囚錮後，噴射氣流穿越囚錮點，而氣旋低壓中心在噴射氣流之北方。

　　噴流伴隨強烈輻散場，導致或伴隨低層旋生。噴流上下有強烈垂直風切，晴空亂流發展最有利區域。冷暖平流伴隨強烈風切在靠近噴射氣流附近發展,尤其在加深之高空槽,噴射氣流彎曲度顯著增加區，當冷暖氣溫梯度最大之冬天，晴空亂流最為顯著。晴空亂流在噴射氣流冷的一邊(極地)之高空槽中。晴空亂流在沿著高空噴流且在快速加深地面低壓之北與東北方。晴空亂流在加深低壓,高空槽脊等高線劇烈彎曲地帶以其強勁冷暖平流之風切區。

四、颱風伴隨有強風和劇烈對流，是影響飛航安全最重要的天氣系統之一種；試說明西北太平洋地區颱風的運動特徵，並簡要討論不同路徑之侵台颱風對臺灣天氣的影響程度。（25 分）

解析：

(一) 西北太平洋地區颱風的運動特徵

　　颱風的進行方向，一般都受大範圍氣流所控制，在北太平洋西部生成的颱風，主要受太平洋副熱帶高氣壓環流所導引，因此在太平洋上多以偏西路徑移動，但到達臺灣或菲律賓附近時，常在太平洋副熱帶高氣壓邊緣，故路徑變化多端，有繼續向西進行者，有轉向東北方向進行者，更有在原地停留或打轉者，如圖 11。一般而言，導引氣流明顯時，颱風的行徑較規則，否則颱風的行徑較富變化。

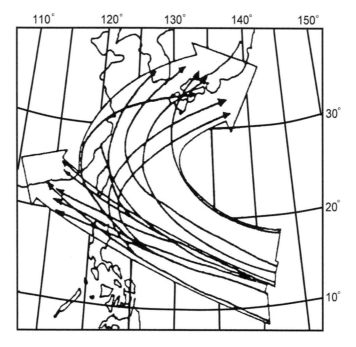

圖 11　北太平洋西部颱風路徑圖（摘自中央氣象局網站）

　　颱風常受太平洋副熱帶高壓環流的影響而移動，低緯度颱風初期位在太平洋副熱帶高壓南緣，多自東向西移動，其後位在副熱帶高壓西南緣，逐漸偏向西北西以至西北，至 20°N 至 25°N 附近，颱風位在副熱帶高壓西北或北緣，此時颱風受到低空熱帶系統與高空盛行西風系統互為控制之影響下，致使其移向不穩定，甚至反向或回轉移動，最後盛行西風佔優勢，終於在其控制之下，漸轉北進行，最後進入西風帶而轉向東北，在中緯度地帶，漸趨消滅，或變質為溫帶氣旋。颱風全部路徑，大略如拋物線形。

(二) 不同路徑之侵台颱風對臺灣天氣的影響程度。

我們把影響臺灣地區的颱風路徑分成 10 類：

(1) 第 1 類：通過臺灣北部海面向西或西北進行者，占 12.7%。

(2) 第 2 類：通過臺灣北部向西或西北進行者，占 12.7%。

(3) 第 3 類：通過中部向西或西北進行者，占 12.7%。

(4) 第 4 類：通過臺灣南部向西或西北進行者，占 9.5%。

(5) 第 5 類：通過臺灣南部海面向西或西北進行者，占 19%。

(6) 第 6 類：沿東岸或東部海面北上者，占 13.3%。

(7) 第 7 類：沿西岸或臺灣海峽北上者，占 6.6%。

(8) 第 8 類：通過臺灣南部海面向東或東北進行者，占 3.7%。

(9) 第 9 類：通過臺灣南部向東或東北進行者，占 6.9%。

(10) 第 10 類：無法歸於以上的特殊路徑，占 2.9%。

當颱風侵襲時（含中心經過及暴風圈影響），各地出現的風力大小，除與颱風的強度有關外，亦與當地的地形、高度以及颱風的路徑有密切關係。臺灣地區的地形複雜，而颱風的路徑亦不一致，各地的風力相差甚大，一般可歸納如下：

(1) 東部地區：因地處颱風之要衝，且無地形阻擋，故本區出現的風力為全台之冠。尤以第 2、3、4 類颱風出現的風力最為猛烈，第 5、8 類颱風出現的風力亦甚烈。

(2) 北部、東北部地區：此區以第 2、3 類颱風出現的風力最為猛烈，其他第 1、4、6 類颱風所出現的風力次之。

(3) 中部地區：因為中央山脈屏障，除第 3、7、9 類颱風出現的風力較強外，其他各類颱風出現的風力多不太強。

(4) 南部地區：因為中央山脈屏障，除第 3、4、7、9 類颱風出現的風力較為猛烈外，其餘各類颱風出現的風力均不會太強。

颱風侵襲時臺灣地區的降雨狀況如何？

颱風挾帶豐富水氣，故侵襲時往往帶來豪雨，而這種豪雨又受制於颱風路徑、地形、強度、水氣含量、移動速度及雲雨分布等不同因素影響，而使各地降雨量產生很大差別。唯根據路徑分析，各地降雨情況可歸納出下面幾種情形：

(1) 第 2、3、6 類路徑颱風的降雨以北部及東北部地區最嚴重，中部山區雨量亦多，如入秋（9 月）後有東北季風南下，更能加大雨勢，致常引起北部及東北部地區的水災。另第 4、5 類路徑颱風如在入秋侵台，北部及東北部地區雨量（尤其山區）亦甚大，應注意防範。

(2) 第 3 類路徑颱風在登陸前，北部及東部地區雨勢亦強，穿過中部地區後，南部地區因偏南風吹入，致使雨勢加強，但以中南部山區雨量增加最多。

(3) 第 4、5 類路徑颱風從臺灣南端或近海通過，除東南部地區雨量較多之外，其他地區雨量不多。

(4) 第 6 類路徑颱風沿東岸或東方海面北上（例民國 87 年 10 月的瑞伯颱風），以東部地區降雨最多，北部及東北部地區有時亦有較大雨勢。

(5) 第 7、8 類路徑颱風對西南部及東南部地區影響較大，雨量最多雨勢亦大，東部、北部及東北部地區雨量並不多。

(6) 第 9 類路徑颱風為一較特殊路徑的颱風，其影響視颱風強度及暴風範圍（半徑）而定，一般以中南部及澎湖地區最嚴重，其他地區次之。例如民國 75 年 8 月的韋恩颱風，造成全台風雨均甚大，但以中南部及澎湖地區災害損失最多。

2011 年公務人員民航人員三等特種考試

類科：飛航管制、飛航諮詢
科目：航空氣象學

一、試闡述影響颱風強度變化的大氣過程（15 分），並說明海洋可能扮演的角色（10 分）。

解析：

(一) 影響颱風強度變化的大氣過程

　1. 廣大海洋，高溫潮濕，風力微弱，有利於對流作用之進行。

　2. 南北緯 5°與 20°間，科氏力作用有助於氣旋環流之形成。

　3. 對流旺盛，氣流上升，降水豐沛，所釋放之潛能，足以助長對流之進行，使低層暖空氣內流。

　4. 因地轉作用，內流空氣乃成渦漩行徑吹入，角運動量 (angular momentum)之保守作用，為造成強烈環流之原因。

　5. 熱帶風暴區內氣流運行強烈，上升氣流之大量凝結釋放潛熱作用，能量供應充足。

　6. 南北緯 5°與 20°間海洋，處於赤道輻合區，氣流輻合，利於渦旋之生成。

　　具體言之，影響颱風強度變化的大氣過程為廣大洋面，海面溫度大於 26.5° C，天氣系統有低空輻合以及氣旋型風切等現象。產生颱風之溫床為東風波、高空槽與沿著東北信風及東南信風輻合區之間熱帶輻合帶(ITCZ)，此外，尚須在對流層上空有水平外流的輻散作用。

上述條件配合之下，產生空氣柱之煙囪(chimney)現象，空氣被迫上升，凝結成雲致雨，由於凝結，大量潛熱放出，使周圍空氣溫度升高，進而加速空氣上升運動。氣溫上升，導致低層氣壓降低，又增加低空輻合作用，因而吸引更多水氣進入熱帶氣旋系統中。如此連鎖反應繼續進行，形成巨大渦旋，於是颱風形成。

新生之熱帶風暴，範圍小，威力弱，但由於氣流旋轉上升，發生絕熱冷卻，水氣凝結，釋出大量潛熱，能量增加，氣旋逐漸生長發達，成熟後，範圍擴大，直徑多在 320 公里至 800 公里(200 浬至 500 浬)之間，至與其伴生之雲系，範圍則較颱風範圍更廣，直徑可達 1600 公里(1000 浬)左右。

(二) 海洋可能扮演的角色

廣大海洋，高溫潮濕，對流旺盛，提供豐沛的水氣，當氣流上升，水氣凝結，釋放大量的潛熱，助長對流之進行。洋面上暖空氣輻合，空氣被迫上升，水氣繼續凝結成雲致雨，大量潛熱放出，使周圍空氣溫度升高，進而加速空氣上升運動。氣溫上升，導致低層氣壓降低，又增加低空輻合作用，因而吸引更多水氣進入熱帶氣旋系統中。如此連鎖反應繼續進行時，形成巨大渦旋，於是颱風形成或加強。

二、產生豪雨的天氣系統常和組織性雷暴天氣有關,有時又稱為劇烈中尺度對流系統。在臺灣春夏交接之際(梅雨季),常有豪雨天氣的發生:

試說明此一時期有利於豪雨天氣發生的綜觀環境條件。(15 分)

說明中尺度對流系統對飛航安全的可能影響。(10 分)

解析:

(一) 有利於豪雨天氣發生的綜觀環境條件

臺灣春夏交接之際(梅雨季),由於東亞大陸冷氣團減弱,太平洋副熱帶高壓勢力增強,兩氣團勢力相當。每當大陸冷氣團南移,帶來東北季風,和太平洋副熱帶高壓西伸,帶來西南季風,兩者交界會合,形成近似滯留的梅雨鋒面,徘徊於台灣及其鄰近地區,而導致連續性或間歇性降雨,間或夾帶豪雨。

地面天氣圖鋒面位於臺灣附近,850hPa 高空天氣圖出現低層噴流(30-40Kts)、在臺灣西或西北方有低壓出現。500hPa 高空天氣圖有深槽且有垂直地面鋒面之氣流。300hPa 高空天氣圖有強的分流、在臺灣北方 5 個緯度內之風速≧60Kts。也即地面天氣圖有鋒面擾動輻合、低層強風(噴流)攜帶暖濕空氣,中層短槽提供上升運動和高對流層分流(輻散)等條件配合,是為豪雨系統(MCSs)形成與加強的有利環境條件。

低層不只有風切的擾動輻合,亦伴隨有強風帶攜帶暖濕空氣至台灣南部,中層有深槽提供上升運動,加上高對流層有明顯分流等配合，造成許多旺盛對流系統一個接一個沿著鋒面向東移入台灣中南部，造成中南部地區出現超大豪雨。

(二) 中尺度對流系統對飛航安全的可能影響

中尺度對流系統雷雨係由積雨雲所產生之一種風暴，是強烈之大氣對流現象。伴有閃電、雷聲、強烈陣風、猛烈亂流、大雨、偶或有冰雹等。雷雨產生的惡劣天氣對飛行操作構成嚴重威脅，如亂流、下衝氣流、積冰、冰雹、閃電與惡劣能見度等。

飛機飛入雷雨中，會遭到危險，機身被投擲轉動，時而上升氣流突然抬高，時而有下降氣流忽然變低，冰雹打擊，雷電閃擊，機翼積冰，雲霧迷漫，能見度低劣，機身扭轉，輕者飛行員失去控制飛機之能力，旅客暈機發生嘔吐不安現象；重者機體破損或碰山，造成空中失事之災難。

中尺度對流系統中的雷雨，常引發亂流(turbulence)、冰雹(hail)、閃電(lightning)、積冰(icing)、降水(precipitation)、地面風(surface winds)、下爆氣流(downburst)、氣壓變化、龍捲風(tornado)、颮線(squall lines)以及低雲幕與壞能見度(low ceiling and poor visibility)等天氣，對飛航安全構成危險。

三、大氣中雲的種類、雲的高度、以及雲量多寡等都會影響飛航路徑設計與安全：

(一)試闡述積雲和層雲微結構特徵差異。(15分)

(二)雷暴主要由積雨雲組成，試說明雷暴的微結構特徵。(10分)

解析：

(一) 積雲和層雲微結構特徵差異

1. 積雲

　　孤立堆積成花椰菜或塔狀雲形，邊緣分明，陽光照射部分呈白色且特別明亮，雲內部垂直上升強烈，隆起像圓頂或高塔。積雲底較暗近乎扁平，同時有往上堆積的現象（heaped appearance）。換言之，積雲常有強烈的對流上升和下降氣流現象。通常大氣有對流不穩定時，常產生積狀雲。在積狀雲中或鄰近都有相當程度之亂流。

　　積雲最初發展時，天氣良好，繼續發展相當深厚時，內部會有顯著亂流和積冰現象。在積雲階段(cumulus stage)，雲中、雲上、雲下及雲周圍都有上升氣流，積雲如繼續發展，上升氣流垂直速度加強，上層最大上升氣流速度可高達每秒15 公尺以上。積雲層中氣溫高於雲外氣溫，內外溫差在高層顯著。積雲初期雲滴小，再不斷向上伸展，雲滴逐漸增大為雨滴，被上升氣流抬高至結冰高度層以上，約在 12000 公尺高空，雨滴仍舊保持液體狀態。積雲頂高度一般約在 9000公尺。上層過冷雨滴如再上升，部份雨滴凍結成雪，形成雨雪混雜現象，稱為濕雪(wet snow)，進一步發展，最後變成乾雪(dry snow)。雨滴和雪花被上升氣流抬舉或懸浮空際，地面不見降水。

2. 層雲

　　灰色雲，瀰漫天空，無結構，似霧而不著地，厚層雲會下毛毛雨(drizzle)或雪粒(snow grains)，較薄層雲在潮濕的空氣係因擾動和地形抬升或潮濕空氣與冷地面接觸所形成。碎狀層雲可能從高層雲或雨層雲下雨或下雪時所形成。層雲，無垂直對流，雲中無亂流。穩定空氣被迫沿山坡上升，以層狀雲居多，無亂流現象。

　　層雲，空氣穩定，飛行平順，惟常碰到壞能見度與低雲幕，必須實施儀器飛行規則(IFR)飛行。

(二) 雷暴的微結構特徵

　　雷雨由無數雷雨個體或雷雨胞(cell)組成，大半成群結隊，連續發生，雷雨群之範圍可能廣達數百哩，雷雨延續時間長至六小時以上，但雷雨個體範圍很小，直徑很少超過十數公里以上者。雷雨個體，整個生命自二十分鐘至一個半小時間，很少超過二小時者。

　　雷暴在積雲階段(cumulus stage)時，雲中、雲上、雲下及雲周圍都有上升氣流，積雲如繼續發展，上升氣流垂直速度加強，上層最大上升氣流速度可高達每秒 15 公尺以上。積雲層中氣溫高於雲外氣溫，內外溫差在高層顯著。積雲初期雲滴小，再不斷向上伸展，雲滴逐漸增大為雨滴，被上升氣流抬高至結冰高度層以上，約在 12000 公尺高空，雨滴仍舊保持液體狀態。積雲頂高度一般約在 9000 公尺。上層過冷雨滴如再上升，部份雨滴凍結成雪，形成雨雪混雜現象，稱為濕雪(wet snow)，進一步發展，最後變成乾雪(dry snow)。雨滴和雪花被上升氣流抬舉或懸浮空際，地面不見降水。

　　雷暴在成熟階段(mature stage)時，大氣對流加強，積雲繼續向上伸展，發展成為積雨雲，雲中雨滴和雪花因不斷相互碰撞，體積和重量增大，直至上升垂直氣流無法支撐時，雨和雪即行下降，地面開始下大雨，雷雨到達成熟階段。在雷暴成熟階段時，積雨雲雲頂一般高度約為 7500-10600 公尺，有時會沖過對流層頂，達 15000-19500 公尺。積雨雲中層和前半部厚度和寬度擴大，下雨將冷空氣拖帶而下，形成下降氣流，下降流速度不一，最大可達 15m/sec，氣流下降至距地面 1500 公尺高度時，受地面阻擋的影響，下降速度減低，並向水平方向伸展，向前方伸展較後方為多，成為楔形冷核心(cold core)。其水平方向流出之空氣，在地面上形成猛烈陣風，氣溫突降，氣壓陡升。

雷暴在消散階段(dissipating stage)時，雷雨在成熟階段後期，下降氣流繼續發展，上升氣流逐漸微弱，亂流急速減弱，最後下降氣流控制整個積雨雲，雲內溫度反較雲外為低。自高層下降的雨滴，經過加熱與乾燥之過程後，水分蒸發，地面降水停止，下降氣流減少，積雨雲鬆散，下部出現層狀雲，上部頂平如削，為砧狀雲結構。砧狀雷雨雲之出現，並非全為雷雨衰老象徵，有時砧狀雷雨雲會出現極端惡劣之天氣。

四、複雜地形是許多局部且變化多端天氣現象形成的原因，對於山區飛航造成重大威脅。試說明：

(一)地形如何影響氣流分布。（10 分）

(二)地形如何影響降雨的分布。（15 分）

解析：

(一) 地形如何影響氣流分布

　　地形對氣流的影響方式分成熱力的強迫作用與動力的機械作用(The thermal and mechanism of dynamic factors)兩類。地表與大氣間因可感熱,潛熱以及輻射熱的交換所引起的效應屬於熱力的強迫作用;而一般摩擦,阻擋等則可歸類為機械之作用。

　　地形熱力作用所引發的大尺度環流為由廣闊山區與低地共同形成的區域性環流，中尺度環流則包括海陸風(Sea-land breeze)環流,山谷風(Mountain and valley winds)環流及都市鄉村間的熱島環流等，小尺度流場則有斜坡風(Slope winds)。

　　地形之動力作用對大氣流場的影響規模可分三尺度：

　　第一是因大尺度的地球自轉效應，而在連綿山系所形成的行星尺度波狀運動(Planetary---scale effects)，包括下列三個主要的過程：1.經由摩擦和形狀阻力將角動量(Angular momentum)傳送至地表。2 氣流的阻塞(Blocking)和偏轉(flection)。3 能量通量的調整。

　　第二是因山脈因素而對綜觀尺度天氣系統所生的修正作用(Synoptic---scale effects)，其有兩個重要的作用：1 使越山的鋒面氣旋產生結構上的修正作用,2 在山脈的背風坡,使氣旋生成獲得加強。

　　第三是各種尺度的地形因局部重力作用而導致的波狀運動(Local airflow modification)，在迎風坡會產生山前逆流效應或柱狀擾動(Column turbulence)等；在山地上空產生山岳波；在背風坡會產生背風波(Lee waves)波動和下坡風（Katabatic winds）等現象。各種尺度的地形也會造成氣流的強度變化，例如：障礙效應（Barrier effect）、角效應（Corner effect）、山谷效應（Valley effect）和漏斗效應（Funnel effect）。

另外，當綜觀形式有利時，地形對氣流的熱力和機械力效應能夠在山脈的背風坡產生好幾種沿山坡吹下的風。在這些所謂「瀑風」（Fall winds）中，有焚風（Foehn）、欽諾克風（Chinook）、布拉風（Bora）、和下坡風（Katabatic winds）等。

(二) 地形如何影響降雨的分布

台灣梅雨季大約發生在 5 月下旬至 6 月上旬。此時台灣海峽及南海北部附近盛行西南～西南西風。台灣是一海島，山區面積占整個台灣約三分之二。在梅雨季時台灣西南部為迎風面，常發生豪大雨。

最大降雨區都在中央山脈迎風面，中央山脈為影響梅雨分布的主要因子，連續性降雨常夾帶雷陣雨及豪雨，導致水災。許多旺盛對流系統一個接一個沿著鋒面向東移入台灣中南部，造成中南部地區出現超大豪雨。

五月中旬至六月中旬間，存在相當顯著的相對最大值；愈往南台灣，降雨量高峰特徵愈明顯；山脈以西遠較以東顯著。以中央山脈為分界，山脈以西較以東為高；以南北來分，則呈現由北向南明顯增加。中部山區遠較北部山區多；位於台灣西方的澎湖和東吉島較北端的彭佳嶼和東南方的蘭嶼多。

1997～2007 年 11 年內各年梅雨季月平均雨量大部份降雨之最大值都在台灣西南部地形斜率為 0.3 以上的山坡地，高度 500 m 或是在 1.5～2 km 間。

2012 年公務人員高等考試三級考試試題

類科：航空駕駛

科目：航空氣象

一、詳細說明下圖有關天氣「預報準確度-時間」的涵義。又根據美國第一代網際網路飛航天氣服務網（Flight Advisory Weather Service, FAWS）對於航空天氣預報準確性之評價，那些天氣之預測準確性仍無法滿足現今航空操作的需求？（20 分）

解析：

(一) 天氣「預報準確度-時間」的涵義

　　持續性預報(Persistence Forecasts)在一開始，預報準確性與實際天氣接近百分百，但在隨後幾個小時之內，預報準確性就急速下降，準確性就很差。

　　氣象預報(Meteorological Forecasts)只能從幾個小時後，才能開始預報，幾個小時的預報準確度約有 80-90%，隨後預報時間延長，準確性慢慢下降，其預報的可信度可達數天之久。預報的誤差會隨預報時間加長而準確性逐漸下降，所以氣象預報有其預報時間長度限制，無法做到百分之百的準確，預報技術得分大部分比 persistence 高，表示預報有技術性。目前確定性天氣的可預報度限制在幾週以內

（Hoskins and Sardes hmukh 1987; Ripley 1988），其主要的因素是我們對於取得大氣美國氣象學會（American Meteorological Society 1998）所作的評估認為短期（12 至 72 小時）預報相當有技術性，中期（三至七天）預報的技術則逐漸下降，從技術很好的三天預報逐漸下降至只有些微技術的七天預報，有些情況則能維持技術到十天左右（Ripley and Archibold 2002）。

　　氣候預報(Climatological Forecasts)從一開始至數天，預報準確性都只有 30-40%。總之，持續性預報只能應用在及時短時間預報，氣候預報只能應用在長時間氣候變化的推估，而氣象預報可應用在短、中期天氣預報，通常 3 天之內的預報是可性的。

(二) 預測準確性，無法滿足現今航空操作之需求

　　根據美國氣象局各主要飛航天氣服務中心(Flight Advisory Weather Service Centers, FAWS)對於航空天氣預報資料準確性之研究評價，下列各項天氣之預測準確性，無法滿足現今航空操作之需求：

(1)凍雨之開始時刻。

(2)強烈或最強烈亂流(severe or extreme turbulence)之出現與發生位置。

(3)嚴重積冰之出現與發生位置。

(4)龍捲風之出現與發生位置。

(5)雲高為 100 呎或低至零者。

(6)在雷雨未形成前，無法預測其開始時間。

(7)在十二小時前，無法預測颱風中心位置準確至 160

公里(100 哩)以內。

(8)凍霧之發生。

二、高空噴射氣流（Jet Stream）系統中，有四處不同
　　強度的晴空亂流發生區，試說明之。（20分）

解析：

　　晴空亂流常出現在噴射氣流附近，尤其會在加深氣旋之
風場中，發展成為強烈至極強烈亂流。高空晴空亂流具有不
連續性與短暫生命之特徵，其輻度大小不一，普通有 2000
呎之厚度，20 哩之寬度，50 哩或更多之長度，它向風吹的
一方延展。

　　晴空亂流最強區在風切最大區和等風速線(isotachs)密
集區，晴空亂流之強度可分為 A、B、C、D 四區。

　　A 區在鋒面區裡，接近對流層頂處，等風速線最密集，
晴空亂流最強烈。溫帶氣旋伴隨鋒面區，其厚度大約
5000-8000 呎，坡度為 1/100-1/150。

　　B 區在副熱帶對流層頂(sub-tropical tropopause)與噴射
氣流核心上方(即在平溫層)，晴空亂流強度僅次於 A 區。

　　C 區在噴射氣流核心下方，近鋒面區暖氣團裡，有中度
至強烈之晴空亂流。D 區在暖氣團裡，距離鋒面區及噴射氣
流核心較下方與較遠，晴空亂流為輕度或無。

三、解釋下列各種飛行高度的涵義：真高度（true
　　altitude），指示高度（indicated altitude），修正高度

（corrected altitude），氣壓高度（pressure altitude），密度高度（density altitude）。其中，發生高密度高度（high density altitude）天氣狀態時，對於飛航操作有那些危害影響？（20分）

解析：

(一) 真高度(true altitude)

絕對高度係以平均海平面為基準面，凡一點或某一平面上，高於平均海平面之垂直距離，稱之真高度，如，海拔高度或飛行高度是為真高度(true altitude)。

(二) 指示高度（indicated altitude）

航機在某一點或某一平面上，其高度計經撥定至當地高度撥定值時，所指示平均海平面以上之高度。

(三) 修正高度(corrected altitude)

修正高度係航機在某一點或某一平面上，其指示高度再按當時航機下方空氣平均溫度與該高度標準大氣溫度之差數，加以修正之高度，故修正高度十分接近真高度。

(四) 氣壓高度(pressure altitude)

航機在某一點或某一平面上，當時氣壓值相當於在標準大氣中同等氣壓時之高度。航機在一個氣壓面(constant pressure surface)上飛行，係指一個等氣壓高度(constant pressure altitude)。航機飛行於一個等氣壓高度面上，是飛行於一個等壓面上。

(五) 密度高度(density altitude)。

航機在某一點或某一平面上，當時空氣密度值相當於在標準大氣密度時之高度。因氣溫、氣壓與濕度三種因素決定密度，而密度高度係根據氣溫而修正之氣壓高度。氣壓高度和氣溫直接影響密度高度。當氣壓高度之氣溫高於氣壓高度之標準氣溫時，其密度高度必高。當氣壓高度之氣溫低於氣壓高度之標準氣溫時，其密度高度必低。

(六) 高密度高度對飛航安全之危害

　　氣溫直接影響密度高度，高溫，空氣變輕，其密度值相等於標準大氣中較高高度之密度值，稱為高密度高度(high density altitude)。密度高度並無高度的意義，係一種飛機操作效能之指標，低密度高度可增進飛機飛航操作效能。高密度高度會降低飛機飛航操作效能，在氣壓高度、氣溫與濕度增大時，空氣密度減小，密度高度增高，機場之密度高度高出該機場之標高數千呎，如果航機載重量已達臨界負荷，對飛航安全將構成極度危險，飛行員應特別注意。

　　高密度高度會危害飛航操作，減少飛機動力，因空氣密度小，空氣稀薄，降低引擎內燃之能力；減少飛機衝力，因空氣變輕，使得飛機螺旋槳減低控制能力，也使噴射引擎吸入較少空氣減少舉升力，因稀薄且較輕空氣對飛機翼面浮力較變小。冷空氣，密度大。在低密度高度飛行時，航機通過機翼之單位容積空氣質量變大，足以增加機翼之舉升力。暖空氣，密度小。在高密度高度飛行時，航機通過機翼之單位容積空氣質量最變小，減低機翼之舉升力。

　　航機在高密度高度區飛行時，需要額外之引擎動力以補償，因稀薄空氣而減少之舉升力。在高密度高度狀況下，如飛機之最大載重量超過當時引擎動力之極限，須減少載重

(酬載或油料)。航機在高密度高度下飛行時,會減低飛機之實際上升極限。計算飛機之最大負載時,必須先注意密度高度。

高密度高度會影響飛機起降,航機在高密度高度下起飛時,會增加飛機在起降之滑行距離,減少飛機之爬升率(rate of climb)。飛機在起飛時,須加快地速(ground speed),由於動力及衝力之被低減,必須在較長跑道上滑行,始能順利起飛。飛機降落時,較高速度下滑,須較長跑道,始能充份停止滑行。飛機在起飛時,需加快空速,一定時間內飛行距離加長,即其爬升角度變小,加之動力轉弱,如果機場周圍地形崎嶇,則飛機起飛爬升時,造成雙重危險。高密度高度增加起飛滑行距離與降低爬升率。

四、說明氣象守視觀測員的水平能見度、飛行能見度、近場能見度以及跑道視程等四種能見度的涵義。（20分）

解析:

(一) 水平能見度

水平能見度係對著地面上明顯的目標物,以正常肉眼所能辨識之最大距離。通常氣象觀測所指的能見度係指在地面上任一水平方向之最低能見度。除地面能見度之外,尚有飛行能見度(flight visibility or air to air visibility)與斜視能見度(slant range visibility)或稱近場能見度(approaching visibility)。地面水平能見度(horizontal surface visibility)主要受地面天氣現象霧、低雲、霾、煙、吹塵、吹沙、吹雪、灰塵或降雨等影響。低地面水平能見度常構成飛機降落或起飛階段的障礙。

(二) 飛行能見度

　　飛行能見度係飛行員在飛機上所見之能見度，飛行能見度(inflight or air to air visibility)常受高空雲層與高空視程障礙等影響。當飛機在雲中(或視障中)飛行時，就如同氣象觀測員在地面霧中觀測能見度一樣，能見度可能降至 1000 公尺以下。

(三) 近場能見度

　　飛機在近場降落時，斜視跑道所見之能見度，又稱斜視能見度。斜視能見度(slant or air to ground visibility)常受制於高空天氣或地面視障，或受制於兩者之混合現象。斜視能見度大於或小於地面能見度，端視高空天氣現象之強度與地面視障之深度而定。在航機近場降落時，飛行員無不重視斜視能見度。

(四) 跑道視程

　　跑道能見度(runway visibility)為飛行員在跑道上無燈光或中等亮度無距焦燈光下所能見到之最大距離。目前國際民航組織規定當機場能見度低於 1500 公尺時，飛機起飛或下降能見度改以機場跑道視程（RVR）為起降標準。

　　跑道視程(runway visual range；RVR)指飛機駕駛員在跑道中心線上，能夠看見跑道面標線或跑道邊界，能辨識跑道中心線燈光之最大距離。

　　觀測員無法在跑道上觀測，依國際民航組織（ICAO）

規定，在距離跑道中心線 120 公尺以內，跑道兩端降落區和跑道中段位置之跑道側邊，各裝設有跑道視程儀，利用跑道燈光、背景光及消光係數等三項計算跑道視程。跑道視程係在強烈跑道燈光下測得之跑道水平能見度數值。

五、航空氣象常見的 METAR, SPECI, TAF, SIGMET 等四種氣象電碼，試說明其涵義與發布時機。(20 分)

解析：

　　機場地面航空氣象台負責從事每天二十四小時每小時或每半小時之定時觀測(routine observations)，並編發飛行定時天氣報告(aviation routine weather report；METAR)。遇到機場地面風、能見度、跑道視程(runway visual range; RVR)、現在天氣或雲等要素有特殊變化，必須增加特別觀測(special observations)，並編發飛行選擇特別天氣報告(aviation selected special weather reports；SPECI)。特別觀測之標準係由航空氣象單位、航管單位和航空公司共同協定之，其標準數值則依照機場起降最低天氣和選擇特別天氣報告之標準，並配合航管和航空公司當地的需求加以選定之，以作為觀測和編發選擇特別天氣之標準。發布 SPECI 之標準(criteria)，詳見世界氣象組織(World Meteorological Organization；WMO)刊物第 49 號---技術規則[C. 3. 1]。當任何 1 天氣要素之變化符合表 19.1 特別天氣觀測報告編報準則時，應立即舉行特別天氣觀測並編發特別天氣觀測報告。唯各機場因其助航設施和天氣起降標準以及特殊需求，常有額外增加發布 SPECI

之標準。

　　機場航空氣象台從事機場地面航空氣象觀測、編報和發報等工作，並將機場地面航空氣象測報資料傳送給國內外相關航空氣象、飛航諮詢、飛航管制、航空站及航空公司等單位參考使用，稱之為地面航空氣象測報(surface aviation weather report)。

　　機場地面航空氣象測報飛行天氣觀測報告主要為飛行定時天氣觀測報告(aviation routine weather report；METAR)與飛行選擇特別天氣特別觀測報告(aviation selected special weather report；SPECI 兩種，此兩種報告主要傳送國內外各氣象台或民航有關單位應用。

　　每次飛行定時天氣觀測所測得之航空氣象要素必須於規定觀測時間之前十分鐘以內舉行之，觀測完畢後應於五分鐘以內，將天氣報告傳送國內外各有關單位。

　　機場飛行定時和選擇特別天氣報告內容包含觀測種類(type of report)、航空氣象測站地名(station designator)、觀測日期和時間、風向和風速、能見度(visibility)、跑道視程(runway visual range；RVR)、現在天氣現象、天空狀況(雲量和雲高)、溫度和露點、高度撥定值(altimeter setting)、補充資料以及趨勢預報(trend-type forecast)等電碼組。

(一) 地面風
1. 當平均地面風向與前一次觀測報告比較，有 60 度或以上之變化，並在變化前及(或)變化後之平均風速為 10KT 或以上時。

2. 當平均地面風速與前一次觀測報告比較，有 10KT 或以上之變化時。

3. 當最大風速(陣風)與前一次觀測報告比較，增加 10KT 或以上，且在變化前及／或變化後之平均風速為 15KT 或以上時。

(二) 水平能見度

1. 當能見度變化至通過下列任一數值時：800、1500、3000、5000 公尺

2. 當編報之能見度低於該機場最低降落天氣標準，而進場位置之能見度變化至或高於最低降落天氣標準時。

(三) 跑道視程

當跑道視程變化至或通過下列任一數值時：

150、350、600 或 800 公尺

(四) 天氣現象

1. 下列任一天氣現象之開始、終止或強度改變時。

　　──凍降水

　　──凍霧

　　──中或大降水(包括陣性)

　　──低吹塵、低吹沙或低吹雪

　　──高吹塵、高吹沙或高吹雪(包括雪暴)

　　──塵暴、沙暴----雷暴(含或不含降水)

　　──颮

　　──漏斗雲(龍捲風或水龍捲)

2. 小強度降水之開始或終止。

(五) 雲

1. 當雲量為 BKN(5/8~7/8)或 OVC(8/8)之最低雲層雲底高度變化至或通過下列任一數值時：

     100、200、500、1000、1500 呎

2. 當 5000 呎以下雲層之雲量變化為：

     自 4/8 或不足變為大於 4/8 時。或

     自大於 4/8 變為 4/8 或不足時。

3. 垂直能見度

    當天空狀況不明和垂直能見度變化至或通過下列任一數值時：100、200、500 呎。

    機場天氣預報(Terminal Aerodrome Forecast)係提供給台灣國內外飛行員在起飛前和飛行中飛航操作所需的氣象服務，預測一個機場之天氣條件。機場天氣預報主要供給飛航計畫來參考使用，給飛行員作天氣講解時，機場天氣預報與其他重要航空氣象產品一起作天氣講解，諸如顯著危害天氣預報、飛行員天氣報告(PIREPs)、地面天氣和雷達觀測報告以及衛星雲圖。

    機場天氣預報應限定在影響飛機操作之顯著危害天氣現象和其轉變為主，特別在有關修正預報上，預報人員係扮演最重要的角色。定時或修正機場天氣預報之電碼名稱為 TAF 或 TAF AMD，世界氣象組織(World Meteorological Organization; WMO)全球 METAR/TAF 收集中心透過世界區預報服務衛星廣播系統(World Area Forecast Services satellite broadcast)對外廣播，也可以透過國際航空固定通信網路系統(Aeronautical Fixed Telecommunication Network; AFTN)取得

航空氣象資料，系統係使用 WMO 縮寫報頭之通用格式為 TTAAii CCCC YYGGgg，其中 TT 是資料類型，機場天氣預報時間超過 9 小時之 TAF 電報 TT=FT，機場天氣預報時間等於或小於 9 小時之 TAF 電報 TT=FC；AA 為國家或地理電碼，我國台灣 AA=CI；ii 為電報內容序號(content list)，CCCC 為航用地名，YYGGgg 為每月每日之日期、時和分。我國交通部民用航空局飛航服務總台台北航空氣象中心根據綜觀天氣圖，每日定時發布四次，即 0000UTC, 0600UTC, 1200UTC 以及 1800UTC，其預報有效時間為 24 小時。台北航空氣象中心發布 TAF 時，所使用的 WMO 縮寫報頭之通用格式為 FTCI31。

我國台北航空氣象中心每日定時發布和傳送四次機場天氣預報給台灣國內外相關航空氣象、飛航諮詢、飛航管制、航空站及航空公司等單位參考使用。由於氣象要素隨時間和空間而變化以及預報技術與某些氣象要素之定義間會造成某些限制，所以在預報各氣象要素所用之特定值，需要讓使用者能夠理解，它係預報期間內最可能出現之數值。同樣的，預報某氣象要素發生或產生變化之時刻係為預報最可能之時刻。機場天氣預報電碼括弧內各電碼組依區域航空協議之規定加以編報。機場天氣預報各項規定，詳見世界氣象組織(World Meteorological Organization; WMO)刊物第 49 號----技術規則(Technical Regulation)[C.3.1]。

機場天氣預報又稱終點天氣預報(terminal forecast)，在應用方面分為兩種型式，即機場天氣預報電碼與機場天氣預報明語。航空氣象台發佈機場預報次數係根據分析天氣圖次教，而定時發佈。普通每日四次即 000Z，0600Z，1200Z，1800Z，其預報有效時間為 12 小時，18 小時或 24 小時不等。

　　機場天氣預報內容至少應包含風(wind)、能見度(visibility)、天氣現象(weather)及雲(cloud)或垂直能見度(vertical visibility)、預測溫度、積冰(icing)以及亂流。

　　顯著危害天氣預報(SIGMET)必須由氣象守視單位發布，且須以簡縮明語簡潔描述航路上已發生和預期將發生而足以影響航空器飛行安全的天氣現象在時間與空間上之發展情形。該情報必須以下列適當之一種簡縮明語指示：

(一) 在次音速巡航空層

　　雷暴

　　——模糊不清的　　　　　　　　OBSC TS

　　——隱藏(在…裡)的　　　　　　EHPAD TS

　　——頻繁的　　　　　　　　　　FRQ TS

　　——颮線　　　　　　　　　　　SQL TS

　　——模糊不清的伴有重度冰雹　　OBSC TS GR

　　——隱藏的伴有重度冰雹　　　　EHPAD TS GR

　　——頻繁的伴有重度冰雹　　　　FRQ TS GR

　　——颮線伴有重度冰雹　　　　　SQL TS GR

　　熱帶氣旋

　　——熱帶氣旋　　　　　　　　　TS (+氣旋名稱)

　　具有 10 分鐘地面平均風速 34 海浬/小時或以上

　　亂流

　　——強烈亂流　　　　　　　　　SEV TURB

積冰
——強烈積冰 SEV ICE
——由凍雨造成之強烈積冰 SEV ICE (FZRA)
山岳波
——強烈山岳波 SEV MTW
塵暴
——重度塵暴 HVY DS
沙暴
——重度沙暴 HVY SS
火山灰
——火山灰 VA(+火山名，若已知)

(二) 在跨音速空層和超音速巡航空層
亂流
——中度亂流 MOD TURB
——強度亂流 SEV TURB
積雨雲
——獨立性積雨雲 ISOL CB
——偶發性積雨雲 OCNL CB
——頻繁性積雨雲 FRQ CB
雹
——雹 GR
火山灰
——火山灰 VA(+火山名，若已知)

SIGMET 必須包含不必要的描述性文字。在描述 SIGMET 所發報之天氣現象時，前束述所列以外之描述均不可列入。已發布雷暴或熱帶氣旋之 SIGMET，不須對其相關的亂流和積冰編報。當 SIGMET 情報所編報之現象不再發生或預期不再發生時，必須予以取消。

SIGMET 電報必須以簡縮明語編報，採用核准後的 ICAO 簡縮明語及具自我解釋特性之數字。

負責執行 SIGMET 作業的氣象守視辦公室應使用 WMO BUFR 電碼之圖形格式發布針對火山灰雲和熱帶氣旋的 SIGMET 情報，此外應以簡縮明語發布 SIGMET 情報。包含次音速層航空器專用情報之 SIGMET 電報必須將報頭標為 "SIGMET" ，至於針對超音速層航空器在跨音速或超音速飛行期間提供 SIGMET 情報之電報則必須將報頭標為 "SIGMET SST" 。

SIGMET 電報的有效期間應不可超過 6 小時，且最好以不超過 4 小時為宜。有效期的表示法，是以 "VALID" 表示。關於 SIGMET 電報中對於火山灰雲和熱帶氣旋等特別天氣現象的處理，應提供超過前述所規定之有效期直至 12 小時期間內的未來展望，以說明火山灰雲的飄移軌跡和熱帶氣旋中心位置。涉及火山灰雲和熱帶氣旋的 SIGMET 電報，應分別以區域空中航行協議所指定之火山灰警告中心(VAACs)和熱帶氣旋警告中心(TCACs)所提供之警告情報為基礎。氣象守視單位與相關的飛航管制中心／飛航情報中心之間應保持密切的協調，期使 SIGMET 和 NOTAM 電報內所包含的火山灰資訊一致。

　　當預期前述所列之天氣現象（火山灰雲和熱帶氣旋例外）即將發生而發布之 SIGMET 電報，應在該現象預期發生前 6 小時內發布，且最好以 4 小時內為宜。至於針對火山灰雲和熱帶氣旋將影響該飛航情報區則所發布之 SIGMET 電報則應在該預報有效期開始前 12 小時之前發布；如果這些天氣現象的警報無法這樣提前時，應在作業可能的情況下盡快發布。涉及到火山灰雲和熱帶氣旋之 SIGMET 電報最少應每 6 小時更新一次。SIGMET 電報必須依據區域空中航行協議發布給氣象守視單位、世界區域預報中心、區域預報中心、及其他氣象單位。涉及火山灰雲的 SIGMET 電報也應發布給火山灰警告中心。依據區域空中航行協議，SIGMET 電報必須傳送到國際氣象作業資料庫及區域空中航行協議指定的航空固定服務衛星分布系統的作業中心。

2012 年公務人員民航三等特考試題

類科：飛航管制

科目：航空氣象

一、航空氣象台發佈「特別天氣觀測報告(SPECI)」是指：(一)地面風、(二)水平能見度、(三)跑道視程、(四)天氣現象、(五)雲等五項天氣因子各發生哪些變化？具體一一說明之。(20 分)

解析：

(一) 地面風

1. 當平均地面風向與前一次觀測報告比較，有 60 度或以上之變化，並在變化前及(或)變化後之平均風速為 10KT 或以上時。

2. 當平均地面風速與前一次觀測報告比較，有 10KT 或以上之變化時。

3. 當最大風速(陣風)與前一次觀測報告比較，增加 10KT 或以上，且在變化前及／或變化後之平均風速為 15KT 或以上時。

(二) 水平能見度

1. 當能見度變化至通過下列任一數值時：800、1500、3000、5000 公尺

2. 當編報之能見度低於該機場最低降落天氣標準，而進場
   位置之能見度變化至或高於最低降落天氣標準時。

(三) 跑道視程

  當跑道視程變化至或通過下列任一數值時：

  150、350、600 或 800 公尺

(四) 天氣現象

  1. 下列任一種天氣現象之開始、終止或強度改變時。

    ——凍降水

    ——凍霧

    ——中或大降水(包括陣性)

    ——低吹塵、低吹沙或低吹雪

    ——高吹塵、高吹沙或高吹雪(包括雪暴)

    ——塵暴、沙暴——雷暴(含或不含降水)

    ——颮

    ——漏斗雲(龍捲風或水龍捲)

  2. 小強度降水之開始或終止。

(五) 雲

  1. 當雲量為 BKN(5/8~7/8)或 OVC(8/8)之最低雲層，雲底
     高度變化至或通過下列任一數值時：

     100、200、500、1000、1500 呎

  2. 當 5000 呎以下雲層之雲量變化為：

     自 4/8 或不足變為大於 4/8 時。或

     自大於 4/8 變為 4/8 或不足時。

  3. 垂直能見度

二、說明北半球夏季間熱帶輻合帶(ITCZ)大氣環流特 點與飛航天氣的關連。(20 分)

解析：

　　北半球夏季大陸中部低氣壓吸引來自西南和東南方海洋暖濕不穩定空氣，達於陸地，地面劇烈增溫使空氣抬升至較高地帶，產生廣大雲層、霪雨與無數雷雨。夏季，熱帶季風之影響力可及於離大陸海岸線外之海洋上大氣環流。來自赤道吹向亞洲南部與東南部海岸之盛行風為南、東南或西南風，如果沒有季風之影響力，亞洲南部及東南部海岸地區應為東北信風所控制。

　　間熱帶輻合帶(Inter-tropical convergence zone；ITCZ)名稱有很多種，如間熱帶槽(inter-tropical trough, ITT)、赤道槽(equatorial trough)以及赤道鋒(equatorial front)等。在南北半球兩個海洋副熱高氣壓系統之中間地帶，赤道兩邊赤道帶地區，太陽輻射強烈，海面空氣受熱上升，加之東北信風與東南信風之輻合作用，使空氣被迫上升，對流盛旺，副熱帶高壓帶與信風帶之逆溫層消失，產生低壓槽，夏季移向赤道以北，冬季移向赤道以南，大概在緯度 5°S 與 15°N 之間活動。

　　熱帶海洋地區間熱帶輻合帶顯著，但在大陸地區，甚為微弱而不易辨識。

　　間熱帶輻合帶對流旺盛，攜帶大量水氣達於很大高度，其塔狀積雲，雲頂常高達 45000 呎以上。帶狀間熱帶輻合帶常出現一系列之積雲、雷雨及陣雨，也可能形成熱帶風暴(tropical storm)，雨量十分豐富。由於對流作用支配著熱帶輻合帶,所以無論在廣闊海洋上或島嶼上,在間熱帶輻合帶影響下之天氣現象,幾乎相同。

　　航機飛越間熱帶輻合帶,如果能遵守一般規避雷雨飛行原則,應不致構成麻煩問題,航機可在雷暴間隙中尋求通道。在大陸地區間熱帶輻合帶為地形所破壞,難以辨識其存在,無法描述其天氣與間熱帶輻合帶之關係。

三、詳述雷雨引發大氣亂流的垂直氣流、陣風、初陣風等現象。(20分)

解析:

(一) 雷雨引發垂直氣流

　　大雷雨產生強烈亂流和冰雹,強烈亂流位在積雨雲中層或高層上升和下降氣流間之風切帶。陣風鋒面上引發風切亂流,出現於低空雲層中與雲層下方。積雨雲之垂直運動,高度可達數萬呎,寬度不定,自數十呎至數千呎不等。航機穿越雷暴雨時,垂直運動迫使航機改變高度,常無法保持指定巡航高度。雷雨內部在初生階段,大部分為上升氣流;成熟後,上升及下降氣流同時發生;消散階段,以下降氣流為主。在上升和下降氣流鄰近區常有風切亂流和最大陣風。

(二) 雷雨引發陣風

　　雷雨引發不規則且突然出現短暫的強風稱為陣風,陣風係由上升氣流和下降氣流間切變作用(shearing action)和抬升作用(lifting action)而產生。陣風會導致飛機顛簸,偏航與滾動,其強烈者可使飛機損毀。

(三) 雷雨引發初陣風

　　雷雨前方，低空與地面風向風速發生驟變，下降氣流接近地面時，氣流向水平方向沖瀉，引發猛烈陣風，此種雷雨緊接前方之陣風稱為初陣風，又稱犁頭風(plow wind)。強烈初陣風發生於滾軸雲及陣雨之前部，塵土飛揚，飛沙走石，顯示雷雨來臨之前奏。滾軸雲常於冷鋒雷雨及颮線雷雨發生時出現，滾軸雲表示最強烈亂流之地帶。

四、根據美國聯邦航空總署(FAA)以及美國國家海洋大氣總署(NOAA)的規範，如何界定高空與低空亂流？低空亂流有哪七種？高空亂流又有哪四種？(20 分)

解析：

(一) 界定高空與低空亂流

　　美國聯邦航空總署(FAA)及美國國家海洋大氣總署(NOAA)規定：在 1500 呎以下低空所發生之亂流稱為低空亂流(low level turbulence)，發生在 1500 呎以上高空者稱為高空亂流(high level turbulence)。低空亂流或高空亂流發生原因，由風切所致，又稱為低空風切(low level wind shear)或高空風切(high level wind shear)。低空亂流對航機之危害最嚴重，因低空遭遇亂流，控制不易，接近地面，無回轉餘地，常有撞地墜毀之虞。高空遭遇亂流，高空輻度較大，航機雖上下顛簸，除在山區外，具有足夠之安全空間，較易應付，危險性較小。

(二) 低空亂流有七種

　　促使低空亂流發生之天氣或地形因素，計有雷雨低空亂流(thunderstorm low level turbulence)、鋒面低空亂流(frontal low level turbulence)、背風坡低空滾轉亂流(lee wave rotor turbulence)、地面障礙物影響之亂流(ground obstruction turbulence)、低空噴射氣流之亂流(low level jet stream turbulence)、逆溫層低空亂流(low level inversion turbulence)和海陸風交替亂流(land and sea breezes turbulence)等七種。

(三) 高空亂流有四種

　　促使高空亂流發生之天氣或地形因素，計有雷雨高空亂流(thunderstorm high level turbulence)、鋒面高空亂流(frontal high level turbulence)、山岳波高空亂流(mountain wave high level turbulence)、山岳波高空亂流(mountain wave high level turbulence)和高空噴射氣流之亂流(high level jet stream turbulence)等四種。

五、航空氣象站以水銀氣壓計所測得的氣壓必須依序經過那些訂正步驟，才能得到測站氣壓？測站氣壓又和場面氣壓有何區別？氣壓又如何換算出高度？(20分)

解析：

(一) 訂正步驟

　　航空氣象站水銀氣壓計測得之氣壓讀數，必須經儀器差訂正(Instrument correction)、溫度訂正(Temperature Correction)

及緯度(重力)訂正(Latitude Correction)，最後得到測站氣壓。

(二) 測站氣壓與場面氣壓之區別

　　測站氣壓換算至高出跑道面約 3 公尺處氣壓，相當於飛機停在跑道上高度計之氣壓讀數是為場面氣壓(aerodrome pressure)。氣壓隨高度增加而遞減，在 1000hPa 附近，高度每上升約 10 公尺，氣壓降 1 hPa。在 500 hPa 附近，高度每上升約 20 公尺，氣壓降 1 hPa。在 200 hPa 附近，高度每上升約 30 公尺，氣壓降 1 hPa。飛機上之高度計係以空盒氣壓計之氣壓高度換算出高度，作為高度計之標尺。

(三) 氣壓換算高度

　　氣壓高度計(pressure altimeter)係以空盒氣壓計之氣壓讀數，對應高度的變化，並加上以呎為刻度，來表示高度的讀數。氣壓與高度關係並非常數，高度仍受地面氣壓之影響，因此氣壓高度計須隨地面氣壓之變化加以訂正，才能顯示真實高度。飛機飛行期間，沿途地面氣壓或海平面氣壓下降時，高度計讀數偏高(over-read)，也即飛機實際高度比顯示高度為低；沿途地面氣壓上升，高度計顯示偏低(under-read)。其誤差在海平面附近，氣壓每改變 1 hPa，誤差為 27 呎。

航空氣象試題與解析

第三部份　附錄

民用航空局航空氣象題庫範本

~適用於商用駕駛員、民航業運輸駕駛員、
簽派員及飛航機械員等執照考試

參考範圍：

1. FAA 題庫範本

2. PRIVATE PILOT MAUNAL(PPM)

　 JEPPESEN AIRWAY MANUAL

（C）1‧氣壓值隨高度上升之遞減率大約為：
　　　（A）每上升 10 呎降低水銀柱高一毫巴 （B）每上升
　　　100 呎降低水銀柱高一毫巴 （C）每上升 1000 呎降
　　　低水銀柱高一吋 （D）每上升 10,000 呎降低水銀柱
　　　高一吋。

（C）2‧輻射霧形成之主要條件：
　　　（A）靜風 （B）上坡或山區地形 （C）溫度逆轉及
　　　風速小於 5 浬/時 （D）地表溫度為 0°C 及風速小於
　　　5 浬/時

（D）3‧顯著危害天氣(SIGWX)係專為對所有機種之飛航安
　　　全有特別危險性之氣象資料，在下述天氣情況存在
　　　或預測其發生時對國內外飛航單位發布之：
　　　（A）颱風、雷雨、或冰雹 （B）嚴重颮線(SQUALL
　　　LINE)，亂流，山岳波或積冰 （C）沙陣、塵暴或凍
　　　雨 （D）上述任何情況發生時

（B）4‧在地球之上空，對流層頂由兩極至赤道之斜面坡度
　　　為：
　　　(A)平行 （B）向上 （C）向下 （D）視情況而彎曲

（A）5‧噴射氣流之位置，因季節性而南北移動，在隆冬時節，噴射氣流常出現於：
（A)北緯二十度與三十度之間 (B)北緯六十度與七十度之間 (C)在赤道附近 (D)遠至南緯十度與二十度之間

（D）6‧不穩定氣團所產生之雲類為：
(A)高層雲 (B)卷雲 (C)層狀雲 (D)積狀雲

（D）7‧有雷雨伴生之惡劣天氣計有強烈或極強烈之亂流，冰雹、陣風、初陣風、豪雨、雷擊、積冰以及氣壓變化等，其中以具有破壞性之亂流最危險，下列何種情況為強烈或極強烈亂流發生之最多區域？
（A)在雷雨雲中，上升與下沉氣流之鄰接區 (B)約在雷雨雲中較高之高度區域 (C)在結冰高度與攝氏零下十度間之區域 (D)上述三種區域均屬正確

（C）8‧在北半球，當飛向一低氣壓時，飛機將：
（A)增加速度 (B)偏向左邊 (C)偏向右邊 (D)減小速度

（C）9‧一航機飛進降雹區域時，它也會遭遇到：
（A)霧與低層雲 (B)暖風囚錮 (C)強烈垂直氣流 (D)風向南轉

（D）10‧在噴射氣流中，風切(WIND SHEAR)之大小是：
（A)由噴射氣流核心起平均變化 (B)靠赤道一邊之風切較靠極地一邊者為大 (C)不隨其位置

而有所變化（D）靠極地一邊之風切較靠赤道一邊者為大

（D）11‧在一個盛夏的飛行中，天空積雲量 4/8 積雲頂高為 10,000 呎，其雲底為 4000 呎，下方地形為 750 呎至 1200 呎之起伏丘陵地，則在下列何種高度可獲得最為平靜之氣流？

（A）1,750 呎 （B）3,750 呎 （C）7,500 呎
（D）12,500 呎

（B）12‧空氣之下坡運動將會：

（A）增加空氣之濕度 （B）減低空氣之濕度 （C）增加生霧之趨勢 （D）使霧加深並使其延續較久

（D）13‧一航機飛離海拔 1,800 呎之機場，其高度表撥定值為 30.25 吋，該航機降落於海拔 2,700 呎之另一機場，降落機場之高度表撥定值為 29.50 吋，假使在降落前忘記撥定高度表，則於降落時高度表之讀數應為：

（A）1,800 呎 （B）1,950 呎 （C）2,700 呎
（D）3,450 呎

（B）14‧大約來說，有一半之空氣聚集於：

（A）700 hPa 氣壓面或 10000 呎以下 （B）500 hPa 氣壓面或 18000 呎以下 （C）300 hPa 氣壓面或 30000 呎以下 （D）200 hPa 氣壓面或 40000 呎以下

（A）15‧空氣中氧氣與其他氣體所佔之比率 30000 呎及

20000 呎 10000 呎及海平面各高度：

（A）氧氣所佔比率不變 （B）氧氣所佔比率隨高度增加而遞減 （C）氧氣所佔比率隨高度增加而遞增 （D）氧氣所佔比率視氣溫而異

（D）16．空氣含水汽達飽和時之溫度稱為：

（A）氣溫 （B）霜點溫度 （C）結冰溫度 （D）露點溫度

（D）17．雲由外形可分為：

（A）高層雲與低層雲 （B）密雲與疏雲 （C）晴朗天氣雲與惡劣天氣之雲 （D）積狀雲與層狀雲

（D）18．通常有層狀雲時，空氣多：

（A）不穩定，有亂流 （B）不穩定，無亂流 （C）穩定，有亂流 （D）穩定，無亂流

（B）19．飛航時，如遇到山脈波，或其他亂流時，則應：（A）立即增加空速，迅速通過 （B）立即減少空速 （C）立即回航 （D）繞道而過

（A）20．噴射氣流區域中之風速應在：

（A）60 浬/時以上 （B）80 浬/時以上 （C）100 浬/時以上 （D）120 浬/時以上

（A）21．晴空亂流(CAT)在噴射氣流之何處常發現：

（A）左方冷區 （B）右方冷區 （C）左方暖區 （D）右方暖區

（D）22．極地噴射氣流，對於飛行影響之最大季節為：

（A）春季 （B）夏季 （C）秋季 （D）冬季

（A）23．在不穩定(UNSTABLE)的氣團中所遭遇到的飛行
天氣是：
（A）能見度良好，天空多積狀雲 （B）能見度良
好，天空多層狀雲 （C）能見度惡劣，天空多層狀
雲 （D）能見度惡劣，天空多積狀雲

（A）24．於北半球正常情形下，一架於冷鋒前方甲地之飛
機，其高度為 27000 呎，欲穿越冷鋒面降落於冷
鋒面後方之乙地，則其所遭遇之風向變化：
（A）SW－W－NW （B）S－SE－NE （C）N－E－S
（D）NW－W－SW

（A）25．對飛行而言，哪一種霧或視障的影響最大：
（A）平流霧 （B）輻射霧 （C）煙 （D）霾

（B）26．於北半球噴射氣流出現之高度通常與緯度有關：
（A）緯度偏北，高度愈高 （B）緯度偏北，高度愈
低 （C）緯度偏南，高度愈低 （D）三者均不對

（D）27．晴空亂流(CLEAR AIR TURBULENCE 或 CAT)發
生於：
（A）冷鋒面中 （B）積雨雲中 （C）夏季對流作用
中 （D）顯著風切處

（C）28．嚴重的飛機積冰現象，常發生於：
（A）晴空亂流中 （B）噴射氣流中 （C）冷鋒面的
雲區中 （D）暖鋒面的雲區中

（A）29・高空圖中之 300hPa 等壓面圖，其所指的平均高度為：

（A)30000 呎 （B)25000 呎 （C)35000 呎

（D)40000 呎

（C）30・飛機在起飛時，雖已正確調整高度表，但升入高空仍時有誤差，其最主要之原因是：

（A)機械上設計之誤差 （B)起飛時調有問題

（C)實際的溫度直減率與標準大氣者有別 （D)實際的溫度直減率偏高或偏低

（A）31・當飛機下面之空氣層較標準大氣為暖時，則飛機之高度，常較高度表所指示之高度：

（A)高 （B)低 （C)相同 （D)不一定

（C）32・在正常情形下，氣象中心繪製地面天氣圖之時間間隔為：

（A)2 小時 （B)4 小時 （C)6 小時 （D)8 小時

（C）33・飛行高度為 31,000 英尺時，應參考何一等壓面之資料：

（A)500 hPa （B)400 hPa （C)300 hPa （D)200 hPa

（D）34・地面天氣圖上之藍色實線，代表：

（A)囚錮鋒 （B)停留鋒 （C)暖鋒 （D)冷鋒

（A）35・在北半球，高氣壓風向之轉變為：

（A)順時鐘向外吹 （B)順時鐘向內吹 （C)逆時鐘向外吹 （D)逆時鐘向內吹

（B）36・標準大氣中之海平面氣壓係採：

（A）760hPA（B）760mmHg（C）760INCH（D）三者均錯誤

（C）37．通常氣旋中之鋒面系統，若暖鋒與冷鋒相比較，則：

（A）暖鋒移動速且坡度緩（B）暖鋒移動慢且坡度陡（C）冷鋒移動速且坡度陡（D）冷鋒移動慢且坡度緩

（C）38．那一種雲中，最易有亂流發生：

（A）As.（B）St.（C）Cb.（D）Ns.

（A）39．發生冷鋒面雷雨之最有利條件：

（A）冷鋒移動快，鋒前空氣不穩定（B）冷鋒移動慢，鋒前空氣不穩定（C）冷鋒移動快，鋒前空氣穩定（D）冷鋒移動慢，鋒前空氣穩定

（D）40．氣溫與露點溫度之差數，趨於增大，意指：

（A）冷鋒遠離（B）霧之消散（C）降水漸止（D）以上三者均屬正確

（A）41．RCSS QNH 為 1025hPa，RCKH 為 1020hPa；飛機自 RCSS 起飛後，若未加高度表之校正，則降落於 RCKH 時，該機上之指示高度較實際高度：

（A）高 150 英尺（B）低 150 英尺（C）高 150 公尺（D）低 150 公尺

（A）42．氣流過山後，氣流之性質常轉變為：

（A）溫度增加（B）濕度增加（C）氣壓增加（D）

　　　三者均正常

（D）43．低氣壓區亦即氣流之

　　　（A)外流區　（B)輻散區　（C)下沉區　（D)輻合區

（A）44．在穩定之氣層中較可能發生：

　　　（A)雷雨　（B)陣雨　（C)毛毛雨　（D)冰雹

（B）45．在較暖之氣層中飛行，指示高度比實際飛行高度：

　　　（A)高　（B)低　（C)不變　（D)依氣壓而定

（D）46．夏天午後的雷雨最常發生於：

　　　（A)海洋　（B)平原　（C)草地　（D)盆地

（C）47．發生晴空亂流(CAT)之主要原因：

　　　（A)雲中對流　（B)地表摩擦　（C)風之切變
　　　(WIND SHEAR) (D)大氣環流 (GENERAL
　　　CIRCULATION)

（C）48．設台北之高度表撥訂正值大於高雄，由台北飛至
　　　高雄，未再加高度表訂正，則表上所指示之高度，
　　　較實際應有之高度：

　　　（A)二者相同　（B)為低　（C)為高　（D)視高度表
　　　之差異而定

（D）49．標準溫度直減率係每升高一千英尺溫度降低：

　　　（A)1°F　（B)1℃　（C)2°F　（D)2℃

（B）50．氣溫與空速及航行高度之計算：

　　　（A)無關　（B)有關　（C)僅與空速計算有關　（D)
　　　僅與航行高度有關

（B）51．赤道地區空氣暖輕而上升形成：

（A）高壓區 （B）低壓區 （C）鋒面區 （D）噴射氣
流區

（C）52・經高度表訂正後之高度表指示值，係指：
（A）距跑道之高度 （B）距標準等壓面之高度 （C）
距平均海平面之高度

（C）53・冷鋒與暖鋒之移動速度：
（A）相同 （B）暖鋒較冷鋒為快 （C）暖鋒較冷鋒
為慢 （D）視實際情形而定

（A）54・颮線(Squall Line)係與何者相伴
（A）冷鋒 （B）暖鋒 （C）錮囚鋒 （D）滯留鋒

（D）55・颮線經過一地時，通常伴有之天氣現象為：
（A）雷雨 （B）風向之急驟轉變 （C）風速之急劇
增加 （D）三者均是

（A）56・AIREP 之中在正常情形下除飛行高度之風向風速
及溫度外當應包括：
（A）亂流與積冰 （B）亂流與雲量 （C）亂流與能見
度 （D）亂流與氣壓

（D）57・山脈坡的亂流，常與那一種雲相偕：
（A）積雨雲 （B）層雲 （C）卷積雲 （D）滾軸雲
(Rotor cloud)

（A）58・通常噴射氣流之長度為：
（A）1000-3000 哩 （B）100-300 哩 （C）1000-3000
呎 （D）100-300 呎

（C）59・北半球風向偏右，係受下列何者的影響：

（A）梯度力 （B）摩擦力 （C）科氏力(Coriolis force)（D）重力(gravity)

（C）60‧極地噴射氣流通常位於：

（A）緯度 70-90 度 （B）緯度 50-70 度 （C）緯度 30-50 度 （D）緯度 10-30 度

（C）61‧風速隨高度增加是因為：

（A）氣壓變小 （B）溫度變低 （C）摩擦力變小 （D）大氣不穩定度增加

（C）62‧有關全球低壓之分布何者正確?

（A）夏季在阿留申群島處有一半永久性低壓 （B）北緯 30 度處為為一帶狀低壓 （C）赤道地區為一帶狀低壓 （D）北緯 60 度處為一帶狀低壓

（B）63‧有關"低氣壓"之敘述何者正確

（A）北半球為反氣旋式旋轉 （B）北半球為逆時鐘旋轉 （C）南半球為反氣旋式旋轉 （D）氣壓由中心向外遞減

（B）64‧有關"高氣壓"之敘述何者正確

（A）北半球為氣旋式旋轉 （B）北半球為順時鐘旋轉 （C）南半球為氣旋式旋轉 （D）氣壓由中心向外遞增

（B）65‧METAR 報告中 "DZ" 代表:

（A）雨 （B）毛毛雨 （C）霧 （D）霜

（A）66‧METAR 報告中 "FC" 代表:

（A)龍捲風或漏斗雲 （B)塵暴 （C)沙暴 （D)霾害

（B）67‧METAR 報告中 "DS" 代表:

（A)龍捲風或漏斗雲 （B)塵暴 （C)沙暴 （D)霾害

（A）68‧飛行中若機外溫度比標準溫度高, 則高度表指示高度比實際高度:

（A)高 （B)低 （C)一樣高

（A）69‧飛行中若機外溫度比標準溫度低, 則高度表指示高度比實際高度:

（A)高 （B)低 （C)一樣高

（B）70‧飛行高度壓力面為 300hPa, 壓力高度為:

（A)27,000 呎 （B)30,000 呎 （C)34,000 呎（D)39,000 呎

（D）71‧飛行高度壓力面為 200hPa, 壓力高度為:

（A)27,000 呎 （B)30,000 呎 （C)34,000 呎（D)39,000 呎

（C）72‧飛行高度壓力面為 250 毫巴, 相對高度為:

（A)27,000 呎 （B)30,000 呎 （C)34,000 呎（D)39,000 呎

（A）73‧那種大氣環境較合適輻射霧的形成?

（A)高氣壓 （B)低氣壓 （C)脊線 （D)沙漠地區

（B）74‧輻射霧之高度可達?

（A)0 到 100 公尺 （B)100 到 300 公尺 （C)200

到 600 公尺 （D）600 到 1,000 公尺

（C）75．那兩種霧常同時發生？

（A）混合霧及海煙 （B）平流霧及海煙 （C）平流霧及輻射霧 （D）平流霧及混合霧

（B）76．有關海陸風之敘述何者有誤？

（A）大尺度之天氣現象,其範圍約一千里 （B）地區性之天氣現象,其範圍約一百公里 （C）高緯度地區之特殊天氣現象 （D）熱帶地區之特殊天氣現象

（A）77．有關對流層頂之敘述何者正確？

（A）由低緯度至高緯度其高度漸減 （B）由低緯度至高緯度其高度漸增 （C）夏天較低, 冬天較高 （D）陸地較高, 洋面較低

（A）78．對流層頂之定義為何？

（A）對流層與平流層之邊界 （B）中氣層與平流層之邊界 （C）摩擦層與對流層之邊界 （D）對流層與逆溫層之邊界

（D）79．那種大氣環境較合適_逆溫層_的形成？

（A）暴風雨之天氣 （B）多雲之天氣 （C）晴朗之天氣而且風大 （D）微風而且晴朗之天氣

（B）80．強烈的近地面逆溫對那種情形危害最大？

（A）飛機在滑行道上滑行 （B）起飛及降落時 （C）飛機於水平巡行高度時 （D）沒有,因為逆溫層厚度太薄了

（B）81．有關極鋒噴流之敘述何者正確？

（A）高度約 45,000 呎且平均風速 120 節 （B）高度約 35,000 呎且平均風速 100 節 （C）高度約 29,000 呎且平均風速 80 節 （D）高度約 20,000 呎且平均風速 60 節

（B）82．極鋒噴流最易發生晴空亂流的位置為何？

（A）極鋒噴流之噴流軸的正下方 （B）極鋒噴流之較冷區 （C）極鋒噴流之噴流軸的上方 （D）極鋒噴流之右邊下 風處

（A）83．有關副熱帶噴流之敘述何者正確？

（A）高度約 43,000 呎且平均風速 120 節 （B）高度約 35,000 呎且平均風速 100 節 （C）高度約 29,000 呎且平均風速 80 節 （D）高度約 20,000 呎且平均風速 60 節

（D）84．那種噴流只發生在夏季？

（A）副熱帶噴流 （B）極鋒噴流 （C）北極噴流 （D）東風噴流

（A）85．一架往北飛的飛機其飛行高度正好在北半球極鋒噴流之噴流軸下方,當它正通過極鋒鋒面時,機外溫度會：

（A）下降 （B）上升 （C）下降後上升 （D）不變

（A）86．一架往北飛的飛機其飛行高度正好在南半球極鋒噴流之噴流軸上方,當它正通過極鋒鋒面時,機外溫度會：

(A)下降 (B)上升 (C)下降後上升 (D)不變

(C) 87・有關極鋒噴流之位置何者正確?

(A)副熱帶對流層頂上方 (B)極地對流層頂下方
(C)副熱帶對流層頂下方 (D)極地對流層頂上方

(B) 88・有關(METAR)之敘述何者正確?

(A)地區性之實際天氣報告 (B)機場之實際天氣報告 (C)機場之天氣預報 (D)地區性之天氣預報

(C) 89・有關 TAF 之敘述何者正確?

(A)地區性之實際天氣報告 (B)機場之實際天氣報告 (C)機場之天氣預報 (D)地區性之天氣預報

(B) 90・有關 TREND FORECAST 之敘述何者正確?

(A)飛行員之實際天氣報告 (B)機場之天氣預報有效時間為兩小時 (C)地區性之實際天氣報告 (D)地區性之天氣預報

(C) 91・TAF 252200Z WBGG 260024 33005KT 0800 FG FEW012CB SCT020 TEMPO 0002 2000 33010KT HZ BECMG 0405 5000 31010KT BR TEMPO 0713 8000 FW020CB BKN120 BECMG 1316 CAVOK= 此預報有效時間為何?

(A)2522L 至 2622L (B)2522Z 至 2622Z (C)2600Z 至 2624Z (D)2600L 至 2624L

（D）92・TAF WBGG 252200Z 260024 33005KT 0800 FG FEW012CB SCT020　TEMPO　0002　2000 33010KT HZ　BECMG 0405 5000 31010KT BR TEMPO 0713 8000 FW020CB BKN120　BECMG 1416　CAVOK= 在　260600Z　能見度為何？ （A）2000 公尺（B）8000 公尺（C）9999 公尺 （D）5000 公尺

（D）93・TAF WBGG 252200Z 260024 33005KT 0800 FG FEW012CB SCT020　TEMPO　0002　2000 33010KT HZ　BECMG 0405 5000 31010KT BR TEMPO 0713 8000 FW020CB BKN120　BECMG 1416　CAVOK= 在　261500Z　天氣現象為何？ （A）無特殊天氣現象（B）霧（C）靄（D）正在變 化中

（A）94・TAF WBGG 252200Z 260024 33005KT 0800 FG FEW012CB SCT020　TEMPO　0002　2000 33010KT HZ BECMG 0405 5000 31010KT BR TEMPO 0713 8000 FW020CB BKN120　BECMG 1416　CAVOK= 在　261800Z　天氣現象為何？ （A）無特殊天氣現象（B）霧（C）靄（D）正在變 化中

（A）95・TAF WBGG 252200Z 260024 33005KT 0800 FG FEW012CB SCT020　TEMPO　0002　2000 33010KT HZ BECMG 0405 5000 31010KT BR

TEMPO 0713 8000 FW020CB BKN120 　BECMG 1416 CAVOK=在 261000Z　下列能見度何者發生機率較大?(A)8000 公尺 (B)大於 10,000 公尺 (C)2000　公尺 (D)5000 公尺

(B) 96‧TAF WBGG 252200Z 260024 33005KT 0800 FG FEW012CB SCT020　TEMPO 0002 2000 33010KT HZ BECMG 0405 5000 31010KT BR TEMPO 0713 8000 FW020CB BKN120 　BECMG 1316 CAVOK 在 260200Z　天氣現象為何? (A)無特殊天氣現象 (B)霧 (C)靄 (D)正在變化中

(D) 97‧METAR WSSS 260400Z 17006G16KT 130V220 0500N　R05/0700U　SHRA　FEW015CB SCT016TCU BKN300 28/25 Q1010 RETS TEMPO　FM0430　TL0530　1000　TSRA SCT012CB=　此天氣報告中雲幕高為何? (A)3,000 呎 (B)1,200 呎 (C)1,500 呎 (D)30,000 呎

(A) 98‧METAR WSSS 260400Z 17006G16KT 130V220 0500N　R05/0700U　SHRA　FEW015CB SCT016TCU BKN300 28/25 Q1010 RETS TEMPO FM0430 TL0530 1000 TSRA SCT012CB= 此天氣報告中露點溫度為何? (A)攝氏 25 度 (B)攝氏 28 度 (C)華氏 25 度

（D）華氏 28 度

（B）99‧METAR WSSS 260400Z 17006G16KT 130V220 BKN300 28/25 Q1010 RETS　TEMPO FM0430 TL0530 1000 TSRA SCT012CB=　　此天氣報告中溫度為何？

（A）攝氏 25 度（B）攝氏 28 度（C）華氏 25 度（D）華氏 28 度

（C）100‧METAR WSSS 260400Z 17006G16KT 130V220 0500N　R05/0700U　SHRA　FEW015CB SCT016TCU　BKN300　28/25　Q1010　RETS TEMPO　FM0430　TL0530　1000　TSRA SCT012CB=　　此天氣報告中高度表撥定值為何？

（A）29.10 水銀汞柱高（B）101.1 毫巴

（C）1010 毫巴（D）910 毫巴

（C）101‧METAR WSSS 260400Z 17006G16KT 130V220 0500N　R05/0700U　SHRA　FEW015CB SCT016TCU　BKN300　28/25　Q1010　RETS TEMPO　FM0430　TL0530　1000　TSRA SCT012CB=　　此天氣報告中趨勢預報有效時間為何？

（A）只在 0400L（B）0430Z 至 0530Z

（C）0400Z 至 0600Z（D）只在 0400Z

（B）102‧METAR WSSS 260400Z 17006G16KT 130V220

0500N　　R05/0700U　　SHRA　　FEW015CB SCT016TCU　BKN300　28/25　Q1010　RETS TEMPO　FM0430　TL0530　1000　TSRA SCT012CB=　　　此天氣報告中何時會打雷?

(A)0400Z 至 0600Z (B)0430L 至 0530L (C)0400Z 至 0600Z (D)只在 0430Z 至 0600Z

（A）103‧METAR WSSS 260400Z 17006G16KT 130V220 0500N　　R05/0700U　　SHRA　　FEW015CB SCT016TCU　BKN300　28/25　Q1010　RETS TEMPO　FM0430　TL0530　1000　TSRA SCT012CB=　　　此天氣報告中趨勢預報 0600Z 之天氣現象為何? (A)陣雨 (B)打雷 (C)雷雨 (D)雷陣雨

（B）104‧下列何者達 CAVOK 標準:

(A)RCTP 181200Z VRB03KT 9999 SCT010 BKN230 30/28 Q1020= (B)RCTP 181200Z 15003G15KT 9999 SCT100 BKN230 30/28 Q1020= (C)RCTP 181200Z VRB03KT 9999 SCT100CB BKN230 30/28 Q1020= (D)RCTP 181200Z 15003G15KT 9999 RA SCT100 BKN230 30/28 Q1020=

（C）105‧飛機由高壓地區起飛,飛向低壓地區,若飛行中未做高度表之校正，會發生下列何種情形？

（A）高度表之指示高度較實際高度低（B）高度表之指示高度與實際高度相同（C）高度表之指示高度較實際高度高

（A）106．飛機由低壓地區起飛，飛向高壓地區，若飛行中未做高度表之校正，會發生下列何種情形？

（A）高度表之指示高度較實際高度低（B）高度表之指示高度與實際高度相同（C）高度表之指示高度較實際高度高

（A）107．關於暖鋒，下列敘述何者有誤？

（A）暖鋒伴隨的雲系多是積雲（B）其天氣現象多半發生於鋒前（C）其典型之天氣現象為連續性之毛毛雨（D）鋒面過境後,地面氣溫上升

（C）108．目前機場溫度為攝氏35度，露點為攝氏20度，預估雲幕高為：

（A）4,000呎（B）5,000呎（C）6,000呎（D）7,000呎

（A）109．目前機場溫度為攝氏35度，露點為攝氏25度，預估雲幕高為？

（A）4,000呎（B）5,000呎（C）6,000呎（D）7,000呎

（A）110．目前機場溫度為攝氏35度，露點為攝氏30度，預估雲幕高為：

（A）2,000呎（B）3,000呎（C）4,000呎

（D）5,000 呎

（B）111． 等壓線越密集表示：

（A）風向多變 （B）風速越大 （C）風速越小 （D）天氣不穩定

（A）112． 大氣壓力每差 1 吋水銀汞柱(inHg)高，其高度差：

（A）1000 呎 （B）1000 公尺 （C）1000 英浬 （D）1000 海浬

（B）113． 大氣壓力每差 1 百巴(hPa)，其高度或壓力差：

（A）1000公尺 （B）30呎 （C）1 吋水銀汞柱(inHg)高 （D）0.3 吋水銀汞柱(inHg)高

（B）114． 飛機最易發生積冰的區域是

（A）大氣溫度由攝氏負40度至攝氏負20度 （B）大氣溫度由攝氏負20度至攝氏零度 （C）大氣溫度由攝氏負5度至攝氏零度 （D）大氣溫度由攝氏零度至攝氏10度

（A）115． 關於背山面的過山風之敘述, 何者正確?

（A）比較乾燥 （B）較易形成積雲 （C）氣流穩定 （D）較易形成霧

（B）116． 滾軸雲通常產生於：

（A）山岳波迎風面 （B）山岳波背風面 （C）塔狀積雲的下方 （D）鋒面過境後

（A）117． 毛毛雨常發生於：

（A）穩定之大氣環境 （B）不穩定之大氣環境 （C）塔狀積雲的下方 （D）背風面

（B）118‧雷陣雨常發生於:

（A）穩定之大氣環境 （B）不穩定之大氣環境
（C）背風面 （D）背風面之山岳波

（B）119‧在對流層頂內由西向東飛，移採取下列那種方式
較利於飛行?

（A）採較低高度 （B）採較高高度 （C）不用改變
飛行高度

（A）120‧在對流層頂內由東向西飛，移採取下列那種方式
較利於飛行?

（A）採較低高度 （B）採較高高度 （C）不用改變
飛行高度

（A）121‧飛行高度在對流層頂上方由西向東飛，宜採取下
列那種方式較利於航行? （A）採較低高
度 （B）採較高高度 （C）不用改變飛行高度

（B）122‧飛行高度在對流層上方由東向西飛，移採取下列
那種方式較利於航行?

（A）採較低高度 （B）採較高高度 （C）不用改變
飛行高度

（D）123‧夏天當中那個時段易生亂流?

（A）積冰清晨 （B）正午 （C）午夜 （D）下午兩
三點

（B）124‧下述那種力不會影響風之生成?

（A）氣壓梯度力 （B）重力 （C）離心力 （D）科
氏力

（A）125．有關北半球之科氏力之敘述何者正確？

（A)其方向與風向垂直而且指向右邊 （B)其方向與風向平行且與風向同向 （C)其方向與風向平行且方向與風向反向 （D)其方向與風向垂直而且指向左邊

（B）126．有關離心力之敘述何者為真？

（A)其方向與風向平行且與風向相反 （B)與曲率中心方向相反 （C)其方向與風向垂直而且指向右邊 （D)其方向與風向平行且與風向相同

（A）127．有關摩擦力之敘述何者為真？

（A)其方向與風向平行且與風向相反 （B)其方向與風向平行且與風向同向 （C)其方向指向曲率中心 （D)其方向與風向垂直而且指向右邊

（B）128．那些力造成地轉風？

（A)氣壓梯度力與摩擦力 （B)氣壓梯度力與科氏力 （C)氣壓梯度力與摩擦力與科氏力 （D)摩擦力與科氏力

（A）129．有關北半球地轉風之敘述何者為真？

（A)其方向與等壓線平行且高壓在右邊 （B)其方向與等壓線平行且高壓在左邊 （C)由高壓指向低壓 （D)由低壓指向高壓

（A）130．那種情形下地轉風較強？

（A)等壓線越密集 （B)等壓線越彎曲 （C)微弱之氣壓梯度力 （D)較薄之摩擦層

（D）131．科氏力受何者影響？

（A）緯度 （B）風速 （C）地球自轉之速度 （D）以上皆是

（C）132．有關科氏力之敘述何者有誤？

（A）緯度越高科氏力越大 （B）赤道地區科氏力為零 （C）緯度越低科氏力越大 （D）科氏力乃因地球自轉所生之假想力

（C）133．受到摩擦力的影響：

（A）低氣壓之風速會增加 （B）低氣壓之風速會減少 （C）風會吹偏向低氣壓 （D）風會吹偏向高氣壓

（A）134．摩擦層內的風受到哪些力的影響？

（A）氣壓梯度力與摩擦力與科氏力 （B）氣壓梯度力與科氏力 （C）氣壓梯度力與離心力與科氏力 （D）氣壓梯度力與離心力

（B）135．有關海風之敘述何者有誤？

（A）通常其垂直高度約一公里 （B）在夜間因海陸溫差所造成熱力環流 （C）在白天因海陸溫差所造成熱力環流 （D）多半發生於夏天

（C）136．有關陸風之敘述何者有誤？

（A）通常其垂直高度約一公里 （B）在夜間因海陸溫差所造成熱力環流 （C）在白天因海陸溫差所造成熱力環流 （D）其空氣組成較為乾燥

（C）137．有關山風及谷風之敘述何者有誤？

（A)谷風是白天因熱力環流造成之天氣現象（B）谷風造成上升氣流會形成山頂的積雲（C)山風是白天因熱力環流造成之天氣現象（D)山風之空氣組成較為乾燥

（B）138・有關焚風之敘述何者有誤?

（A)焚風是一種下坡風（B)焚風發生地點為迎風面（C)焚風之空氣組成較為乾燥而炎熱（D)在台灣常發生於台東地區

（B）139・何種條件下會造成機體積冰?

（A)下大雨且真空速高（B)機體表面溫度低於攝氏零度且遭遇過冷水（C)機體表面溫度高於攝氏零度且遭遇過冷水（D)飛經下雨及下雪之天候

（B）140・在何種溫度不易發現過冷水?

（A)攝氏零下 20（B)攝氏零下 65（C)攝氏零下 12（D)攝氏零下 40

（C）141・何種條件下不會形成過冷水?

（A)雲頂之輻射冷卻作用（B)雲內之上升氣流且到達結冰層（C)冰晶與液態水之混合作用

（D）142・飛行員可由何種天氣圖中獲得有關亂流及積冰層之資料?

（A)地面天氣圖（B)高層風天氣圖（C)等壓面圖（D)顯著天氣圖

（A）143．FZRA 在航空氣象之電碼中代表何種意義？

（A)凍雨 （B)凍毛毛雨 （C)結冰層 （D)凍霧

（B）144．FZDZ 在航空氣象之電碼中代表何種意義？

（A)凍雨 （B)凍毛毛雨 （C)結冰層 （D)凍霧

（D）145．FZFG 在航空氣象之電碼中代表何種意義？

（A)凍雨 （B)凍毛毛雨 （C)結冰層 （D)凍霧

（C）146．在對流雲中若要避免亂流必須：

（A)飛行高度保持在雲底以下 （B)飛行高度保持在雲層中間 （C)飛行高度保持在雲頂以上

（B）147．何種季節最易生成氣團性雷雨？

（A)春 （B)夏 （C)秋 （D)冬

（C）148．何種地形較合適形成地形式之雷雨？

（A)海拔很高的山如阿爾卑斯山 （B)海拔 100 公尺的山 （ C)小山坡即可形成地形式之雷雨 （D)海拔高過摩擦層的山

（B）149．那種情形下最易發生閃電？

（A)積雨雲之雲底 （B)積雨雲中近積冰層處 （C)積雨雲之雲頂 （D)兩朵積雨雲之間

（B）150．那種情形下之風切最危險？

（A)飛機於水平巡行高度時 （B)在起飛及落地時 （C)飛機於巡行於海面上 （D)飛機於巡行經山區地型

（D）151．那種風切對飛行危害最大？

（ A)垂直高度 10,000 呎內,風速有 10 節之變化

（B）垂直高度 1,000 呎內,風速有 10 節之變化

（C）沒有特定指標,因為風切隨時隨地都會發生

（D）垂直高度 100 呎內,風速有 10 節之變化

（C）152‧風速在數秒內有多數大的改變會危害飛行?

（A)2 節 （B)5 節 （C)10 節 （D)1 節

（D）153‧那種情形下最易發生微爆?

（A)層積雲雲底及卷積雲雲底 （B)雨層雲雲底

（C)積雲雲底 （D)積雨雲雲底

（A）154‧微爆直徑範圍多少?

（A)1 公里 （B)10 公里 （C)50 公里 （D)400 公里

（B）155‧微爆持續時間約有多少?

（A)數秒鐘 （B)數分鐘 （C)數小時 （D)數天

（D）156‧微爆所產生之下沖氣流速度可達?

（A)每分鐘 1,000 呎 （B)每分鐘 3,000 呎 （C)每分鐘 5,000 呎 （D)每分鐘 8,000 呎

（C）157‧龍捲風之特質為何?

（A)直徑小於 10 公里,強風超過 300 節 （B)直徑小於 4 公里,強風超過 100 節 （C)直徑小於 1 公里,強風超過 200 節 （D)直徑小於 20 公里,強風超過 300 節

（C）158‧下列何者不是龍捲風之特質?

（A)夾帶強風及閃電 （B)為一極低壓 （C)在北

半球其氣流為順時針旋轉 (D)伴隨漏斗雲系

（C）159．下列何者不是低氣壓之特性？

（A)夾帶上升氣流 (B)地面風輻合區 (C)在北
半球其氣流為順時針旋轉 (D)伴隨積狀雲雲系

（A）160．下列何者不是高氣壓之特質？

（A)夾帶上升氣流 (B)地面風輻散區 (C)在北
半球其氣流為順時針旋轉 (D)伴隨晴朗之天氣

（A）161．颱風警報階段 "A" 表示:

（A)該機場未達警報階段,資料僅供參考 (B)
暴風圈將於未來 12 小時後侵襲該機場 (C)暴
風圈已進入該機場 (D)暴風圈將於未來 12 小
時後遠離該機場

（B）162．颱風警報階段 "W36" 表示:

（A)該機場未達警報階段,資料僅供參考 (B)
暴風圈將於未來 36 小時內侵襲該機場 (C)暴
風圈已進入該機場 (D)暴風圈將於未來 36 小
時後遠離該機場

（C）163．颱風警報階段 "W00" 表示:

（A)該機場未達警報階段,資料僅供參考(B)暴
風圈將於未來 12 小時後侵襲該機場(C)暴風圈
已進入該機場 (D)暴風圈將於未來 12 小時後
遠離該機場

（D）164．颱風警報階段 "D(3)" 表示:

（A)該機場未達警報階段,資料僅供參考 (B)

　　　暴風圈將於未來 3 小時後侵襲該機場（C）暴風
　　　圈已進入該機場（D）暴風圈將於未來 3 小時後
　　　遠離該機場

（A）165・颱風強度是根據下列哪項因素:
　　　(A)風速 (B)氣壓 (C)範圍 (D)降水量

（A）166・下列那項是生成颱風因素之一?
　　　(A)地面風幅合 (B)靠近赤道, 較小之科氏力
　　　(C)垂直風切強 (D)海水溫度約在 20 度左右

（B）167・主要控制水平能見度之氣象因素為何?
　　　(A)溫度 (B)水汽 (C)氣壓 (D)雲量

（B）168・造成(輻射霧)之大氣環境最好是:
　　　(A)微風,雲量多 (B)微風,無雲 (C)強風,雲量
　　　多 (D)強風, 無雲

（B）169・造成(輻射霧)之氣象因素為何?
　　　(A)冷空氣接觸到較暖水面 (B)夜間地面輻射
　　　冷卻 (C)暖濕空氣接觸到較冷的陸地 (D)暖濕
　　　空氣接觸到冷濕空氣

（C）170・造成平流霧之氣象因素為何?
　　　(A)冷空氣接觸到較暖水面 (B)夜間地面輻射
　　　冷卻 (C)暖濕空氣接觸到較冷的陸地 (D)暖濕
　　　空氣接觸到冷濕空氣

（B）171・那種霧只發生在陸地上或大型島嶼上?
　　　(A)平流霧 (B)輻射霧 (C)混合霧 (D)海煙

（C）172・TAF KPIT 091730Z 091818 15005KT 5SM HZ

FEW020 FM 1930 30015G25KT 3SM SHRA OVC15 TEMP 2022 1/2 SM +TSRA OVC008CB. 請問 1930Z 起的風向風速為何？

（Ａ）150°風向 5KT（Ｂ）300°風向 15KT（Ｃ）300° 風向 15KT，陣風 25KT

（A）173・同上題，請問 1930Z 起的能見度為多少？

（Ａ）3SM　（Ｂ）5SM　（Ｃ）1/2SM

（A）174・於 METAR 中出現"VCSHRA"，請問表示何意？

（Ａ）機場附近地區有陣雨（Ｂ）機場正在下陣雨 （Ｃ）機場有可能會下陣雨

（A）175・某機場之場站氣壓圖上顯示等壓線相當靠近，我 們可以預測該機場之風速為：

（Ａ）風速大（Ｂ）風速小（Ｃ）吹西風

（B）176・於北半球當飛機飛向一個低氣壓時，機頭將會向 何處偏差？

（Ａ）左邊（Ｂ）右邊（Ｃ）以上均是

（A）177・於平流層中溫度最低之區域為：

（Ａ）赤道（Ｂ）南北極（Ｃ）中緯度 30°-60°

（A）178・某場站於冷鋒鋒面通過之後，能見度將：

（Ａ）轉佳（Ｂ）轉壞（Ｃ）不會改變

（A）179・沿噴射氣流之核心航行，當飛機偏航於左側且遭 遇晴空亂流時，則航向宜改：（Ａ）改向右方（Ｂ） 改向左方（Ｃ）不用改變航向

（A）180・W24 是指：

（A）颱風暴風圈在 24 小時內到達 （B）吹西風 24KT（C）颱風暴風圈在 12 小時內到達

（B）181・如等壓線或等高線之間隙愈大則風力愈：

（A）大 （B）小 （C）沒影響

（B）182・在北半球高氣壓之風向為順時針吹向中心，低氣壓之風向為逆時針吹出中心。以上敘述：

（A）正確 （B）不正確 （C）不一定

（A）183・標準大氣對流層內溫度之遞減率大約是：

（A）每升高 1000 呎降低攝氏 2℃ （B）每升高 1000 呎降低攝氏 4℃ （C）每升高 1000 呎降低攝氏 4.5℃

（C）184・200mb 之壓力高度約為：

（A）18,000' （B）34,000' （C）39,000'

（A）185・晴空亂流通常會發生的高度為：

（A）任何高度 （B）FL250-FL410 （C）海平面 -FL250

（D）186・氣團性雷雨形成要素為：

（A）不穩定氣流 （B）上升氣流 （C）大量之水氣 （D）以上皆是

（A）187・在接近暖面區域可能遭遇之天氣為：

（A）低雲幕高及低能見度 （B）高能見度無雲 （C）強烈風切及凍雨

（C）188・輻射霧絕大多數形成於：

（A)白日高溫 (B)吹西風時 (C)夜間

（C）189‧在山區飛行時，最強烈之上升氣流及結冰是發生
在：
(A)山脊背風面及山脊下方區域 (B)山脊背風
面及山脊上方區域 (C)山脊向風面及山脊上方
區域

（A）190‧噴射氣流中靠極地一邊之風切較赤道一邊之風切
為：
(A)大 (B)小 (C)一樣

（B）191‧山區飛行下降氣流發生於山之何側？
(A)向風面 (B)背風面 (C)山之上方

（B）192‧冷鋒面通過時能見度會轉：
(A)壞 (B)好 (C)不變

（A）193‧極地氣團之特性通常為：
(A)冷乾 (B)冷濕 (C)熱乾

（C）194‧在逆向噴射氣流中航行，發現晴空亂流時宜：
(A)右轉並爬升高度 (B)右轉並下降高度 (C)
左轉並下降高度

（A）195‧雷雨雲中，平均上升氣流速度較平均下降氣流速
度大，是因為空氣沖向雷雨中心以填補部分真
空。以上敘述： 　　　(A)True (B)False

（C）196‧在北半球航行，冷鋒面前盛行＿＿＿風？
(A)西北風 (B)東北風 (C)西南風

（C）197‧當露點與溫差 4°F以內時之預期天氣型態為何？

（A)能見度變化 （B)高雲幕高 （C)降水發生

（A）198・雷雨區直徑一般在：

（A)5-30 浬 （B)50-300 浬 （C)50-100 浬

（A）199・層雲(St)、層積雲(Sc)表示氣流穩定。以上敘述：

（A)正確 （B)不正確 （C)不一定

（B）200・低空風切通常發生於：

（A)2000 呎-10000 呎（B)2000 呎以下 （C)5000 呎以下

（D）201・造成雷雨之因素及必要條件為：

（A)不穩定之空氣 （B)空氣之昇舉作用 （C)空氣中含大量之水份 （D)以上均是

（C）202・氣象圖上紅藍相間線是代表：

（A)冷鋒面 （B)暖鋒面 （C)滯留鋒面

（C）203・山岳波(mountain ware)常與那類雲相伴出現？

（A)層雲 （B)積雲 （C)滾軸雲

（A）204・颮線常發生在：

（A)冷鋒面之前面 （B)暖鋒面之前面 （C)滯留鋒面之前面

（A）205・溫度逆轉通常會產生：

（A)輻射霧 （B)能見度良好 （C)降雨

（A）206・在北半球，反時針旋轉之風當圍繞：

（A)低壓 （B)高壓 （C)反氣旋

（B）207・赤道氣溫高，空氣上升形成：

（A)高壓 （B)低壓 （C)無影響

（A）208· 冷鋒較暖鋒移動的：

（A)快 （B)慢 （C)一樣

（A）209· 對流層中飛行，向東採取較高之高度、向西採取
較低之高度。以上敘述：（A)正確 （B)不正確
（C)不一定

（A）210· 平流層中飛行，向東採取較低之高度、向西採取
較高之高度。以上敘述：（A)正確 （B)不正確
（C)不一定

（C）211· 於高空中航行，OAT 突然變化較大，我們可以
預期：

（A)能見度變壞 （B)有積雲 （C)亂流

（A）212· 平流層中氣溫大致固定在-56℃之間，且隨高度
增加而略增；風則減低。以上敘述：（A)對 （B)
不對 （C)不一定

（A）213· 關於對流層之敘述,下列何者有誤?

（A)對流層內之溫度隨高度增加而增加 （B)對
流層內之大氣壓力隨高度增加而減少 （C)對流
層與平流層之界面稱對流層頂 （D)大部份之天
氣現象均發生於對流層內

（B）214· 關於對流層頂之敘述,下列何者有誤?

（A)對流層頂之高度平均約 11 公里 （B)對流層
頂之高度全球一致 （C)對流層內之平均溫度遞
減率每一千呎下降攝氏 2 度 （D)對流層頂之高
度會隨季節變化

（D）215‧關於 ICAO 規定之標準大氣之敘述,下列何者有誤?

(A)平約海平面溫度為攝氏 15 度 (B)平約海平面之大氣壓力為 1013.25hPa (C)對流層內之之平均溫度遞減率每一千公尺下降攝氏 6.5 度 (D)對流層頂之高度為 12 公里

（A）216‧關於平流層之敘述,下列何者有誤?

(A)平流層內之溫度隨高度增加而增加 (B)平流層內之大氣壓力隨高度增加而減少 (C)對流層與平流層之界面稱對流層頂 (D)臭氧層位於平流層內

（A）217‧關於中氣層之敘述,下列何者正確?

(A)中氣層內之溫度隨高度增加而減少 (B)中氣層內之大氣壓力隨高度增加而增加 (C)中氣層與平流層之界面稱中氣層頂 (D)臭氧層位於中氣層內

（C）218・飛機在低密度高度之天氣下起飛：

（A）爬升速度較快 （B）爬升時所需時間較短
（C）所需之跑道長度較長 （D）較易遭遇亂流

（B）219・關於乾絕熱溫度遞減率之敘述，下列何者正確？

（A）此溫度遞減率是指飽和之空氣塊隨高度上
升其溫度的絕熱變化 （B）高度每上升一千呎溫
度下降攝氏 3 度 （C）此溫度遞減率是指對流層
至對流層頂之平均溫度遞減率 （D）水汽含量越
多遞減率越高

（A）220・關於濕絕熱溫度遞減率之敘述，下列何者正確？

（A）此溫度遞減率是指飽和之空氣塊隨高度上
升其溫度的絕熱變化 （B）高度每上升一千呎溫
度下降攝氏 3 度 （C）此溫度遞減率是指對流層
至對流層頂之平均溫度遞減率 （D）水汽含量越
多遞減率越高

（B）221・下列何種天氣資料會提供露點溫度？

（A）SIGMET （B）METAR （C）TAF （D）TREND
FORECAST

（B）222・下列何種天氣資料會提供跑道視程？

（A）SIGMET （B）METAR （C）TAF （D）TREND
FORECAST

（C）223・下列何種天氣為不穩定大氣之天氣現象？

（A）起霧 （B）毛毛雨 （C）下雷雨 （D）雲量多

（B）224‧下列何種天氣為穩定大氣之天氣現象？

（A）亂流較多 （B）起霧 （C）下雷雨 （D）風切較大

（D）225‧溫度與露點溫度相差越小：

（A）相對濕度越大 （B）雲底高度越低 （C）比較容易下雨 （D）以上皆是

（A）226‧下列現象何者為雷雨現象之生成期？

（A）積雲氣流內皆為上升氣流 （B）積雲氣流內為上升氣流及下沖氣流 （C）積雲氣流內皆為下沖氣流 （D）積雲漸漸消散

（B）227‧下列現象何者為雷雨現象之成熟期？

（A）積雲氣流內皆為上升氣流 （B）積雲氣流內為上升氣流及下沖氣流 （C）積雲氣流內皆為下沖氣流 （D）積雲漸漸消散

（C）228‧下列現象何者為雷雨現象之消散期？

（A）積雲氣流內皆為上升氣流 （B）積雲氣流內為上升氣流及下沖氣流 （C）積雲氣流內皆為下沖氣流 （D）冰雹開始在積雲內生成

（B）229‧那一種天氣現象表示雷雨成熟期之開始？

（A）鉆狀雲頂之出現。 （B）近地層開始下雨。 （C）雲之成長率達到最高值。

（B）230‧在雷雨之生命期中，那一階段主要為下沉氣流所控制？

（A）積雲期。 （B）消散期。 （C）成熟期。

（B）231．那一種雷暴最容易造成漏斗雲或龍捲雲?

（A）氣團雷雨。 （B）冷鋒或颮線雷暴。 （C）雷暴伴隨著積冰及超冷水。

（A）232．那一種雲常伴隨著強烈亂流並可能形成漏斗狀雲?

（A）乳房狀積雨雲。 （B）滯留性透鏡狀雲。 （C）層積雲。

（B）233．颮線(SQUALL LINE)通常在何區發展?

（A）在錮囚鋒。 （B）冷鋒面前。 （C）滯留鋒面之後。

（C）234．在雷暴(THUNDER STORM)中，那一區域風切造成之危害性最大?

（A）在雷雨包之前緣 (鉆狀雲) 及雷雨包之西南側。 （B）在滾軸狀雲或陣風鋒面之前方及鉆狀雲之正下方。 （C）在雷雨包之任何方位及正下方。

（C）235．雷暴(TS)所造成之氣壓變化其最低值在何時出現?

（A）在下暴氣流及強陣雨發生時。 （B）當雷暴接近時。 （C）在陣雨剛結束時。

（C）236．在雷達顯示器中線狀雷暴(TS)回波區內之空白區表示:

（A）該區無雲。 （B）該區無對流性亂流。 （C）該區降水雨滴未被偵測。

（A）237・飛越強烈雷暴(TS)頂時，最少應超越雲頂：
（A)1,000 呎每 10KT 風速。 （B)2,500 呎。 （C)中至強烈亂流層上方 500 呎。

（C）238・飛行中結構性積冰形成之必要條件為：
（A)超冷水滴。 （B)水汽。 （C)可見之水滴。

（A）239・在對流層頂高度層附近發生之天氣特性為：
（A)最大風速及狹窄之風切區。 （B)對流層頂以上氣溫突增。 （C)對流層頂高度層有薄層之卷雲。

（A）240・伴隨噴射氣流之最大風速通常發生在：
（A)在對流層頂不連續區靠極地方位之噴射氣流軸附近。 （B)在噴射氣流呈長而直伸展區之噴射氣流軸下方。 （C)在噴射氣流靠赤道方位有卷狀雲形成之區域。

（C）241・噴射氣流通常位於：
（A)平流層內強烈低壓系統區域。 （B)對流層頂溫度梯度強烈區域。 （C)在赤道與極地對流層頂不連續處，環繞地球呈連續帶狀。

（A）242・噴射氣流相對於地面低壓及鋒面之位置為：
（A)噴射氣流位於地面低壓系統之北側。 （B)噴射氣流位於低壓及暖鋒之南側。 （C)噴射氣流位於低壓上方並穿越冷暖鋒面。

（B）243・那一種雲通常伴隨著噴射氣流？
（A)在噴射氣流與冷鋒相交處有積雨雲線存在。

(B)噴射氣流靠赤道側有卷雲。 (C)在噴射氣流
下方及靠極地側有卷層雲帶存在。

（C）244．那一類噴射氣流易形成強烈亂流？
(A)直線型噴射氣流伴隨著高壓脊。 (B)噴射氣
流伴隨寬舒的等溫線。 (C)彎曲的噴射氣流伴
隨深低壓槽。

（C）245．高度 15,000 呎以上未伴隨雲之亂流應編報：
(A)對流性亂流。 (B)高空亂流。 (C)晴空亂
流。

（A）246．那一種天氣條件下易形成晴空亂流？
(A)當等壓面圖顯示 20KT 差距之等風速線間隔
小於 60 浬。 (B)當等壓面圖顯示 60KT 差距之
等風速線間隔小於 20 浬。 (C)當深槽線之移動
速度小於 20KT。

（B）247．晴空亂流伴隨山脈波可能延伸至：
(A)山脈下風處 1,000 哩或以上。 (B)對流層頂
上方 5,000 呎。 (C)山脈上風處 100 哩或以上。

（C）248．那一種天氣條件下熱帶低壓可升級至颱風？
(A)最大風速達到或超過 100kt。 (B)颱風眼形
成。 (C)平均風速達到或超過 34kt。

（A）249．根據氣象觀測實務，所指之最低雲層或視障現象
之高度，其所報之雲量為裂、密或不明者，其高
度稱為：
(A)雲冪高 (B)能見度 (C)視程高度

（B）250‧航空術語中，所指飛機飛過無雲之空間所遭遇之亂流稱之為：

（A）擾流 （B）晴空亂流 （C）高空亂流

（A）251‧何謂能見度(Visibility)？

（A）按氣象觀測實務，指一定方位肉眼能辨識之最大距離 （B）按氣象觀測實務，利用跑道視程儀於跑到頭實測之距離 （C）按氣象觀測實務，指一定方位肉眼所能見之最低雲層高度

（C）252‧兩鋒之合併，形成冷鋒趕上暖鋒或近似滯留鋒之鋒面稱之為：

（A）暖鋒 （B）冷鋒 （C）囚錮鋒

（C）253‧霧滴接觸暴露物立即凍結，且構成霧淞(Rime)或雨淞(Glaze)外殼之一種霧稱之為：（A）凍雨 （B）輻射霧 （C）凍霧

（A）254‧對流層頂的高度變化，一般而言位於赤道之對流層頂，較南北極之對流層頂為：

（A）赤道之對流層頂高於南北極之對流層頂 （B）赤道之對流層頂低於南北極之對流層頂 （C）皆為相同之對流層頂

（B）255‧按氣象觀測實務，指觀測人員對以地面為底之視障現象，在垂直方向所能看到之距離稱之為：

（A）能見度 （B）垂直能見度 （C）雲冪高

（A）256‧以較暖空氣取代較冷空氣之全部或其一部份，此鋒面稱之為：

（A)暖鋒 （B)冷鋒 （C)囚錮鋒

（A）257・造成在地球表面各種氣象變化之主要原因為何？

（A)太陽照射在地表面所產生之不同溫度變化

（B)地球表面氣壓不同之移動變化 （C)較重的

濕冷氣團向乾冷氣團移動之變化

（C）258・柯氏力效應在地球表面何處產生，對風向變化影

響最小？

（A)南北極 （B)中緯度(30°−60°)（C)赤道

（A）259・柯氏力效應在南半球對風向造成的影響為何？

（A)低氣壓之旋轉為順時針方向 （B)風由較低

壓吹向高壓 （C)和北半球一樣沒改變

（A）260・在下列雲層中，何者最易產生亂流？

（A)積雲 （B)層雲 （C)卷雲

（A）261・以台北之天氣為例，在一天 24 小時之中，何時

可錄得當日之最低溫？

（A)太陽初升起時 （B)在太陽升起之前一小時

（C)半夜 12 點

（A）262・非飽和空氣(unsaturated air)之溫度遞減率為何？

（A)3℃／1000 呎 （B)2℃／1000 呎 （C)4℃／

1000 呎

（B）263・在絕熱過程中(Adiabatic Process)，某氣團之熱力

變化，由氣團上升造成之膨脹，則溫度變化為

何？

（A)溫度增加 （B)溫度減低 （C)溫度不變

（C）264‧某飛機飛航於 FL270，高度表撥定於標準氣壓。在下降過程中，飛行員忘了校正高度表撥定值於 30.57in，如果機場標高為 650 feet，則該機於落地後高度表所顯示之高度為：（A）585 feet（B）1300 feet（C）0 feet

（C）265‧於 FL310，如周遭之大氣溫度大於標準大氣溫度，則真高度與壓力高度之關係為何？
（A）兩者相同(FL 310)（B）真高度低於 FL 310（C）氣壓高度低於真高度

（B）266‧於 FL350，如周遭之大氣溫度大於標準大氣溫度，則密度高度與壓力高度之關係為何？
（A）密度高度低於壓力高度（B）密度高度高於壓力高度（C）密度高度與壓力高度皆為 FL350

（A）267‧雷雨包於何種現象出現時可稱為進入成熟期？
（A）開始下雨（B）產生砧狀雲頂(Anvil top)（C）雲高繼續增加

（B）268‧因潮濕空氣平流在寒冷之表面上，使空氣冷卻至露點以下而成之一種霧稱之為：
（A）輻射霧（B）平流霧（C）凍霧

（D）269‧下列何者為飛機產生積冰時的危害？
（A）增加飛機重量（B）改變機翼外形（C）失速速度增加（D）以上均是

（B）270‧下列之空氣組成份子中，何者為空氣之正確容積百分比？

（A）氮 70%、氧 29%、其他 1%（B）氮 79%、氧 20%、其他 1%（C）氮 20%、氧 79%、其他 1%

（A）271・標準海平面之氣壓撥定值為何？

（A）1013.2hPa（B）1012.3hPa（C）1011.2hPa

（B）272・下列何者為 METAR 報告中"靄(MIST)"之簡寫？

（A）BC（B）BR（C）BL（D）HZ

（C）273・下列何者為 METAR 報告中"煙(SMOKE)"之簡寫？

（A）SM（B）BR（C）FU（D）FG

（A）274・METAR 報告中如出現"+TSRA"為何意義？

（A）強烈雷雨（B）中度雷雨（C）雷雨

（B）275・METAR 報告中如出現"VCRA"表示下列何意？

（A）以機場為中心附近 10km 以內有下雨（B）以機場為中心附近 8km 以內有下雨（C）以機場為中心但不包含

（B）276・利用下列資料回答下列問題(四題)：

在天氣報告中出現 KJFK 091955Z COR 22015G25KT, 1/8 SM FG VV006 18/16 A2992 RMK SLP045 T01820159. 請問 091955Z 的能見度報告為何？

（A）600 呎（B）1/8 英哩（C）4500 呎

（C）277・資料中 VV006 表示為何？

（A）雲冪高 600 英呎（B）雲冪高 60000 英呎（C）

不確定雲冪高 600 呎(垂直能見度 600 呎)

（A）278・資料中 SLP045 表示為何？

（A)海平面壓力高 1004.5hPa（B)雲冪高 4500 呎
（C)下雨量 4.5 in

（C)279・請問露點溫度為何？　（A)18°（B)20°（C)16°

（A）280・在 METAR 天氣報告中出現 CAVOK 一詞表示為何？

（A)能見度 10Km 以上、雲冪高 5000 呎以上（B)能見度 5Km 以上、雲冪高 3000 呎以上（C)能見度及雲冪高無法測量

（A）281・利用下列資料回答下列問題(兩題)：

METAR　RCKH　091850Z　13015G26KT　4500
BKN013 OVC080 –RA 25/24 Q1005.

請問 1850Z 的風向及風速為何？

（A)130°風向、風速 15KT、瞬間陣風 26KT
（B)15°風向、風速 26KT（C)130°風向、風速 15KT

（B）282・能見度為多少？　（A)4500 呎（B)4500 公尺（C)1300 呎

（A）283・當 METAR 報告中，氣溫及露點之度差很　大，我們可以預期之場站天氣為何？

（A)能見度良好（B)能見度變壞（C)可能會下雨

（A）284・大氣中溫度隨高度增加之層稱之為：

（A)逆溫層 （B)順溫層 （C)恒溫層

（C）285・METAR RCTP 191550Z 25025G36KT 9999

FEW025 BKN035 OVC100 25/20 Q1014

NOSIG

請問 1550Z 的能見度為多少？(A)9999 呎

（B)2500 呎 （C)10Km 以上

（B）286・上題中雲冪高為多少？

（A)2500 呎 （B)3500 呎 （C)10000 呎

（C）287・於高空 FL390 航行 SAT -51℃，此時飛機穿越一

層高積雲，則飛機可能會產生之結冰情形為何？

（A)重度結冰 （B)中度結冰 （C)不會結冰

（B）288・於高空中之砧狀雷雨胞下航行，航機可能會遭遇

天氣為何？

（A)平穩飛行 （B)可能冰雹發生 （C)以上皆是

（A）289・請問 TAF 之預報資料有效期間為何？

（A)自發出 TAF 後之 9~24hr（B)自發出 TAF 後

之 12hr（C)自發出 TAF 後之 6hr

（A）290・請問 METAR 之資料代表何意？

(A)表示目前之場站天氣（B)表示前一小時之

場站天氣（C)表示下一小時之場站天氣

（B）291・某冷鋒面由北而南通過某一場站，我們可以預期

冷鋒通過後之場站天氣為何？　　　（A)高

溫晴朗（B)能見度良好（C)陰雨有霧

（C）292．上題在冷鋒前緣之天氣我們可預測：

（A)能見度良好 （B)天氣穩定 （C)不穩定之天氣

（B）293．造成各測站間高度表撥定值變化之主要原因為：

（A)地球旋轉 （B)地表受熱不均勻 （C)地表高度之不同

（A）294．平均溫度遞減率為：

（A)2℃/1000ft（B)3.5℃/1000ft（C)1℃/1000ft

（A）295．形成雷暴之必要條件為：

（A)高濕度、抬升力、及不穩定條件 （B)高濕度、高溫度、及積雲 （C)抬升力、濕空氣、及廣大之雲區

（C）296．雷暴之生命期中主要為下降氣流所控制之階段為：

（A)積雲期 （B)成熟期 （C)消散期

（B）297．下列狀況何者預期可能發生危害性之風切：

（A)穩定氣流通過山脈障礙物形成透鏡狀雲 （B)低層逆溫層、鋒面區、及晴空亂流 （C)伴隨著鋒面之通過，層積雲之形成顯示有擾流混合

（A）298．如保持一固定之指示高度飛向一低氣壓，則實際高度將：

（A)較指示高度為低 （B)較指示高度為高 （C)與指示高度相同

（C）299．下列狀況何者容易形成平流霧？

（A)微弱海陸風將冷空氣吹向海面 （B)暖濕之

空氣在山區上面 （C）冬季氣團由海岸線向陸地移動

（B）300・那一種雲顯示對流性亂流？

（A)卷雲 （B)塔狀積雲 （C)雨層雲

（C）301・在順風或逆風氣流中遭遇噴射氣流亂流時應如何應變？

（A)增加空速迅速脫離該區域 （B)改變航向朝噴射氣流之極地側飛行 （C)改變高度或航向避開可能延長遭遇亂流之區域

（C）302・利用下列機場天氣預報回答下列問題:TAF 030430Z RCSS 030606 33006KT 9999 SCT012 BKN018 BKN045 TEMPO 0610 09010G24KT 6000-TSRA SCT012 SCT014CB BKN018 BKN045 BECMG 1214 09006KT 6000 NSW SCT016 BKN025 BECMG 0103 30008KT 9999 SCT016 BKN100= 預報開始時間為本地何

（A)06L（地方時） （B)12L（C)14L

（C）303・20L 時預報天氣為：

（A)雷雨 （B)陣雨 （C)以上皆非

（B）304・22L 時之雲幕高為：

（A)1600 FT（B)2500 FT（C)10000 FT

（A）305・飛越鋒面經常遭遇之天氣現象變化為：

（A)風向 （B)降水型態 （C)氣團之穩定度

（B）306‧雷暴(TS)之積雲期階段伴隨之主要天氣特徵為：
（A)滾軸狀雲 （B)連續之上升氣流 （C)密集之閃電

（C）307‧危害飛行最嚴重之雷暴為：
（A)冷鋒雷暴 （B)暖鋒雷暴 （C)颮線雷暴

（A）308‧不穩定空氣之特徵為：
（A)亂流及近地層之高能見度 （B)亂流及近地層之低能見度 （C)雨層雲及近地層之高能見度

（C）309‧在北半球氣旋之風向為：
（A)順時鐘方向外流 （B)逆時鐘方向外流 （C)逆時鐘方向內流

（C）310‧飛行中結構性積冰形成之必要條件為：
（A)超冷水滴 （B)水汽 （C)可見之水滴

（C）311‧機場天氣預報:TAF 032230Z RCSS 040024
VRB02KT 6000 SCT012 BKN018 BKN045
BECMG 0305 28008KT 9999 SCT018 BKN022
TEMPO 0710 20010G24KT 2000 +TSRA.
SCT010 SCT012CB BKN018
BECMG 1214 18003KT 8000 NSW SCT016
BKN025 BECMG 2123 VRB03KT 6000 S
請問:20L 時預報天氣為
（A)雷雨 （B)陣雨 （C)以上皆非

（B）312‧承上題：請問雷雨期間最大風速為：
（A)10KT （B)24KT （C)30KT

（A）313 · 下列狀況何者容易形成輻射霧？

　　　　(A)靜風且無雲之夜晚，暖濕空氣在低而平坦之
　　　　地陸。 (B)潮濕的熱帶氣團移至冷的近岸水域。
　　　　(C)冷空氣移至暖水域。

（B）314 · 形成積雨雲之必要條件包括上升運動及：

　　　　(A)不穩定空氣內含過量之凝結核。 (B)不穩定
　　　　之濕空氣。 (C)穩定或不穩定空氣。

（C）315 · 那一種雲顯示對流性亂流？

　　　　(A)卷雲。 (B)雨層雲。 (C)塔狀積雲。

（A）316 · 不穩定空氣之特徵為：

　　　　(A)亂流及近地層之高能見度。 (B)亂流及近地
　　　　層之低能見度。 (C)雨層雲及近地層之高能見
　　　　度。

（C）317 · 機場天氣預報:TAF 030430Z RCSS 030606
　　　　33006KT 9999 SCT012 BKN018 BKN045
　　　　TEMPO 0709 09010G24KT 6000 -TSRA
　　　　FEW012 SCT014CB BKN018 BKN045 BECMG
　　　　1214 09006KT 6000 NSW SCT016 BKN025
　　　　BECMG 0103 30008KT 9999 SCT016 BKN100
　　　　請問:22L 時之雲幕高為
　　　　(A)1000 ft。 (B)1800 ft。 (C)2500 ft。.
　　　　(D)10000 ft。

（D）318 · 承上題：請問 20L 時預報天氣為：

　　　　(A)雷雨。 (B)陣雨。 (C)霾。 (D)以上皆非。

（B）319．高氣壓區氣流之特性為：

(A)由地面高壓中心上升並流向高層低壓。(B)氣流下降至地面然後後向外流。(C)高層由高壓中心向外流，地面則為流向高壓中心。

（C）320．滯留鋒之特性為：

(A)暖鋒鋒面移動速度約為冷鋒之一半。(B)其天氣為強冷鋒及強暖鋒天氣之合成。(C)地面風向約與鋒面平行。

（A）321．那一種大氣要素會造成地面鋒面之快速移動？

(A)高空風吹過鋒面。(B)高層低壓位於地面低壓正上方。(C)冷鋒取代並迫使暖鋒面上升。

（B）322．那一種氣象要素可形成鋒面波動及低氣壓？

(A)暖鋒或錮囚鋒。(B)緩慢移動之冷鋒或滯留鋒。(C)冷鋒錮囚。

（A）323．在鋒生地區那一種天氣變化預期會發生？

(A)鋒面天氣變激烈。(B)鋒面消散。(C)鋒面移動速度加快。

（A）324．低層大氣中那一種磨擦造成之效應使得風穿過等壓線向低壓吹？

(A)減低風速及科氏力。(B)降低氣壓梯度力。(C)造成大氣亂流及氣壓之上升。

（B）325．下列那一種雲顯示有極強烈之亂流：

(A)雨層雲 (B)滯留之豆莢狀雲 (C)卷積雲

（B）326・當平流霧形成後，那一種天氣條件能使霧消散或抬升變成低的層雲？

（A）逆溫 （B）風速超過 15KT（C）地面輻射冷卻

（C）327・氣團之氣溫隨高度保持不變或略微下降，則顯示該氣團：

（A）空氣不穩定 （B）逆溫存在 （C）空氣穩定

（B）328・發生低層逆溫層風切之必要條件為：

（A）暖層與冷層之溫度差至少10度。 （B）地面為靜風或微風而逆溫層上方風需相當的強。 （C）近地面之風向與逆溫層上方風向相差至少30度。

（B）329・若 FL 310 之周圍氣溫較標準大氣溫度為高，則真實高度與氣壓高度之關係為：

（A）同為 31000 呎。（B）真實高度低於 31000 呎。（C）氣壓高度較真實高度為低。

（B）330・若 FL 350 之周圍氣溫較標準大氣溫度為高，則密度高度與氣壓高度之比較為：

（A）較氣壓高度為低。 （B）較氣壓高度為高。（C）無低層逆溫層資料無法比較。

（B）331・測站氣壓之定義為：

（A）高度表設定值。 （B）機場高度之真實氣壓。（C）測站氣壓表與海平面氣壓差。

（C）332・對流性雲穿越層狀雲層可能造成危害儀器飛行之天氣為：

（A）凍雨。 （B）晴空亂流。 （C）雲內隱藏之雷雨。

（C）333·雷雨之積雲期通常伴隨之天氣特徵為：
（A)近地層開始下雨。 （B)頻繁的閃電。 （C)
連續的上升氣流。

（C）334·對流層頂以上，在平流層中溫度隨高度：
（A)增加 （B)減小 （C)先不變而後遞增 （D)
都不對

（A）335·10000`以下的空氣層較標準大氣為暖時，則飛機
的高度常較高度表所指示之高度為：
（A)高 （B)低 （C)相同 （D)不一定

（B）336·我國通常所謂 W12 警報乃指：
（A)颱風中心將於 12 小時內到達 （B)暴風半徑
之邊緣將於 12 小時內到達 （C)颱風中心將於 12
小時後到達 （D)暴風半徑之邊緣將於 12 小時後
到達

（B）337·晴空亂流主要與何者有關：
（A)低空風切 （B)噴射氣流 （C)鋒面區域 （D)
界面消失區域

（D）338·雷雨區之直徑一般情況為：
（A)5-10 哩 （B)5-15 哩 （C)5-20 哩 （D)5-30
哩

（C）339·層雲、層積雲均表示氣流：
（A)不穩定 （B)中性穩定 （C)穩定 （D)不一
定

（C）340 · 在 5000 呎高度氣壓為 25 吋，如計算至海平面則氣壓為：

(A)20 吋 (B)25 吋 (C)30 吋 (D)35 吋

（A）341 · 冷鋒面移動速度較暖鋒為：

(A)速 (B)緩 (C)相等 (D)不一定

（A）342 · 鋒面多易產生於：

(A)兩種不同氣團之臨界區 (B)相同氣團內不同之溫度區 (C)高壓脊內 (D)以上均對

（D）343 · 大氣主要環流形式是在：

(A)陸地和海洋之間 (B)各不同徑度之間 (C)地表和高空之間 (D)兩極(南北極)和赤道之間

（A）344 · 海風吹動時，海面之氣壓：

(A)較陸地為高 (B)較陸地為低 (C)與陸地相同 (D)依情況而變動

（B）345 · 飛機最嚴重之結冰產生在：

(A)暖面區域 (B)冷面區域 (C)界面消失區域 (D)氣壓緩慢上升區域

（D）346 · 因暖空氣流過冷的水面所產生的霧稱為：

(A)輻射霧 (B)界面霧 (C)斜面霧 (D)海霧

（C）347 · 晴空亂流常不能目視發現，可能發生在：

(A)高高度 (B)低高度 (C)任何高度 (D)噴射氣流之核心中

（C）348 · 在山區飛行中，最強烈之上升氣流及結冰是發生在：

（Ａ）飛近山脊之背風面時 （Ｂ）飛近山脊之向風面時 （Ｃ）山脊向風面至山脊之上方區域中 （Ｄ）兩脊間之山谷上空

（Ｄ）349・標準大氣中之海平面氣壓係指：

（Ａ）29.92 英寸（Ｂ）760 毫米（Ｃ）1013.2hPa（Ｄ）以上皆是

（Ｃ）350・在北半球，低氣壓風向之轉變為：

（Ａ）順時鐘向內吹 （Ｂ）順時鐘向外吹 （Ｃ）逆時鐘向內吹 （Ｄ）逆時鐘向外吹

（Ｂ）351・極地大陸氣團之特性為：

（Ａ）寒冷潮濕 （Ｂ）寒冷乾燥 （Ｃ）乾燥高溫 （Ｄ）潮濕高溫

（Ａ）352・通常氣旋中鋒面系統之移動：

（Ａ）冷鋒較暖鋒為速 （Ｂ）冷鋒較暖鋒為緩 （Ｃ）依系統所在之緯度而定 （Ｄ）依系統所在之半球而定

（Ｄ）353・通常風自地面開始隨高度之遞增而增加，在 2000 或 3000 英尺處則與氣壓梯度相當，其正確之原因為：

（Ａ）氣層之穩定度 （Ｂ）溫度之差別 （Ｃ）地球之自轉作用 （Ｄ）摩擦作用減少

（Ｂ）354・氣溫與露點溫度趨於接近，意指

（Ａ）氣壓升高 （Ｂ）能見度轉劣 （Ｃ）雲幕升高 （Ｄ）降水停止

（A）355．地面天氣圖上之紫色實線，代表
（A）囚錮鋒(Occluded Front)（B）滯留鋒
(Stationary Front)（C）暖鋒（D）冷鋒

（B）356．最易發生霧之氣層，其性質屬於：
（A）不穩定（B）穩定（C）對流強（D）有亂流
時

（A）357．在近海平面處，高度表撥定值每差 1hPa 高度之
誤差可達：
（A）30 英尺（B）30 公尺（C）300 英尺（D）300
公尺

（A）358．鋒面通常發生於：（A）槽線區（B）脊線區（C）
赤道區（D）輻散區

（A）359．RCSS 之海平面氣壓為 1028，RCKH 為 1020，
飛機自 RCSS 起飛後，若未加高度表之校正，則
降落於 RCKH 時，該機上高度表之指示值：
（A）較實際為高（B）較實際為低（C）並無差
異（D）視風向而定

（A）360．飛機在飛行之中途，若大氣之溫度較標準大氣之
溫度為高，則該機飛行之實際高度，應較所指示
之高度為：
（A）高（B）低（C）與溫度無關（D）都不對

（D）361．通常西風帶噴射氣流出現之高度，最接近：
（A）700hPa（B）500 hPa（C）400 hPa（D）300
hPa

（D）362‧風系局部性變化之敘述，何者為正確：

（A)白晝由山谷吹向山峰 （B)白晝由海洋吹向內陸 （C)海風較陸風為強 （D)以上均屬正確

（D）363‧氣流吹向山脈時：

（A)背風面較冷 （B)向風面多亂流 （C)背風面有上升作用 （D)向風面多雲雨

（A）364‧空氣是由多種氣體混合而成，其中何種氣體所佔的成份最多：

（A)氮 （B)氩 （C)氦 （D)氫

（A）365‧當航機由暖區飛往冷區若不調整高度表，則高度表之指示較實際高度： （A)高 （B)低 （C)相等 （D)不一定

（B）366‧氣象圖中等壓線的間隔愈窄代表：

（A)大雨 （B)強風 （C)大霧 （D)霾

（C）367‧當氣象報告說明溫度露點差正在增加時：

（A)在高高度飛行時要注意飛機有遭遇積冰之可能 （B)有成霧之可能 （C)低雲和霧將逐漸上升或消退 （D)有降雨之可能

（D）368‧如果氣溫保持不變，或者隨高度增加而微小遞減，則表示：

（A)有降毛雨之可能 （B)天氣將會轉變 （C)將會產生不穩定之氣流 （D)空氣趨於穩定

（D）369‧導致空氣不穩定，產生積狀雲層是由於：

（A)地面之加熱作用及高空之冷卻作用 （B)輻

合風或升坡風 (C)較冷空氣之入侵 (D)以上
均對

(B) 370‧在山脈地區飛行，何處會遇到危險的下沉氣流？
(A)山的向風面 (B)山的背風面 (C)山的頂端
(D)山的向風面及背風面

(C) 371‧通常在夏日午後出現波浪狀晴天積雲，此乃天空
有對流性亂流之信號，飛行人員可預期在該處航
行時，何處有平穩之氣流：
(A)雲層中 (B)雲層底下 (C)雲層頂上 (D)
以上均不對

(D) 372‧氣團型雷雨之形成因素：
(A)鋒面 (B)輻合氣流 (C)高空槽線 (D)地
面加熱

(B) 373‧在北半球地面低壓之氣旋發展通常是在噴射氣流
之何方：
(A)東方 (B)南方 (C)西方 (D)北方

(D) 374‧中緯地區之噴射氣流，其平均風速在何季節最強：
(A)春 (B)夏 (C)秋 (D)冬

(B) 375‧晴空亂流最容易出現的位置是在噴射氣流之何處：
(A)在噴射氣流靠赤道地區一邊之高空槽中 (B)
在噴射氣流靠極地區一邊之高空槽中 (C)在噴
射氣流之兩邊 (D)以上均對

(A) 376‧在北半球，當背對風時下列何者正確：
(A)高氣壓系統位於右方 (B)低氣壓系統位於

右方（C)風由低氣壓中心向外吹

（B)377・請參閱附圖四 N40E162 之亂流強度為何？

(A)輕度亂流 (B)中度亂流 (C)強烈亂流

（A)378・承上題附圖四 N40E162 之亂流屬性為何？

(A)晴空亂流 (B)雷雨亂流 (C)以上皆是

（B)379・承上題附圖四 N40E162 之亂流高度為何？

(A)FL250- FL450 (B)FL410- FL470 (C)FL350 以下

（B)380・請參閱附圖四標記 Ⓐ 所指為何？

(A)於 FL280 有噴射氣流強度 100kts (B)於 FL280 有噴射氣流強度 95kts (C)於 FL360 有噴射氣流強度 100kts

（B)381・附圖四 HIGH LEVEL SIGWX CHART 何時起生效？

(A)2000 年 5 月 12 日 0 時 Z (B)2000 年 5 月 26 日 12 時 Z (C)2000 年 5 月 26 日 12 時台灣時間

（C)382・請參閱附圖四標記 " 540 "表示為何？

(A)Turbulence level FL540 (B)CIELING level FL540 (C)tropopause level FL540

（B)383・附圖四中之圖表有效高度為？

(A)FL250 以下 (B)FL250-FL450 (C)以上皆是

（B)384・請參閱附圖四，於 N63E172 之 CB 雲高為何？

(A)FL 250 (B)FL320 (C)由地表海平面至 FL320

（B)385・請參閱附圖四，圖中 N40E99 之標示 1 所指為何？

(A)輕度 C.A.T. (B)中度 C.A.T. (C)強度 C.A.T.

(C)386‧請參閱附圖四，圖中 N67E130 之雲高為？

 (A)FL250 (B)SEA level-FL320 (C)FL320

(B)387‧請參閱附圖四，於 N35E104 之標示"C "為何意義？

 (A)亂流層高 FL360 (B)FL360 之噴射氣流強度 100kts (C)雲系之移動方向

(A)388‧請參閱附圖四，請問於本圖中是否可以找到輕度亂流的資料？

 (A)無輕度亂流之標示 (B)N40E164 之亂流為輕度亂流 (C)以上皆非

(B)389‧請參閱附圖四，於 N40E99 之標示 C 之亂流高度為何？

 (A)FL250-FL450(B)FL290-FL360 (C)FL250-FL500 (D)以上皆非

(B)390‧請參閱附圖五，請問 200hPa 之標準海平面氣壓高度為何？

 (A)FL350 (B)FL390 (C)FL200

(B)391‧請參閱附圖五，請問圖中之 250hPa 所指之標準海平面氣壓高度為何？

 (A)FL390 (B)FL340 (C)FL250

(C)392‧請參閱附圖五，圖示中之風向大都為西風，請問是以受何者影響？

 (A)科氏力 (B)溫度變化 (C)高度

（Ａ）393‧請參閱附圖五，請問本圖至何時起生效？
(A)2000 年 5 月 26 日 1200Z (B)2000 年 5 月 26 日 0000Z (C)2000 年 5 月 26 日 1200Z 起 12 小時內有效

（Ｃ）394‧請參閱附圖五右圖，請問 300hPa 對照之標準海平面平均高度為何？
(A)FL390 (B)FL340 (C)FL300 (D)以上皆非

（Ｂ）395‧請參閱附件一之 TAF，請問 PHNL 自 1900Z 起可能之風向風速為何？
(A)060°風 8Kts (B)070°風 15Kts 陣風 22Kts (C)靜風

（Ｃ）396‧請參閱附件一之 TAF，請問 RJTT26 日 0900Z TAF 能見度預報 9999 為何意義？
(A)能見度剛好 9999ft (B)能見度剛好 9999 公尺 (C)能見度 10KM 以上

（Ａ）397‧請參閱附件一 METAR、PHNL 260753 08006KT 10SM CLR 24/18 A3006，其中 260753 係為何意？
(A)26 日 07 時 53 分 Z (B)26 日 07 時 53 分 LOCAL TIME (C)2 月 6 日 07 時 53 分

（Ｂ）398‧請參閱附件一 METAR　RJTT　260900 18020KT CAVOK 21/17 Q1017…..之天氣為？
(A)預報一小時後之天氣 (B)機場上方之現在天氣 (C)能見度不好 (D)以上皆非

(B)399‧請參閱附件一 TAF， PHTO 260606 24005KT P6SM SCT025 BKN 050…，其中 BKN050 係指？

(A)雲頂高 5000ft (B)雲層底高 5000ft (C)雲層底高 5000 公尺

(B)400‧請參閱附件一，TAF　PWAK 260606 08012KT… 之風向風速預報為何？　(A)260°風向，6KTS (B)080°風向，12KTS (C)060°風向，6KTS

(B)401‧請參閱附件二，TAF RKPC TEMPO 1100~1600Z 之可能能見度為何？

(A)3000 英尺 (B)3000 公尺 (C)7000 公尺

(C)402‧請參閱附件二，TAF RKPC 260024….中 BECMG 1314 20006KT 9999 NSW BKN120 之"NSW"為何意義？

(A)NORTH SOUTH WEST (B)NO SNOW (C)NO SIGNIFICANT WEATHER

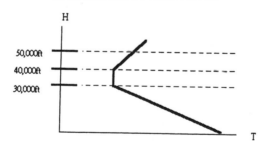

(A)403‧對流層頂之高度為何？　(A)30,000 呎 (B)40,000 呎 (C)50,000 呎

(C)404‧此圖符號所示為何?

(A)地區性低壓其高度 27,000 呎 (B)地區性結冰層其高度 27,000 呎 (C)該處對流層頂高度為 27,000 呎 (D)對流層頂高度最高 27,000 呎

(A)405‧下圖顯示對流層頂之高度為何?

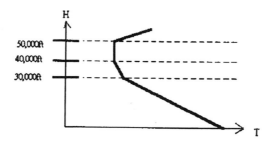

(A)30,000 呎 (B)40,000 呎 (C)50,000 呎

(C)406‧此圖符號所示為何?

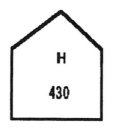

(A)地區性高壓其高度 43,000 呎 (B)地區性結冰層其高度 43,000 呎 (C)該處對流層頂高度為 43,000 呎 (D)對流層頂高度最高 43,000 呎

(B)407‧此圖符號所示之積冰程度為何?

(A)輕度積冰 (B)中度積冰 (C)重度積冰 (D)未知

(A)408‧此圖符號所示之亂流程度為何?

(A)輕度亂流 (B)中度亂流 (C)重度亂流 (D)未知

(B)409‧此圖符號所示之亂流程度為何?

(A)輕度亂流 (B)中度亂流 (C)重度亂流 (D)未知

(C)410 · 此圖符號所示之亂流程度為何?

(A)輕度亂流 (B)中度亂流 (C)重度亂流 (D)未知

(B)411 · 此圖符號所示之雲底高度為何?

ISOL 380

CB 270

(A)38,000 呎 (B)27,000 呎 (C)未知

(C)412 · 此圖符號所示之雲底高度為何?

ISOL 380

CB XXX

(A)38,000 呎 (B)27,000 呎 (C)未知

(A)413 · 此圖符號所示之雲頂高度為何?

ISOL 380

CB 270

(A)38,000 呎 (B)27,000 呎 (C)未知

(B)414‧此圖符號所示之雲底高度為何?

ISOL XXX

CB 280

(A)38,000 呎 (B)28,000 呎 (C)未知

(A)415‧此圖符號所示之積冰程度為何?

(A)輕度積冰 (B)中度積冰 (C)重度積冰 (D)未知

(C)416‧此圖符號所示之積冰程度為何?

(A)輕度積冰 (B)中度積冰 (C)重度積冰 (D)未知

(B)417‧高空風圖示  表示風速多少?

(A)110Kts (B)115Kts (C)25Kts

(B)418‧高空預測圖中 " ⑳ " 符號係代表:

(A)風速 (B)溫度 (C)高度 (D)高空雲量

(B)419‧依據所提供之 SIGNIFICANT WEATHER PROGNOSTIC CHART 氣象(圖一)選擇各題之

最佳答案自 RCTP 飛往 RKSS 將遭遇到： (A)
中度積冰 (B)中度亂流 (C)嚴重積冰 (D)嚴重
亂流

(D)420‧RJAA 上空雲層之高度：

(A)240-360 hPa 之間 (B)240-360 毫米之間
(C)24,000-36,000 公尺之間 (D)24,000-36,000 英尺
之間

(C)421‧於該圖之有效時間，降落 RPMM，將遭遇到之 CB：

(A)雲頂高度為 40,000 公尺 (B)雲底高度為 40,000
公尺 (C)雲頂高度為 40,000 英尺 (D)雲底高度為
40,000 英尺

(C)422‧上題遭遇到之 ISOL CB 意謂：

(A)CB 呈線狀排列 (B)CB 滿佈所標示之全區
(C)CB 呈孤立狀 (D)CB 在減弱中

(C)423‧RCTP 至 VHHH 航路中之鋒面係屬：

(A)冷鋒 (B)暖鋒 (C)滯留鋒 (D)囚錮鋒

(C)424‧該圖中所提供有關太平洋高氣壓之資料為：

(A)中心氣壓 1035 毫米，移向東南，移速 20KT (B)
中心氣壓 1035hPa 移向東南，移速 20KT (C)中心氣
壓 1024hPa，移向東，移速 15KT (D)中心氣壓 1024
毫米，移向東，移速 15KT

(D)430‧BESS 颱風有關風速之資料：

(A)最大風速 270KT，近中心風速 10KT (B)最大風
速 10KT，陣風 270 KT (C)最大風速 80KT，近中心

風速 60KT (D)最大風速 60KT，陣風 80KT

(C)431‧依據所提供之 300 hPa　PROGNOSTIC CHART 氣
象(圖二)選擇下列各題之最佳答案：此圖氣象(圖二)
與何一高度最為接近：
(A)40,000　英尺　(B)35,000　英尺　(C)30,000　英尺
(D)25,000 英尺

(A)432‧RPMM 上空之高空資料為：
(A)風向東南，風速 15KT (B)風向西北風速 15KT (C)
風向東南，風速 25KT (D)風向西北，風速 25KT

(B)433‧請以內插法，推算 RKSS 之高空資料應為：
(A)風速 75KT，溫度-47°F　(B)風速 75KT，溫度-47
°C　(C)風速 30KT，溫度-47°F　(D)風速 30KT，溫度
-47°C

(D)434‧沿日本 RJFF 至 RJAA 之空心箭矢(e)表示：
(A)該高度之最大風速軸　(B)沿矢線之最大風速為
120KT (C)噴射氣流位置　(D)以上三者均為正確

(D)435‧自 RCTP 沿直線至 PGUM，將飛經：
(A)反氣旋區　(B)風速微弱，風向多變區　(C)類同
高氣壓之空氣下沉區　(D)以上三者均為正確

(A)436‧利用氣象圖三之顯著天氣預報圖回答下列問題：
菲島東方之熱帶氣旋區內積雨雲頂高度為：
(A)54000 呎　(B)50000 呎　(C)49000 呎

(B)437‧該熱帶氣旋之移動方向及速度為：
(A)W　5KT (B)NW　10KT (C)NW　5KT

(C)438‧氣象圖三顯示晴空亂流區域在：
　　　(A)台灣 (B)菲島東方 (C)日本北方
(B)439‧上述晴空亂流之強度為：(A)輕度 (B)中度 (C)強
　　　烈

(附件一)

TAF/METAR

TAF LATEST AS OF 260906Z MAY 2000

PHJR 260606 05005KT P6SM FEW045

    BECMG 1819 12012KT

PHKO 260606 VRB03KT P6SM FEW030 BKN050 BKN250

    TEMPO 0614 BKN030 BKN045

    FM1700 VRB03KT P6SM FEW030 SCT060

    BECMG 1920 23010KT TEMPO 0306 BKN060

PHNL .260606 06008KT P6SM FEW045

    TEMPO 1520 SCT035 SCT045

    BECMG 1920 07015G22KT

PHTO 260606 24005KT P6SM SCT025 BKN050 BKN250

    TEMPO 0618 -SHRA BKN025 OVC045

    FM2000 10008KT P6SM FEW025 BKN050

    TEMPO 2006 BKN025 BKN045

PJON 260606 08015KT P6SM FEW020 SCT045 SCT250

    TEMPO 0606 -SHRA SCT018 BKN030 BKN045

      AMD NOT SKED

PWAK 260606 08012KT P6SM FEW020 SCT045

    TEMPO 0606 BKN025 BKN045 AMD NOT SKED

RJAA….. 260918 17006KT 9999 FEW030 BKN230

    BECMG 1416 4000 BR

..261206 17005KT 7000 SCT020 BKN230

BECMG 1214 4000 BR

TEMPO 1721 3000 BR

BECMG 2123 8000 NSW

RJTT.260918 18016KT 9999 FEW045 BKN280

261812 18010KT 9999 FEW035 SCT120 BKN230

BECMG 0305 18020KT

METAR LATEST AS OF 260906Z MAY 2000

PHJR NO DATA

PHKO NO DATA

PHNL..260753 08006KT 10SM CLR 24/18 A3006

NO DATA

PJON…..260750 08016KT 10SM FEW018 26/21 A2999 RMK
SLP156.

PWAK   260750 08013KT 10SM SCT024 28/25 A2995

RJAA…..260900 16009KT CAVOK 22/17 Q1013 NOSING
RMK A2994

RJTT…..260900 18020KT CAVOK 21/17 Q1013 RMK A2992

(附件二)

GZP217 260433

GG RCTPZPZX

260432 RJTDYZYX

FCXX39 RJTD 260300

TAF

ROAH 260312 18012KT 9999 SCT015 BKN040=

RJTT 260312 19018KT 9999 FEW030 SCT270=

RJOO 260312 22007KT 9999 FEW035 BKN220=

RJNN 260312 20008KT 9000 FEW030 BKN250=

RJFK 260312 11013KT 9999 FEW020 BKN080 BKN120

    TEMPO 0612 4000 RA BR=

RJFF 260312 16005KT 8000 -RA FEW040 SCT080 OVC120

    TEMPO 0912 4000 RA BR=

RJCC 260312 18014KT 9999 FEW030 BKN200=

RJBB 260312 31007KT 9999 FEW035 BKN240

    BECMG 0406 24012KT=

RJAA 260312 17006KT 9999 FEW030 SCT230=

252300 RKSS 260024 36006KT 5000 HZ FEW040 BKN150

        BECMG 0203 16007KT 9999 SCT030 OVC120

        BECMG 0809 13010KT 5000 -RA SCT010

        BKN020 OVC090

        TEMPO 1520 16015KT 3000 RA SCT010

BKN015 OVC080
BECMG 2223 21012KT=

252300 RKPC 260024 07015KT 7000 -RA SCT030 OVC100
BECMG 0405 14020KT 5000 SCT010 BKN020
OVC090
TEMPO 1116 16025G35KT 3000 -TSRA
SCT010CB BKN015OVC070
BECMG 1819 22018KT=

252300 RKPK 260024 20006KT 6000 BKN120 OVC200
BECMG 0304 20010KT 4800 -RA BR BKN030
OVC100
BECMG 1314 20006KT 9999 NSW BKN120=
260400 RCSS 260606 30008KT 8000 FEW020 BKN050
BKN100
BECMG 1214 06002KT 7000 FEW016
BKN100
BECMG 0103 29008KT 9999 FEW016
SCT200=
260401 RCTP 260606 26015KT 9999 FEW016 SCT100
BKN250
BECMG 1214 20003KT 5000 BR FEW020
BKN080

BECMG   0103   28010KT   9999   FEW016 BKN200=

260401 RCKH 260606 20008KT 9999 FEW010 BKN020 BKN080

TEMPO 0612 6000 RA

BECMG 1214 20003KT

BECMG   0103   20015KT   9999   FEW016 BKN300=

****   END OF FILE ***

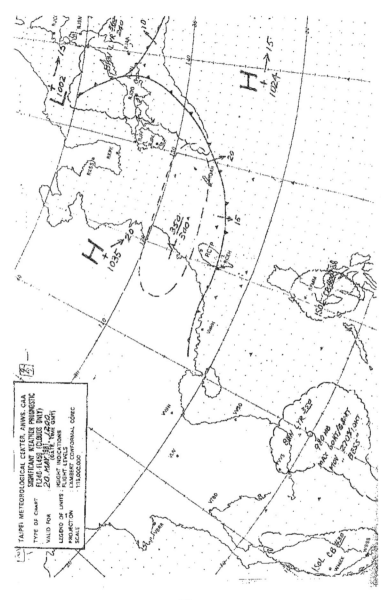

圖一

470

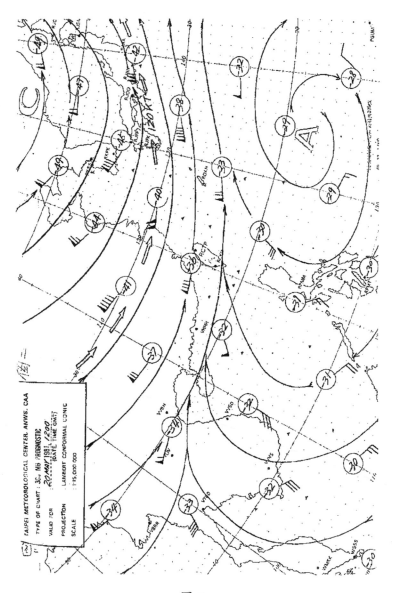

圖二

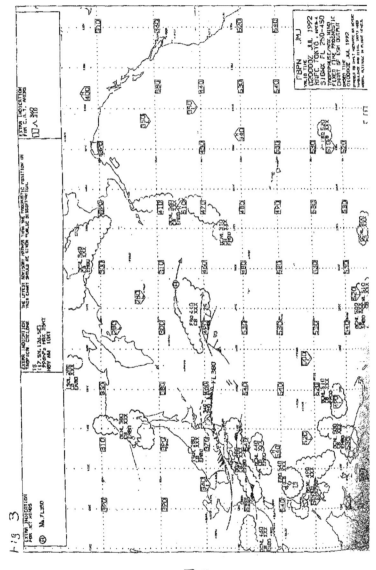

圖三

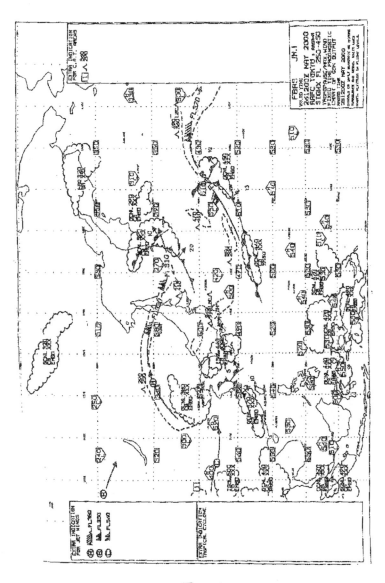

圖四

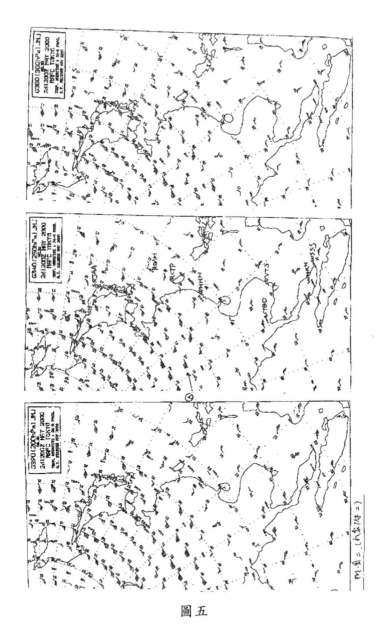

圖五

應用科學類　AB0013

航空氣象學試題與解析

編 著 者 / 蒲金標
責任編輯 / 黃姣潔
圖文排版 / 劉醇忠
封面設計 / 劉美廷

發 行 人 / 宋政坤
法律顧問 / 毛國樑　律師
出版發行 / 秀威資訊科技股份有限公司
　　　　　114 台北市內湖區瑞光路 76 巷 65 號 1 樓
　　　　　電話：+886-2-2796-3638　傳真：+886-2-2796-1377
　　　　　http://www.showwe.com.tw
劃撥帳號 / 19563868　戶名：秀威資訊科技股份有限公司
　　　　　讀者服務信箱：service@showwe.com.tw
展售門市 / 國家書店（松江門市）
　　　　　104 台北市中山區松江路 209 號 1 樓
　　　　　電話：+886-2-2518-0207　傳真：+886-2-2518-0778
網路訂購 / 秀威網路書店：http://www.bodbooks.com.tw
　　　　　國家網路書店：http://www.govbooks.com.tw

2003 年 2 月 BOD 一版　2012 年 12 月 BOD 八版
定價：450 元
版權所有　翻印必究
本書如有缺頁、破損或裝訂錯誤，請寄回更換

國家圖書館出版品預行編目

航空氣象學試題與解析 / 蒲金標編著. – 八版
. -- 臺北市 ：秀威資訊科技, 2003[民 92]
　　面 ；　 公分. -- (應用科學類 ; AB0013)
　ISBN 978-986-326-044-8(平裝)

　1. 航空氣象 - 問題集

447.82022　　　　　　　　　　92000916

讀者回函卡

感謝您購買本書，為提升服務品質，請填妥以下資料，將讀者回函卡直接寄回或傳真本公司，收到您的寶貴意見後，我們會收藏記錄及檢討，謝謝！
如您需要了解本公司最新出版書目、購書優惠或企劃活動，歡迎您上網查詢或下載相關資料：http:// www.showwe.com.tw

您購買的書名：＿＿＿＿＿＿＿＿＿＿＿＿＿＿＿＿＿＿＿＿＿＿

出生日期：＿＿＿＿＿＿年＿＿＿＿＿＿月＿＿＿＿＿＿日

學歷：□高中 (含) 以下　　□大專　　□研究所 (含) 以上

職業：□製造業　□金融業　□資訊業　□軍警　□傳播業　□自由業
　　　□服務業　□公務員　□教職　　□學生　□家管　　□其它＿＿＿＿

購書地點：□網路書店　□實體書店　□書展　□郵購　□贈閱　□其他

您從何得知本書的消息？

　□網路書店　□實體書店　□網路搜尋　□電子報　□書訊　□雜誌

　□傳播媒體　□親友推薦　□網站推薦　□部落格　□其他＿＿＿＿＿＿

您對本書的評價：(請填代號　1.非常滿意　2.滿意　3.尚可　4.再改進)

　封面設計＿＿＿　版面編排＿＿＿　內容＿＿＿　文／譯筆＿＿＿　價格＿＿＿

讀完書後您覺得：

　□很有收穫　□有收穫　□收穫不多　□沒收穫

對我們的建議：＿＿＿＿＿＿＿＿＿＿＿＿＿＿＿＿＿＿＿＿＿＿＿

＿＿＿＿＿＿＿＿＿＿＿＿＿＿＿＿＿＿＿＿＿＿＿＿＿＿＿＿＿＿＿＿

＿＿＿＿＿＿＿＿＿＿＿＿＿＿＿＿＿＿＿＿＿＿＿＿＿＿＿＿＿＿＿＿

＿＿＿＿＿＿＿＿＿＿＿＿＿＿＿＿＿＿＿＿＿＿＿＿＿＿＿＿＿＿＿＿

11466
台北市內湖區瑞光路 76 巷 65 號 1 樓

秀威資訊科技股份有限公司　　　收

BOD 數位出版事業部

....

（請沿線對折寄回，謝謝！）

姓　　名：＿＿＿＿＿＿＿＿　年齡：＿＿＿＿　性別：□女　□男

郵遞區號：□□□□□

地　　址：＿＿＿＿＿＿＿＿＿＿＿＿＿＿＿＿＿＿＿＿＿＿＿

聯絡電話：(日) ＿＿＿＿＿＿＿＿＿　(夜) ＿＿＿＿＿＿＿＿＿

E-mail：＿＿＿＿＿＿＿＿＿＿＿＿＿＿＿＿＿＿＿＿＿＿＿